土木建筑工人职业技能考试习题集

架 子 工

林 煌 主编

中国建筑工业出版社

图书在版编目（CIP）数据

架子工/林煌主编 . —北京：中国建筑工业出版社，
2014.6

（土木建筑工人职业技能考试习题集）

ISBN 978 - 7 - 112 - 16674 - 9

Ⅰ. ①架… Ⅱ. ①林… Ⅲ. ①脚手架—工程施工—技术
培训—习题集 Ⅳ. ①TU731.2-44

中国版本图书馆 CIP 数据核字（2014）第 064644 号

土木建筑工人职业技能考试习题集

架 子 工

林 煌 主编

*

中国建筑工业出版社出版、发行（北京西郊百万庄）

各地新华书店、建筑书店经销

北京永峥印刷有限公司制版

北京圣夫亚美印刷有限公司印刷

*

开本：850×1168 毫米 1/32 印张：11⅛ 字数：300 千字

2014 年 9 月第一版 2014 年 9 月第一次印刷

定价：35.00 元

ISBN 978 - 7 - 112 - 16674 - 9

（25441）

本习题集根据现行职业技能鉴定考核方式，分为初级工、中级工、高级工三个部分，采用判断题、选择题、填空题、简答题、计算题、实际操作题的形式进行编写。

本习题集主要以现行职业技能鉴定的题型为主，针对目前土木建筑工人技术素质的实际情况和培训考试的具体要求，本着科学性、实用性、可读性的原则进行编写。可帮助准备参加技能考核的人员掌握鉴定的范围、内容及自检自测，有利于建筑工程工人岗位等级培训与考核。

本书可作为土木建筑工人职业技能考试复习用书。也可作为广大土木建筑工人学习专业知识的参考书。还可供各类技术院校师生使用。

*　　*　　*

责任编辑：胡明安
责任设计：张　虹
责任校对：陈晶晶　赵　颖

前　言

　　随着我国经济的快速发展，为了促进建设行业职工培训、加强建设系统各行业的劳动管理，开展职业技能岗位培训和鉴定工作，进一步提高劳动者的综合素质，受中国建筑工业出版社的委托，我们编写了这套《土木建筑工人职业技能考试习题集》，分 10 个工种，分别是：《木工》、《瓦工》、《混凝土工》、《钢筋工》、《防水工》、《抹灰工》、《架子工》、《砌筑工》、《建筑油漆工》、《测量放线工》。本套习题集根据现行职业技能鉴定考核方式，分为初级工、中级工、高级工三个部分，采用判断题、选择题、填空题、简答题、计算题、实际操作题的形式进行编写。

　　本套书的编写从实践入手，针对目前土木建筑工人技术素质的实际情况和培训考试的具体要求，以贯彻执行国家现行最新职业鉴定标准、规范、定额和施工技术，体现最新技术成果为指导思想，本着科学性、实用性、可读性的原则进行编写，本套习题集适用于各级培训鉴定机构组织学员考核复习和申请参加技能考试的学员自学使用，可帮助准备参加技能考核的人员掌握鉴定的范围、内容及自检自测，有利于建筑工程工人岗位等级培训与考核。本套习题集对于各类技术学校师生、相关技术人员也有一定的参考价值。

　　本套习题集的内容基本覆盖了相应工种"岗位鉴定规范"对初、中、高级工的知识和技能要求，注重突出职业技能培训考核的实用性，对基本知识、专业知识和相关知识有适当的比重分配，尽可能做到简明扼要，突出重点，在基本保证知识连贯性的基础上，突出针对性、典型性和实用性，适应土木建筑工人知识与技能学习的需要。由于全国地区差异、行业差异及企业差异较大，使用本套习题集时各单位可根据本地区、本行业、本单位的具体情况，适当增加或删除一些内容。

本书由广州市市政职业学校的林煌主编，重庆交通职业学院的冯晓新副主编。

在编写过程中参照了部分培训教材，采用了最新施工规范和技术标准。由于编者水平有限，书中难免存在若干不足甚至错误之处，恳请读者在使用过程中提出宝贵意见，以便不断改进完善。

编者

目　　录

第一部分　初级架子工

第二部分　中级架子工

第三部分　高级架子工

第一部分 初级架子工

1.1 判断题

1. 建筑工程中所有图样都是应用投影的方法绘制出来的。(√)

2. 剖面图能将形体内部构造形状显露出来，使形体不可见的部分变为可见部分。(√)

3. 建筑物是由基础、墙和柱、楼地面、楼梯、屋顶、门窗等主要构件组成的。(√)

4. 单层工业厂房承重结构主要有装配和现浇两种。(×)

5. 绑扎竹脚手架用的竹篾的宽度应不大于 8mm，厚度为 1mm 左右。(√)

6. 安全网的平网尺寸应为 3m×6m，网眼不得大于 10cm。(√)

7. 卡环号码的大小同容许荷载成正比。(√)

8. 花篮螺栓的型号有 CC 型、OO 型及 CO 型三种。(√)

9. 白棕绳使用完后，应存放在干燥和通风良好处，不能和油漆及酸、碱等化学物品接触，以防腐烂与腐蚀。(√)

10. 力的大小、方向和作用点，通常称为力的三要素。(√)

11. 砌筑脚手架均布荷载一般不超过 2700N/m²。(√)

12. 一般棚仓绑底架杉篙的小头有效直径不得小于 10cm，立杆直径不得小于 12cm，坡度不得大于 1:2.5，出檐为 40cm。(√)

13. 搭设双排杉篙脚手架竖立杆时，如立杆杉篙有弯势，应

1

将弯势面放在横向，其次，长短立杆要搭配错开使用。（×）

14. 搭设竹脚手架，立杆接长时，应采用搭接，搭接长度应不小于 1.8m；大横杆接长时，搭接长度应不小于 2.5m。（×）

15. 在房屋施工图中，常以房屋的室外地坪作为零点。（×）

16. 房屋基础按构造形式可分为条形基础、独立基础和板式基础。（√）

17. 扣件式钢管脚手架的主要构件有：立杆、大横杆、小横杆、斜杆和底座等。（√）

18. 竹竿应用生长三年以上的毛竹（楠竹），青嫩、枯黄、黑斑、虫蛀以及裂纹连通两节以上的竹竿都不能使用。（√）

19. 每块支好的安全网应能承受不小于 1000N 的冲击荷载。（√）

20. 扣件、螺栓应分别涂油和镀锌防锈处理，如无镀锌条件时，可在每次使用后用煤油洗涤并涂机油防锈。（√）

21. 卡环用于吊索与构件吊环之间的连接，或用在绑扎构件时扣紧吊索。（√）

22. 吊索与构件的水平夹角越大，则吊索拉力越小，对构件的水平压力也越小。（√）

23. 轧头是用来连接两根钢丝绳或配合套环夹紧钢丝绳的开端。（×）

24. 花篮螺丝的 CC 型主要用于不经常拆卸处。（×）

25. 由分力求合力的过程称为力的合成。（√）

26. 运料马道的宽度不小于 1.2m，坡度为 1:6。（×）

27. 竹脚手架绑扎，一般在两杆相交处绑一道篾。如果三根杆件相交时，要先绑牢两根，再绑另一根，而不允许三根杆件一起绑扎，影响脚手架的使用质量。（√）

28. 龙门架竖立后必须校正，导轨的垂直度及间距尺寸的偏差不得大于 ±10mm，其安全装置必须齐全，使用前必须经试运转合格后，才准正式使用。（√）

29. 一般棚仓的顺水杆至少要绑扎两道，最上一道顺水杆应

绑扎双口，檐口离地面最高不得超过 30m。顺水杆绑扎好后，将四周的扫地杆绑扎牢固。（×）

30. 使点、线的影组成能反映物体形状的图形，由此形成的影子称为投影。（√）

31. 建筑物按主要承重结构材料可分为砖木结构、混合结构、钢筋混凝土结构、钢结构等。（√）

32. 搬运长钢管、长角钢时，应采取措施防止弯曲。桁架应拆成单片装运，装卸时不得抛丢，防止损坏。（√）

33. 木脚手架的小横杆，长度以 2～3m 为宜，小头直径不得小于 8cm。（√）

34. 卡环连接的两根钢丝绳索或吊环，应该一根套在钢丝绳上，一根套在卡环上，而不能分别套在卡环的两个直段，以免造成卡环变形。（×）

35. 上轧头时一定要将螺栓拧紧，直到钢丝绳被压扁 1/2～1/3 直径时为止，并在钢丝绳受力后，再将夹头螺栓拧紧一次，以保证钢丝绳接头的牢固可靠。（×）

36. 套环一般装置在钢丝绳端头，使钢丝绳在弯曲处呈弧形，不易折断。（√）

37. 使用白棕绳穿绕滑车时，滑车的直径要比绳子的直径大 8 倍，以免绳子因受较大的弯曲力而降低强度。（×）

38. 力的平衡条件是两个或几个力的合力等于零。（√）

39. 杉篙脚手架一般有三种绑扎方法：平插法、斜插法和顺扣绑扎法。（√）

40. 拆除杉篙脚手架时，在解开铁丝扣时，要互相配合，互相呼应，同时解扣或按顺序解扣。解扣时必须拿住杉篙不放手，等扣都解开后，由一人专门负责往下顺杆将杉篙滑落。（√）

41. 钢管井字架四角的立杆及封顶顺水杆应采用双杆，井字架除出料一面外，其余三面均应绑十字盖，并必须互相衔接绑到顶，斜杆与地面夹角不得大于 60°。（√）

42. 轻型三角挂架桥式架的安装工艺是：安装卡箍→安装三

角挂架→安装桥架→绑扎排木→绑扎护身栏杆→铺设脚手板。（×）

43. 外墙可分为勒脚、墙身和檐口三部分。（√）

44. 建筑材料的图例是用来表示所绘形体或构件的制成材料。（√）

45. 钢管、角钢、钢桁架和其他钢构件最好放在室内，如果放在露天，应用毡、席加盖。（√）

46. 钢管脚手架用的扣件是用可锻铸铁制成，扣件螺栓材料为 Q235 钢。（√）

47. 钢丝绳使用完后，应用钢丝刷、柴油将附在钢丝绳上的泥土、铁锈、脏物清除干净。（√）

48. 正确地选用钢丝绳，一般根据被吊构件的重量，然后再核算钢丝绳的容许拉力，必须保证容许拉力超过被吊构件的重量。（√）

49. 套环选用时应根据容许荷载，其容许荷载大，选用的号码也大。（×）

50. 力 F 对 O 点的转动效应称为力 F 对 O 点的矩，简称力矩；点 O 称为矩心，点 O 到力 F 作用线的距离称为力臂，以字母 d 表示。（√）

51. 在两个或几个力的作用下，物体保持不动或处于匀速直线运动状态，称为力的平衡。（√）

52. 双排杉篙脚手架搭设前应放立杆坑线，其构造要求为：立杆纵向之间的间距为 1.2m；立杆横向间距，里排立杆离墙面 50～60cm，外排立杆离墙面 1.8～2.5m。（×）

53. 凡 4m 以上的在施工程，必须随施工层支 3m 宽的安全网，在首层必须固定一道 3～6m 的双层安全网，安全网的外口要高于里口 40～60cm。（×）

54. 龙门架立起后，应将缆风绳和龙门架的底脚同时固定牢固，其高度在 12m 以下者应设两道缆风绳。（×）

55. 拆除竹脚手架的连墙杆和压栏子时，必须事先计划好连

墙杆或压栏子的拆除顺序，不得乱拆一气，以防止脚手架的倾倒事故发生。（√）

56. 投影讲的是投影线、形体、投影面三者的关系。（√）

57. 视图是人们从不同位置看到的一个物体在平面上的图形。（×）

58. 单层工业厂房的屋面结构包括屋面板、屋架（屋面梁）和天窗架。（√）

59. 装配式钢筋混凝土门式刚架结构和钢结构是属于单层工业厂房排架结构。（×）

60. 高度不超过 5m 的脚手架，可利用硬杂木作立杆，要求其小头有效直径不小于 8cm。（×）

61. 角钢脚手架的大横杆一般用∟75×50×5 的角钢，步距不大于 1.8m。（√）

62. 脚手架工程常用的工具有钎子、扳子、克丝钳、篾刀和桶、锹。（√）

63. 套环装置在钢丝绳的末端，使钢丝绳固定牢固，不易滑脱。（×）

64. 花篮螺栓是用来拉紧钢丝绳的，它利用丝杠进行伸缩，起调节作用。（√）

65. 钢丝绳表面钢丝磨损腐蚀程度达到直径的 20% 以上应报废。（×）

66. 力矩的大小，反映了力使刚体绕某点转动的能力，它不仅取决于力的大小，而且还取决于力臂的长短。（√）

67. 双排杉篙脚手架的立杆搭接长度应不小于 1.2m，绑扎不小于三道，相邻两根立杆要互相错开，不允许在同一步脚手架内接长。（×）

68. 杉篙脚手架拆除到压栏子时，要特别注意先在适当的位置绑扎好临时支撑，然后再拆除压栏子，否则容易发生安全事故。（√）

69. 搭设钢管井字架时，其顺水杆与立杆连接时，必须把扣

件的螺栓拧紧，但不得将螺栓拧得过松或过紧，以防发生安全事故。（√）

70. 龙门架立起后，应将缆风绳和龙门架的底脚同时固定牢固，如是木龙门架，其底脚要埋入土内不小于 1.5m。（√）

71. 力对某点的力矩是用力的大小乘以该点到力的作用线或作用线的延长线的垂直距离。（√）

72. 平衡是指物体在两个或多个力作用下保持不动或匀速直线运动状态。（×）

73. 一般说来，钢丝绳的选择只与受力有关，而与新旧无关。（×）

74. 脚手架设置扫地杆时，纵向扫地杆应在横向扫地杆的上面。（√）

75. 当使用钢木脚手板时，纵向水平杆应在横向水平杆的下面。（√）

76. 木脚手架纵向水平杆的搭接用铁丝绑扎不少于两道。（×）

77. 木脚手架纵向水平杆应在立杆内侧。（√）

78. 竹脚手架连墙杆间距为三步三跨。（√）

79. 竹脚手架中三根竹竿相交处可以一次绑扎。（×）

80. 脚手架搭设，并不影响工程的文明施工。文明施工主要取决于现场整洁、操作部位工人工作表现好。（√）

81. 架子工在高处作业中的自身安全问题，主要取决于材料质量的保证。材料质量可靠，架子工就安全。（×）

82. 如遇 6 级以上大风，不得进行高层建筑脚手架的搭拆操作。（√）

83. 施工用水、雨水、脚手架基础排水不良是导致脚手架不均匀沉陷的主要原因之一。（√）

84. 脚手架纵向与横向之比，显然纵向规模大、稳定系数高，而横向必须由连墙杆保护，才不至于发生事故。（√）

85. 连墙杆的垂直设计，是保证脚手架长细比合理有效的技

术保证。（×）

86. 高层脚手架承受风荷载大，而普通的脚手架承受要小一些，相对来讲，后者所用拉结件的规格可适当缩小些。（×）

87. 由于连墙杆是脚手架的"生命线"，中途更改应有经批准的技术更改方案，方可由架子工变动。（√）

88. 扣件式钢管脚手架主要节点的连接是扣件，扣件是依靠扣件与钢管的压紧力来传递荷载的。（×）

89. 抛撑是与脚手架外侧斜交的杆件，起到防止架体发生横向位移的作用。（√）

90. 脚手架的立杆间距减小，其承载能力也降低。（√）

91. 在特殊工程结构施工中，脚手架的使用应满足架体使用的基本要求。（×）

92. 脚手架的立杆与水平杆可隔步设置直角扣件。（×）

93. 搭设特殊工程结构施工用脚手架应编制该工程脚手架专项施工方案。（×）

94. 扣件式钢管脚手架搭设时，可以不设置扫地杆。（√）

95. 扣件式钢管脚手架架体两根相邻立杆的接头可以设置在同步内。（×）

96. 脚手架在高架、风荷载较大的情况下搭设，架体连墙件应增加双向防滑扣件。（×）

97. 脚手架设置剪刀撑，其作用是提高架体的整体刚度。（√）

98. 脚手架外侧立面的剪刀撑是否由架底至架顶连续设置，应根据情况确定。（√）

99. 一字形、开口形双排脚手架的两端，应根据需要设置横向斜撑。（×）

100. 脚手架断面的横向斜撑应由架底至架顶间断布置。（×）

101. 结构或构件抵抗变形的能力称为刚度。（√）

102. 一个脚手架，由于其中一根或几根管子失稳，将可能

导致整个架子的倒塌。（√）

103. 在脚手架拆除时间比较紧的情况下，可以先拆除连墙件，再拆脚手架。（×）

104. 在架体拆除人员比较少的情况下，可以从架体上向地面抛掷构配件。（×）

105. 连墙件必须随架体逐层拆除，严禁先将连墙件整层或数层拆除后再拆架体。（√）

106. 碗扣式钢管脚手架的显著特点是，适用于搭设烟囱、水塔等施工用的曲线形脚手架。（√）

107. 碗扣式钢管脚手架的横杆是为增强脚手架稳定性而设置的杆件。（×）

108. 纵向扫地杆应采用直角扣件固定在距离底座上皮不大于200mm处的立杆上。（√）

109. 碗扣式钢管脚手架的横杆规格有多种，可根据荷载大小选用。一般重荷载作业的架体长度采用1.5m和1.8m；荷载较轻的装修作业用架体长度采用0.9m和1.2m。（×）

110. 碗扣式钢管脚手架采用双排架形式搭设最易进行曲线形布置。（×）

111. 单排碗扣式钢管脚手架最适用于烟囱、水塔、桥墩等圆形建筑物。（√）

112. 碗扣式钢管脚手架搭设高度超过40m后，应作出专项施工设计并进行结构验算。（×）

113. 碗扣式钢管脚手架搭设高度超过40m后，应进行基础验算。（√）

114. 碗扣式钢管脚手架搭设前，应组织搭设人员进行安全技术交底，交底可采取口头形式。（×）

115. 碗扣式钢管脚手架搭设前，应会同供应部门和质检部门对主要购配件进行检验。（×）

116. 碗扣式钢管脚手架安装在地势不平的地基上，可以直接使用固定底座。（×）

117. 碗扣式钢管脚手架安装在地势不平的地基上，或者是高层的重载脚手架，应采用立杆可调底座。（√）

118. 碗扣节头是碗扣式钢管脚手架的节点，是立杆与横杆、斜杆的连接装置，确保碗扣节头锁紧，才能保证架体的安全使用。（√）

119. 连墙件应随架体的搭设及时在设计位置安装，不得后补或任意拆除。（√）

120. 连墙件随架体的搭设在设计位置安装，如时间紧可后补安装。（×）

121. 碗扣式钢管脚手架组装时，要求架体安装向同一方向，或由中间向两边推进，也可从两边向中间合拢组装。（×）

122. 碗扣式钢管脚手架搭设过程中，由于每搭设10m高度对架体检查一次，所以搭设到设计高度后，不再需要对架体进行检查。（×）

123. 架体在使用中，碗扣接头严禁随意松动，在检查中如发现接头的碗扣有松动，应随时紧固到位。（√）

124. 碗扣式钢管脚手架拆除的劳动强度和难度都要大于扣件式钢管脚手架。（×）

125. 碗扣式钢管脚手架拆除应自上而下逐层拆除，上、下两层同时拆除或阶梯形拆除。（×）

126. 为了满足外墙装饰工程的需要，可以在拆架前先拆除连墙件。（×）

127. 木脚手架立杆的杆长为5～10m，其小头的有效直径不小于7cm。（×）

128. 木脚手架的横向水平杆，长度以2～3m为宜，小头直径不得小于80mm。（√）

129. 木脚手架搭设前应放立杆坑线，其构造要求为：立杆纵向之间的间距为1.2m；立杆横向间距，里排立杆离墙面50～600mm，外排立杆离墙面1.8～2.5m。（×）

130. 搭设双排木脚手架竖其立杆时，如立杆有弯势时，应

将弯势面放在横向，其次长短立杆要搭配错开使用。（×）

131. 立杆木脚手架其纵向水平杆的绑扎应大头压小头绑在立杆里侧。（×）

132. 绑扎木脚手架用的铁丝应是 8 号铁丝，一般铁丝扣长度为 3～4cm。（√）

133. 单排木脚手架在砖过梁上及与过梁成 60°角的三角形范围内不得搁横向水平杆。（√）

134. 拆除木脚手架要遵循先绑扎的后拆除，后绑扎的要先拆除的原则。（√）

135. 木脚手架拆除到抛撑时，要特别注意先在适当的位置绑扎好临时支撑，然后再拆除抛撑，否则容易发生安全事故。（√）

136. 竹竿纵向开裂，主要是长时间使用后的一种自然现象，刚使用二次的新竹是不会开裂的。（×）

137. 开裂的竹子，只要不用于水平受压杆，强度一般不会减低。（×）

138. 竹脚手架的绑扎材料有两种，采用铁丝绑扎的方法也有两种。（×）

139. 竹篾是一次性使用材料，铁丝可以多次使用。对弯曲的铁丝只要拉直，便可重复多次使用。（×）

140. 在回填土中搭设竹竿脚手架，座洞越深，整体越稳固。（×）

141. 脚手架外观要达到横平竖直，地基处理得好是首要条件。（√）

142. 扎竹脚手架用的竹篾的宽度应不大于 8mm，厚度为 1mm 左右。（√）

143. 竹脚手架的杆件绑扎，尤其是立杆、横向水平杆等，须达到道道紧、杆杆紧的效果，不宜多杆捆扎，而应多道绑扎。（√）

144. 搭设竹脚手架，立杆接长时，应采用搭接，搭接长度应不小于 8m，纵向水平杆接长时，搭接长度应不小于 2.5m。（×）

145. 扎竹篾扣结时要注意竹节，如有竹节应增加两道竹篾绑扎。（×）

146. 绑扎竹脚手架用的竹篾其宽度应不大于 8mm，厚度为 1mm 左右，一青一黄配合使用，使用前要提前一天在水中浸泡。（√）

147. 脚手架绑扎时，无论绑扎那一根杆件都要用两根青竹篾一起绑。（×）

148. 选材不妥，粗细不一，形成的脚手架外形不整洁、规范是产生安全事故的一大原因。（√）

149. 解决立杆"吊空"现状，只要在"吊空"间隙内垫入垫板，消除空间，脚手架就能使用了。（×）

150. 组合式平台脚手架整体吊装时，吊点设置要牢固，并在脚手架顶平面用杉篙或钢管进行加固。（√）

151. 支柱式脚手架适用于砌墙和内粉刷。（√）

152. 工具式脚手架一般由工厂定型设计、制造，其形式、规格、品种较多。（√）

153. 满堂脚手架尤其是用作模板支撑时，不必对脚手架结构、构造等进行设计计算。（×）

154. 满堂脚手架是指室内平面满设的，纵、横向各超过 3 排立杆的整体形落地式多立杆脚手架。（√）

155. 扣件式满堂脚手架的主要构件有立杆、横杆、斜杆和底座。（√）

156. 拆除杉篙脚手架要遵循先绑扎的后拆除，后绑扎的要先拆除的原则。（√）

157. 一般棚仓的水平拉杆至少要绑扎两道，最上一道水平拉杆应绑扎双扣件，檐口离地面最高不得超过 30m，水平拉杆绑扎好后，将四周的扫地杆绑扎牢固。（×）

158. 一般棚仓的立杆间距不大于 4m，其主杆埋入深度不小于 300mm。（×）

159. 多立杆杉篙脚手架其水平拉杆的绑扎应大头压小头绑

在立杆里侧。（×）

160. 竹脚手架绑扎时，无论绑扎那一根杆件都要用两根青竹篾一起绑扎。（×）

161. 拆除杉篙挑架子时，除了严格按照拆除顺序拆除外，必须要先挂好安全带后拆除，拆除下来的杆件不得往下扔，要拆一根递一根。（√）

162. 安全平网宽度尺寸应为 3 ~ 6m，网眼不得大于 80mm。（√）

163. 安全网的内口要尽量靠近墙面，最大的空隙不得大于 200mm。（×）

164. 在无窗口的山墙支搭安全平网，应事先在砌墙时预留洞或设预埋件，以便支撑斜杆。（√）

165. 如在脚手架上设置水平安全网，不应在设置水平安全网支架的框架层上、下节点处设置连墙件。（×）

166. 安全防护棚应采用棚布、竹笆等柔性材料。（×）

167. 二级高处作业，作业高度为 5 ~ 15m，坠落半径为 4m。（√）

168. 为增强抗冲击能力，安全防护棚应采取双层顶盖，上下两层顶盖间距应大于 1m。（×）

1.2 单项选择题

1. 遇到 D 以上大风和雾、雨、雪天时，应暂时停止架子的搭拆工作。

A. 三级　　B. 四级　　　C. 五级　　　D. 六级

2. 严格执行 D，做到本工序质量不合格不交工，上道工序不符合要求不进行下道工序施工，保证每道工序达到标准。

A. 自检制度　B. 互检制度　C. 隐检制度　D. 交检制度

3. 搭设脚手架所用料具必须是合格品，对于安全网和安全带必须每 B 进行荷载试验。

A. 三个月　　B. 半年　　C. 九个月　　D. 一年

4. 每搭设 <u>A</u> 高度应对脚手架进行检查。

A. 10m　　B. 15m　　C. 18m　　D. 20m

5. 建筑施工图中 <u>D</u> 符号代表窗。

A. M　　　B. Y　　　C. B　　　D. C

6. 绘制建筑施工剖面图，首先是 <u>B</u>。

A. 画出室外地坪面

B. 根据建筑首层平面图确定剖切位置

C. 根据轴线画出墙厚

D. 根据轴线画出屋顶的外部轮廓线

7. 看建筑工程施工图的步骤是：先看 <u>C</u>。

A. 设计总说明　B. 总平面图　C. 图纸目录　D. 基础图

8. 砖混结构房屋的基础是承受 <u>A</u>。

A. 全部荷载　B. 墙体荷载　C. 屋盖荷载　D. 楼盖荷载

9. 建筑结构施工图中的楼层结构平面布置图主要用来表示 <u>A</u>。

A. 楼层各种构件的平面关系

B. 各种构件和砖墙的位置

C. 各种预制构件的名称、编号

D. 砖墙与构件的搭接尺寸

10. 准确理解剖面图的内容，必须先在 <u>B</u> 找到剖切位置。

A. 大样图　　B. 平面图或构件图

C. 立面图　　D. 详图

11. 在审核图纸时，如发现建筑施工图与结构施工图之间有矛盾，则以 <u>B</u> 为准。

A. 建筑尺寸　B. 结构尺寸　C. 安装尺寸　D. 详图尺寸

12. 钢丝绳的拉力不仅与构件的重量有关，而且与钢丝绳的水平夹角有关，钢丝绳与水平线的夹角一般为 <u>B</u>。

A. 30°以下　B. 35°以下　C. 45°以下　D. 45°以上

13. 结构施工用的里外脚手架使用时载重不得超过每平方

米<u>C</u>。

    A. 0. 7kN   B. 1. 7kN   C. 2. 7kN   D. 3. 7kN

    14. 扣件式钢管脚手架的常用钢管的壁厚是<u>B</u>mm。

    A. 3   B. 3. 5   C. 5   D. 5. 5

    15. 脚手架上使用的扣件，在螺栓拧紧扭矩达<u>C</u>N·m 时不得发生破坏。

    A. 40   B. 50   C. 65   D. 70

    16. 结构脚手架作业层上的施工均布活荷载标准值为<u>C</u>kN/m^2。

    A. 1   B. 2   C. 3   D. 4

    17. 木脚手板的厚度应不小于<u>B</u>mm。

    A. 30   B. 50   C. 70   D. 90

    18. 立杆搭接时旋转扣件不少于<u>B</u> 个。

    A. 1   B. 2   C. 3   D. 4

    19. 连墙件偏离主节点的距离应不小于<u>A</u>mm。

    A. 300   B. 400   C. 500   D. 600

    20. 剪刀撑中间各道之间的净距不应大于<u>B</u>m。

    A. 10   B. 15   C. 20   D. 25

    21. 脚手板探头长度应取<u>B</u>mm。

    A. 100   B. 150   C. 200   D. 250

    22. 搭设高层建筑扣件式钢管挑架子时，其离墙面距离为<u>A</u>。

    A. 小于 0. 2m   B. 0. 2m   C. 0. 25m   D. 0. 3m

    23. 导轨式爬升脚手架用<u>D</u> 脚手架标准杆件搭设而成。

    A. 扣件式   B. 桥式   C. 承插式   D. 碗扣式

    24. 砌筑用木脚手架立杆横距为<u>B</u>m。

    A. 1. 0   B. 1. 3   C. 1. 5   D. 1. 8

    25. 木脚手架立杆、纵向水平杆的搭接长度均不小于<u>C</u>m。

    A. 1. 0   B. 1. 2   C. 1. 5   D. 1. 8

    26. 剪刀撑与地面夹角宜为<u>B</u>。

A. 30°~45°　B. 45°~60°　C. 60°~70°　D. 70°~80°

27. 竹脚手架立杆、纵向水平杆、剪刀撑、抛撑杆小头直径均不小于C mm。

A. 70　　B. 80　　C. 90　　D. 100

28. 里脚手架单排架支柱离墙不大于D m，横杆搁入墙内不小于24cm。

A. 1.8　　B. 1.7　　C. 1.6　　D. 1.5

29. 支好的安全网在承受重为100kg、表面积为2800cm² 的砂袋假人，从D 高处下落的冲击后，网绳、系绳、边绳不断。

A. 5m　　B. 6m　　C. 8m　　D. 10m

30. 搭设钢管井字架，安装外侧天滑轮时，要超出顺水杆不小于B，使钢丝绳上下不摩擦顺水杆。

A. 4cm　　B. 5cm　　C. 3cm　　D. 2cm

31. 龙门架是由B 及天轮架构成的门式架。

A. 多根立杆　B. 两根立杆　C. 滑轮　D. 吊盘、起重索

32. 独立斜道搭设时，立杆和顺水杆间距不得大于C。

A. 1.6m　　B. 1.7m　　C. 1.5m　　D. 1.8m

33. 钢管井字架一般采用外径为C，壁厚为3~3.5mm，长度为4~6.5m 的钢管拼装搭设。

A. 45~50mm　B. 46~51mm　C. 48~51mm　D. 48~50mm

34. 搭设钢管井字架用的旋转扣件是用于A。

A. 连接扣紧两根任意角相交的杆件

B. 连接扣紧两根垂直相交的杆件

C. 连接两根杆件的对接接长

D. 连接扣紧两根水平相交的杆件

35. 铺设搭接脚手板时，要求两块脚手板端头的搭接长度应不小于A。

A. 20cm　　B. 30cm　　C. 35cm　　D. 40cm

36. 安全网使用钢管架设时，常用C 的钢管。

A. 46mm×3.5mm　　　B. 47mm×3.5mm

C. 48mm×3.5mm   D. 49mm×3.5mm

37. 搭设里脚手架，其双排架的纵向间距不大于<u>D</u>，横向间距不大于1.5m。

A. 2.0m   B. 2.2m   C. 2.3m   D. 1.8m

38. 龙门架竖立后必须校正，导轨的垂直度及间距尺寸偏差不得大于<u>C</u>。

A. 15mm   B. 18mm   C. 10mm   D. 12mm

39. 多立杆杉篙脚手架的垂直偏差不超过<u>D</u>。

A. 1/100   B. 1/160   C. 1/200   D. 1/150

40. 里脚手架单排架支柱离墙不大于1.5m，横杆搁入墙内不小于<u>B</u>m。

A. 20   B. 24   C. 30   D. 35

41. 挑架子中的斜杆与墙面的夹角应不大于<u>B</u>。

A. 75°   B. 30°   C. 45°   D. 60°

42. 桥式脚手架的容许荷载为每平方米<u>D</u>kN。

A. 2   B. 2.2   C. 2.5   D. 2.65

43. 吊装工字形截面的柱子，其绑扎点应选在<u>C</u>。

A. 牛腿以上   B. 牛腿处   C. 实心处   D. 底部处

44. 柱子安装中心线对定位轴线位置偏移，容许偏差为<u>D</u>。

A. 7mm   B. 8mm   C. 6mm   D. 5mm

45. 柱子采用浇筑细石混凝土的方法最后固定，一般要分两次进行，第二次浇筑细石混凝土，应待第一次混凝土强度达到<u>B</u>后，再浇筑混凝土。

A. 20%   B. 25%   C. 30%   D. 35%

46. 在结构吊装施工中常用的钢丝绳是由<u>C</u>和一根绳芯捻成，绳股是由许多根直径为0.4～4mm，强度为每平方毫米1400～2000N的高强度钢丝捻成。

A. 四束   B. 五束   C. 六束   D. 八束

47. 一般中小型柱子多采用<u>B</u>吊装。

A. 滑行法   B. 旋转法

C. 双机抬吊法　　　D. 人字拔杆吊装法

48. 如墙上无窗口时，应在砌筑墙时预留孔洞或预埋钢筋环，使搭设时斜杆的底端能支承住，挑架子的挑出宽度不大于<u>B</u>。

A. 1. 6m　　B. 1. 7m　　C. 1. 8m　　D. 1. 5m

49. 单排杉篙脚手架搭设在门窗洞口两侧<u>B</u>和墙角转角处 $1^3/_4$ 砖长的范围内不得安放排木。

A. 2/4　　B. 3/4　　C. $1\frac{1}{4}$　　D. $1\frac{2}{4}$

50. 布置卷扬机时，应使钢丝绳绕入卷扬机卷筒的方向与卷筒轴线成<u>D</u>。

A. 45°　　B. 60°　　C. 75°　　D. 90°

51. 柱子起吊时，必须拉牢拖拉绳，防止柱子在吊运时晃动或挤入，待柱子降落到离地<u>D</u>时再用手扶住柱子插入基础杯口。

A. 10 ~20mm　　B. 15 ~20mm　　C. 20 ~25mm　　D. 20 ~30mm

52. 搭设杉篙脚手架用的排木长度以<u>B</u>为标准，其小头有效直径不得小于9cm。

A. 1 ~2m　　B. 2 ~3m　　C. 2 ~4m　　D. 3 ~4m

53. 多立杆杉篙桥式脚手架的容许挠度为跨度的<u>B</u>。

A. 1/100　　B. 1/200　　C. 1/250　　D. 1/300

54. 挑架子的使用荷载每平方米不得超过<u>A</u>。

A. 1kN　　B. 1. 5kN　　C. 2kN　　D. 2. 5kN

55. 高层建筑施工的安全网一律<u>D</u>挑支，用钢丝绳绷挂。

A. 用杉篙杆　　B. 用竹竿

C. 用钢管　　D. 用组合钢管角架

56. 独立马道搭设时立杆和顺水杆间距不得大于<u>C</u>。

A. 1. 6m　　B. 1. 7m　　C. 1. 5m　　D. 1. 8m

57. 应严格按照千斤顶的标定起重量使用千斤顶。如无标志，其每次顶升量不得超过螺杆丝扣或活塞总高的<u>D</u>。

A. 1/2　　B. 1/3　　C. 1/4　　D. 3/4

58. 柱子安装时牛腿上表面和柱顶标高小于或等于5m 的柱

子的容许偏差为A。

A. -5mm　　B. +5mm　　C. -6mm　　D. +6mm

59. 起重指挥作业音响信号中的A 表示上升。

A. 一声长声　　B. 二声短声

C. 三声短声　　D. 一声急促的长声

60. 使用白棕绳穿绕滑车时，滑车的直径要比绳子的直径大D 倍，以免绳因受较大的弯曲力而降低强度。

A. 6　　　B. 8　　　C. 9　　　D. 10

61. 木脚手板对头铺设时，在每块板的端头下必须要有小横杆，小横杆离板端的距离应不大于B。

A. 22cm　　B. 15cm　　C. 20cm　　D. 25cm

62. 在搭设杉篙脚手架，如遇顺水杆有弯势时，应将A，不得将弯势面向里或向外绑扎，防止脚手架里出外进，立面不平整。

A. 凸面向上　　B. 凸面向右　　C. 凸面向左　　D. 凸面向下

63. 地锚的拉绳与地面的水平夹角为C 左右，否则会使地锚承受过大的竖向拉力而发生事故。

A. 20°　　B. 25°　　C. 30°　　D. 45°

64. 卷扬机安装时，其卷筒中心与导向滑轮的轴线要在一条直线上，卷筒与导向滑轮之间的距离一般应大于B。

A. 10m　　B. 15m　　C. 20m　　D. 25m

65. 起吊构件用的钢丝绳表面磨损或腐蚀不得超过钢丝绳直径的C。

A. 5%　　B. 8%　　C. 10%　　D. 15%

66. 多立杆杉篙脚手架立杆与墙面的距离：双排脚手架的外排立杆为C。

A. 1～2m　　B. 1.5～2m　　C. 2～2.5m　　D. 2.5～3m

67. 钢管井字架中斜杆与地面夹角不得大于D。

A. 70°　　B. 60°　　C. 65°　　D. 75°

68. 安全网的承载力不应小于C。

A. 1. 3kN　　B. 1. 4kN　　C. 1. 5kN　　D. 1. 6kN

69. 单块大模板存放时，要将大模板后面的两个地脚螺栓提起一些，按D 的自稳角使板面仰斜，并使大模板面对面堆放，再用 8 号铁丝互相系牢。

A. 45°～60°　B. 60°～70°　C. 70°～75°　D. 75°～80°

70. 满堂红架子高度为C 以下时，可以铺花板，但间隙不得大于 20cm，板头要绑牢。

A. 8m　　B. 9m　　C. 6m　　D. 7m

71. 竖立龙门架之前，用梢头直径不小于C 的杉篙加固绑扎牢固，以增强龙门架的刚度。

A. 6cm　　B. 7cm　　C. 8cm　　D. 5cm

72. 安装预制梁时梁上表面标高的容许偏差为Amm。

A. +0～-5　B. +2～-5　C. +3～-5　D. +5～-5

73. 为施工方便和不影响通行与运输，当杉篙脚手架搭设遇到门洞通道时，应在通道两侧加设八字撑。一般八字撑应与地面成C 夹角，并与立杆和顺水杆绑扎牢固。

A. 45°　　B. 50°　　C. 60°　　D. 65°

74. 搭设双排杉篙脚手架时，如遇地面较硬，立杆无法埋深时，可以直接立在地面上，但必须采用D 的方法。

A. 角铁固定　　　　　B. 缆风绳加固

C. 8 号铁丝绑扎固定　　D. 绑扎扫地杆

75. 定滑轮在使用中是固定的，可以C。

A. 改变用力方向，能省力

B. 不改变用力方向，能省力

C. 改变用力方向，不能省力

D. 不改变用力方向，不能省力

76. 钢丝绳在使用过程中，如遇见绳股间有大量的油挤出来，表明钢丝绳B，这时必须勤加检查，防止发生事故。

A. 即将断裂　　　　　B. 受力相当大

C. 已超过容许拉力　　D. 已超过安全系数

77. 多立杆杉篙单排脚手架立杆距墙面最宽不得大于C。

A. 2. 2m   B. 2. 5m   C. 1. 8m   D. 2. 2m

78. 单排杉篙脚手架搭设在宽度小于C的窗间墙上不得安放排木。

A. 0. 5m   B. 0. 8m   C. 1m   D. 0. 7m

79. 组合式平台脚手架承载大,每个平台架能承受C的荷载。

A. 10kN   B. 15kN   C. 20kN   D. 25kN

80. 棚仓搭设立杆的间距一般不大于D。

A. 4m   B. 4. 5m   C. 3. 5m   D. 3m

81. 井字架中的天轮点高度至少高于建筑物C,并在滑道上距顶4m处加过卷扬限位器。

A. 4m   B. 5m   C. 6m   D. 7m

82. 组合脚手架使用前要试压,试压时在每个桁架上堆放D块砖,经4h检查脚手架各部分有无变化,如确无变化时,卸砖到正常施工要求,即可交付使用。

A. 500   B. 600   C. 700   D. 800

83. 多立杆砌筑脚手架其剪刀撑的斜杆与地面夹角为D。

A. 30°~45°   B. 30°~50°   C. 30°~55°   D. 45°~60°

84. 竹、木脚手架的立杆,斜撑的底端均要埋入地下。埋设深度视土质情况而定,一般立杆埋深不小于D。

A. 20cm   B. 30cm   C. 40cm   D. 50cm

85. 埋桩地锚的承受拉力可达C,如果将2~3根桩木捆在一起,挡木也增加1~2根,其承受的拉力能提高一倍。

A. 10kN   B. 15kN   C. 20kN   D. 25kN

86. 建筑物顶部施工的防护架子要高于平屋面女儿墙顶D。

A. 0. 5m   B. 0. 8m   C. 1m   D. 1. 2m

87. 在脚手架上附设起重拔杆时,必须对脚手架进行加固,其起重量不得大于C。

A. 6000N   B. 5000N   C. 3000N   D. 4000N

88. 对于多立杆式脚手架的顺水杆，其容许挠度一般为杆长的B。

A. 1/100　　　　B. 1/150　　　　C. 1/200　　　　D. 1/250

89. 搭设单排杉篙脚手架在梁或梁垫下及其左右各C的范围内不得安放排木。

A. 300mm　　　B. 400mm　　　C. 500mm　　　D. 600mm

90. 马道两侧及拐弯平台外围应设不低于C的护身栏。

A. 0.8m　　　　B. 0.9m　　　　C. 1.0m　　　　D. 0.7m

91. 单机旋转法起吊柱子时，为提高起重机的吊装效率，在预制柱子或堆放柱子时，应做到三点一圆弧，其三点指的是D。

A. 吊车位置、绑扎点、柱脚中心

B. 吊车位置、柱脚中心、杯形基础中心

C. 柱脚中心、杯形基础中心、吊车位置

D. 绑扎点、柱脚中心、杯形基础中心

92. 安装垂直度大于5m的柱子容许偏差为D。

A. 7mm　　　B. 8mm　　　C. 9mm　　　D. 10mm

93. 高处作业使用单面梯时，梯与地面夹角以D为宜，禁止两人同时在梯上作业。

A. 40°~50°　B. 45°~55°　C. 50°~60°　D. 60°~70°

94. 起重指挥信号中的手势指挥信号食指向上伸出，作旋转动作表示A动作。

A. 吊钩升起　　　B. 吊钩微微上升

C. 吊杆升起　　　D. 吊杆微微升起

95. 杉篙双排脚手架搭设到收顶时，如果是平屋顶屋面，立杆必须超过女儿墙顶面C，并且从最上层脚手板到立杆顶端要绑两道护身栏和立挂安全网。

A. 0.8m　　　B. 0.9m　　　C. 1m　　　D. 0.7m

96. 在雷雨季节使用的高度超过30m的钢井架，应装设C，否则应暂停使用。

A. 天线　　　B. 接地线　　　C. 避雷电装置　　D. 接零线

97. 滑轮的容许荷载，根据C来确定，一般滑轮上都有标明，使用时应根据其标定的容许荷载来选用，不能超过荷载使用。

A. 滑轮　　　　　　　　B. 轴直径
C. 滑轮和轴的直径　　　D. 滑轮和轴的接触情况

98. 吊索是用钢丝绳制作的，吊索拉力不仅与构件的重量有关，而且与吊索的水平夹角有关。在实际操作中不应使吊索与构件之间的夹角小于30°，一般为C。

A. 30°~45°　B. 45°~50°　　C. 45°~60°　D. 45°~70°

99. 高层施工时，除要固定一道A宽的首层安全平网外，每隔10m应设一道A宽的安全平网。

A. 6、3　　　B. 5、5　　　C. 7、3　　　D. 6、5

100. 高层施工应在建筑物的二层位置固定一道B宽的水平安全网，该安全网直至高处作业结束后方可拆除。

A. 5~7m　B. 5~6m　　C. 6~7m　　　D. 6~8m

101. 斜道两侧、转弯平台外围与端部均应设剪刀撑，并沿斜道纵向每隔6~7根立杆设一道抛撑。剪刀撑应A连续设置。

A. 自下而上　B. 自上而下　C. 自左向右　D. 自右向左

102. 安全防护棚靠外侧设置向外倾斜75°、高B的防护围挡。

A. 1.0~1.1m　　　　B. 1.2~1.5m
C. 1.8~2.0m　　　　D. 2.1~2.3m

103. 民用建筑按照用途分为A。

A. 居住建筑和公共建筑
B. 砖木建筑和砖混建筑
C. 砖木建筑、砖混建筑、钢筋混凝土建筑和钢结构建筑
D. 钢筋混凝土建筑和钢结构建筑

104. 看工业厂房剖面图先看D。

A. 地坪标高　　　　　　B. 牛腿顶面及吊车梁轨道
C. 外墙处的竖向尺寸　　D. 剖面图在平面图上的剖切位置

105. 建筑结构荷载中的可变荷载是指<u>A</u>。

A. 人群荷载　　　　　B. 地震荷载

C. 构件所受的重力　　D. 土的压力

106. 建筑平面图上的纵向轴线是<u>D</u>。

A. 沿建筑物宽度方向的轴线

B. 建筑物长度方向的轴线

C. 两条横向轴线之间的距离

D. 建筑物外包尺寸的距离

107. 建筑施工剖面图上的层高是指<u>C</u>。

A. 由本层地坪至本层顶板下皮的垂直高度

B. 楼面与楼面之间的垂直高度

C. 下层地坪到上层地坪的垂直高度

D. 楼面与地坪之间的垂直高度

108. 建筑结构施工图中的楼层结构平面布置图，主要用来表示<u>A</u>。

A. 楼层各种构件的平面关系

B. 各种构件和砖墙的位置

C. 各种预制构件的名称编号

D. 砖墙与构件的搭接尺寸

109. 常用建筑构件屋面板的代号是<u>C</u>。

A. KB　　　B. BC　　　C. WB　　　D. CB

110. 常用建筑构件圈梁的代号是<u>B</u>。

A. L　　　　B. QC　　　C. GL　　　D. DL

111. 常用建筑构件屋架的代号是<u>B</u>。

A. TJ　　　B. WT　　　C. CJ　　　D. GJ

112. 常用建筑构件梁的代号是<u>C</u>。

A. WL　　　B. DL　　　C. L　　　　D. GL

113. 建筑施工图中<u>A</u>符号代表门。

A. M　　　　B. C　　　　C. Y　　　　D. B

114. 常用建筑构件空心板的代号是<u>C</u>。

A. B　　　B. WB　　　C. KB　　　D. CB

115. 识读建筑结构楼层平面图首先要查阅A。

A. 施工说明

B. 楼层结构平面布置图与建筑平面图的关系

C. 楼板的种类、型号、块数

D. 板与墙的关系

116. 图样中的轴线编号表示建筑物在A 中的相应位置。

A. 平面图　　B. 立面图　　C. 剖面图　　　　D. 详图

117. 审核建筑剖面图必须先熟悉有关的B。

A. 说明　　　B. 图例　　　C. 剖切部位　　D. 标高

118. 准确理解剖面图的内容，必须先在B 上找到剖面图的位置。

A. 大样图　　　　B. 平面图或构件图

C. 立面图　　　D. 详图

119. 建筑立面图主要表现建筑物的C。

A. 总高度　　　　　　　B. 屋顶的形状及大小

C. 立面及建筑外形轮廓　　D. 门窗式样

120. 看工业厂房平面图先看B。

A. 柱子布置及形式　　　B. 定位轴线

C. 吊车的设置情况　　　D. 门窗布置

121. 力与力到转动中心点垂直距离的乘积称为B。

A. 力偶　　　B. 力矩　　　C. 重力　　　D. 作用力

122. 脚手架的荷载一般可分C 两类。

A. 施工荷载和风荷载　　　B. 操作人员和建筑施工材料

C. 恒载和活动荷载　　　　D. 施工荷载和恒载

123. 在结构吊装施工中常用的钢丝绳是由C 钢丝和一根绳芯捻成，绳股是由许多根直径为 0.4 ~ 4mm、强度为 1400 ~ 2000N/mm^2（MPa）的高强度钢丝捻成。

A. 四束　　　B. 五束　　　C. 六束　　　　D. 八束

124. 选用钢丝绳的夹头时，应使其 U 形环的内侧净距比钢丝绳直径大<u>B</u>。

A. 1～2mm   B. 1～3mm   C. 2～3mm   D. 3～4mm

125. 导向滑车的作用，只能<u>C</u>。

A. 省力   B. 改变速度

C. 改变钢丝绳的运动方向   D. 改变方向并省力

126. 离地<u>A</u>以上高处作业，为了防止高处坠落，操作人员在该处作业时，必须正确使用安全带。

A. 2m   B. 3m   C. 4m   D. 6m

127. 遇到<u>D</u>以上大风和雾天、雨雪时，脚手架的搭拆工作应暂时停止操作。

A. 3 级   B. 4 级   C. 5 级   D. 6 级

128. 搭设脚手架所用料具必须是合格品，对于安全网和安全带每<u>B</u>必须进行荷载试验。

A. 3 个月   B. 半年   C. 9 个月   D. 1 年

129. 每搭设<u>A</u>高度应对脚手架进行检查。

A. 10m   B. 15m   C. 18m   D. 20m

130. 停工超过<u>A</u>，恢复使用前必须对脚手架进行检查。

A. 1 个月   B. 1 个半月   C. 2 个月   D. 2 个半月

131. 脚手架搭设关系到整个工程能否顺利进展，工程要有好的经济效益，与脚手架搭设<u>A</u>有着直接的关系。

A. 安全与否   B. 技术方案   C. 节约材料   D. 搭设高度

132. 各级施工负责人要重视对广大职工进行经常性的<u>C</u>，督促大家遵章守纪，还要把好脚手架搭设质量关。

A. 安全检查   B. 安全培训   C. 安全教育   D. 考试考核

133. 许多事故都说明脚手架工程的质量低劣，引起倾斜都是由于<u>B</u>所造成。

A. 架子工的技术素质低的原因

B. 施工负责人片面追求工程进度未严格进行检查督促的原因

C. 采用了不符合标准的材质

D. 气候条件不合适

134. 搭拆脚手架属于特种作业，要求架子工具备A。

A. 安全生产的意识   B. 一定的技术素质

C. 互相关心的协作精神   D. 饱满的工作热情

135. 架子工在高处作业中，除了要注意到他人安全外，还有一个自身的安全问题，其自身的安全，只能C来维护。

A. 依靠施工管理人员的督促和班组成员的互相关心

B. 依靠正确佩戴安全帽，正确系带安全带以及穿防滑鞋

C. 依靠加强自我保护意识，遵章守纪，佩戴好劳动防护用品

D. 依靠施工负责人经常地检查督促

136. 在工程施工中，脚手架工程毕竟要服从和服务于工程施工的需要，这就要求脚手架搭设要满足特殊的要求，根据不同环境特点制定出技术保障措施，而架子工必须B，决不能违反规定，自行其是，否则必将导致事故发生。

A. 按图施工，循规蹈矩

B. 按规定要求，做好防护措施

C. 按图施工，按规定要求搭设

D. 按施工常识搭设

137. 脚手架由于C的不规范而造成倾架事故的比例，在整个脚手架事故中还是较高的，这点必须引起高度重视。

A. 技术措施   B. 安全措施   C. 稳固措施   D. 杆件长度

138. 脚手架搭设需要具备一定的科学文化知识，例如要懂得一些材料学知识、力学知识、地质气象学知识、搭设工艺知识以及C。

A. 施工常识   B. 工料计算知识

C. 劳动保护知识   D. 文化知识

139. 为了防止杆件锈蚀，按脚手架现有规定，应进行每A一次的除锈、油漆工作，增加其抗蚀性能。

A. 1 年   B. 2 年   C. 3 年   D. 4 年

140. 架子工在搭设过程中，应随时剔除C 或目测不宜再用的杆件。

A. 弯曲　　　B. 压扁　　　C. 强度已减低　　　D. 锈蚀

141. 脚手架的安全，首先来源于A 再加上精心操作，才能防止脚手架搭设和使用过程中的事故发生。

A. 材料质量的保证，把好材料质量关

B. 施工组织设计，按图施工

C. 安全保障系数，安全系数大

D. 按施工常识搭设

142. 脚手架搭设，应根据不同的土层特点、不同的工程对象，形成不同的施工要求，也就是通常讲的C，忽略这一点，就可能产生不良后果。

A. 技术性　　B. 安全性　　C. 针对性　　D. 广泛性

143. 要保证脚手架的横平竖直，B 是首要条件。

A. 材料选择合适　　　　　B. 地基处理得好

C. 架子工的技术素质　　　D. 保证杆件长度

144. 脚手架等距离设置连墙杆，不仅脚手架的垂直度能得到保证，也控制着脚手架的A。

A. 安全度　　B. 水平稳固　　C. 长细比　　D. 强度

145. 不论是钢管还是竹、木单立面架设脚手架，其失稳可能性较大，尤其两端部位，宜C 保护。

A. 采取封闭措施

B. 增加横向水平杆加强横向刚度

C. 采用密集型加设边墙杆

D. 增加抛撑

146. 在识读施工图时，必须掌握正确的识图方法，主要包含：①总体了解；②顺序识读；③前后对照；④重点细读；请对此进行排序A。

A. ①—②—③—④　　　B. ②—①—③—④

C. ④—②—③—①　　　D. ③—①—②—④

147. 在国际计量单位制中，力的单位<u>A</u>。

A. N　　　B. m　　　C. kg　　　D. t

148. 在力学中，用<u>B</u>物理量作为度量力偶转动效应。

A. 力的大小　B. 力偶矩　C. 作用效果　D. 力的作用点

149. 力是矢量，力的合成与分解都遵循<u>C</u>。

A. 三角形法　　　　　B. 圆形法

C. 平行四边形法则　　D. 多边形法则

150. 当力的大小等于零，或力的作用线通过矩心（力臂 d = 0）时，力矩为<u>B</u>。

A. 大于零　B. 等于零　C. 小于零　D. 不确定

151. 立杆是组成脚手架的主体构件，主要是承受<u>B</u>，同时也是受弯杆件，是脚手架结构的支柱。

A. 拉力　　B. 压力　　C. 剪力　　　D. 扭矩

152. 在建筑工程施工图中，凡是主要的承重构件，如墙、柱、梁的位置都要用<u>D</u>来定位。

A. 粗线　　　B. 细线　　C. 虚线　　D. 轴线

153. 《建筑制图标准》规定，尺寸单位除总平面图和标高以米（m）为单位外，其余均用<u>C</u>为单位。

A. 分米　　　B. cm　　C. mm　　　D. 微米

154. 搭设高度<u>D</u>及以上落地式钢管脚手架工程需要专家论证。

A. 20m　　B. 30m　　C. 40m　　D. 50m

155. 架体高度<u>A</u>及以上悬挑式脚手架工程需要专家论证。

A. 20m　　B. 30m　　C. 40m　　D. 50m

156. 混凝土模板支撑搭设高度<u>C</u>及以上时需要专家论证。

A. 4m　　　B. 6m　　C. 8m　　　D. 10m

157. 混凝土模板支撑搭设跨度<u>D</u>及以上，施工总荷载 15kN/m² 及以上或集中线荷载 20kN/m 及以上时需要专家论证。

A. 15m　　B. 16m　　C. 17m　　　D. 18m

158. 专项方案应当由施工单位技术部门组织，本单位施工技术、安全、质量等部门的专业技术人员进行审核。经审核合格的，由 B 签字。

    A. 建设单位技术负责人　　B. 施工单位技术负责人

    C. 监理单位技术负责人　　D. 建设局技术负责人

159. 无论采用何种材料，每张安全平网的重量一般不宜超过 15kg，并要能承受 C 的冲击力。

    A. 400N　　B. 600N　　C. 800N　　D. 1000N

160. 安全平网应按水平方向架设。进行水平防护时必须采用平网，不得用立网代替平网。安全平网至少挂设 B 道。

    A. 2　　B. 3　　C. 4　　D. 5

161. 安全平网挂设时不宜绷得过紧，与下方物体表面的最小距离应不小于 A m。

    A. 3　　B. 4　　C. 5　　D. 6

162. 挡脚板高度不应小于 C mm。

    A. 120　　B. 150　　C. 180　　D. 200

163. 首次取得证书的人员实习操作不得少于 B 个月。否则，不得独立上岗作业。

    A. 2　　B. 3　　C. 4　　D. 5

164. 焊接底座一般用厚度不小于 D mm，边长 150~200mm 的钢板，上焊高度不小于 150mm 的钢管。

    A. 3　　B. 5　　C. 6　　D. 8

165. 焊接底座用边长 150~200mm 的钢板，上焊高度不小于 C mm 的钢管。

    A. 120　　B. 130　　C. 150　　D. 180

166. 木垫板宽度不小于 200mm，厚度不小于 50mm，平行于建筑物铺设时垫板长度应不少于 B 跨。

    A. 1　　B. 2　　C. 3　　D. 4

167. 用于立杆、纵向水平杆和剪刀撑的钢管长度以 D m 为宜。

    A. 2.2　　B. 2.2~4.5　　C. 3.5~7　　D. 4~6.5

168. 脚手架底座底面标高宜高于自然地坪A mm。

A. 50 　　B. 70 　　C. 80 　　D. 100

169. 钢管扣件脚手架立杆应均匀设置，通常其纵向间距不大于B m，并应符合设计要求。

A. 1 　　B. 2 　　C. 3 　　D. 4

170. 两根相邻立杆的接头不应设置在同步内，同步内隔一根立杆的两个相隔接头在高度方向错开的距离不宜小于C mm。

A. 200 　　B. 300 　　C. 500 　　D. 800

171. 纵向水平杆步距，底层不得大于 2m，其他不宜大于D m。

A. 1.5 　　B. 1.6 　　C. 1.7 　　D. 1.8

172. 主节点处两个直角扣件的中心距不应大于B mm。

A. 180 　　B. 150 　　C. 120 　　D. 100

173. 纵向扫地杆应采用直角扣件固定在距底座上皮不大于D mm 处的立杆上。

A. 120 　　B. 150 　　C. 180 　　D. 200

174. 每道剪刀撑宽度不应小于C 跨，且不应小于C m，斜杆与地面的倾角宜在 45°～60°之间，各底层斜杆下端均应支承在垫块或垫板上。

A. 2，3 　　B. 3，5 　　C. 4，6 　　D. 5，7

175. 连墙件宜靠近主节点设置，偏离主节点的距离不应大于B mm。

A. 100 　　B. 300 　　C. 500 　　D. 700

176. 脚手架一次搭设的高度不应超过相邻连墙件以上B 步。

A. 1 　　B. 2 　　C. 3 　　D. 4

177. 钢管扣件脚手架搭设高A 步以上时，随施工进度逐步加设剪刀撑。

A. 7 　　B. 8 　　C. 9 　　D. 10

178. 悬挑式脚手架一般是多层悬挑，将全高的脚手架分成若干段，利用悬挑梁或悬挑架作脚手架基础分段搭设，每段搭设高度不宜超过C m。

　　A. 15　　　B. 18　　　C. 20　　　D. 24

　　179. 悬挑式脚手架悬挑梁应采用A 号以上型钢，悬挑梁尾端应在两处以上使用 φ16mm 以上圆钢锚固在钢筋混凝土楼板上，楼板厚度不低于 120mm。

　　A. 10　　　B. 12　　　C. 14　　　D. 16

　　180. 悬挑式脚手架悬挑梁悬出部分不宜超过A m，放置在楼板上的型钢长度应为悬挑部分的A 倍。

　　A. 2，1. 7　　　B. 2. 2，1. 8　　　C. 2. 3，1. 9　　　D. 2. 5，2. 0

　　181. 调节门架其主要用于调节门架的A。

　　A. 竖向高度　　B. 宽度　　C. 倾斜程度　　D. 变形程度

　　182. 底座抗压强度应不小于C kN。

　　A. 60　　　B. 75　　　C. 40　　　D. 80

　　183. 门式钢管脚手架的外观质量，钢管应平直，平直度允许偏差为管长的B。

　　A. 1/50　　　B. 1/500　　　C. 1/400　　　D. 1/40

　　184. 上下榀门架立杆应在同一轴线位置上，轴线偏差不应大于B mm。

　　A. 1　　　B. 2　　　C. 3　　　D. 4

　　185. 脚手架顶端宜高出女儿墙上皮D，高出檐口上皮D。

　　A. 0. 5m，2. 0m　B. 1m，1m　C. 2m，1. 5m　D. 1m，1. 5m

　　186. 冲压钢板脚手板的厚度不应小于B。

　　A. 1mm　　　B. 1. 2mm　　　C. 1. 5mm　　　D. 2mm

　　187. 扣件螺栓拧紧扭力矩宜为 50 ~60N·m，不得小于A N·m。

　　A. 40　　　B. 50　　　C. 55　　　D. 60

　　188. 门式脚手架的整体垂直度允许偏差在脚手架高度的 1/600 内，且不超过C mm。

　　A. ±30　　　B. ±40　　　C. ±50　　　D. ±60

　　189. C 是碗扣式脚手架的核心部件。

　　A. 立杆　　B. 横杆　　C. 碗扣接头　　D. 定位销

190. 可调底座底板的钢板厚度不小于C，可调托撑钢板厚度不小于C。

A. 5mm，6mm　　　B. 7mm，8mm

C. 6mm，5mm　　　D. 8mm，7mm

191. 碗扣式脚手架的底座抗压强度为D。

A. ≥40kN　B. ≥60kN　C. ≤80kN　D. ≥100kN

192. 碗扣式脚手架的杆件采用 Q235A 钢制品，其规格为B。

A. φ10mm　　　　　B. φ48×3.5mm

C. φ24×3.5mm　　　D. φ24×4.5mm

193. 碗扣式脚手架的立杆连接销是立杆竖向接长连接的专用销子，其直径为A，其理论质量为 0.18kg。

A. φ10mm　B. φ8mm　C. φ6mm　D. φ12mm

194. 碗扣式脚手架内立杆与建筑物距离应小于或等于Bmm。

A. 120　B. 150　C. 180　D. 200

195. 碗扣式脚手架当高度大于 24m 时，每隔C 跨应设置一组竖向通高斜杆。

A. 1　B. 2　C. 3　D. 4

196. 碗扣式脚手架应随建筑物升高而随时设置，并应高于作业面B。

A. 1m　B. 1.5m　C. 2m　D. 2.5m

197. 碗扣式脚手架搭设组装顺序正确的是D。

A. 立杆底座→立杆→横杆→接头锁紧→斜杆→连墙体→上层连接销→横杆

B. 立杆底座→立杆→斜杆→横杆→连墙体→上层连接销→接头锁紧→横杆

C. 立杆底座→立杆→横杆→连墙体→斜杆→接头锁紧→横杆→上层连接销

D. 立杆底座→立杆→横杆→斜杆→连墙件→接头锁紧→上层立杆→立杆连接销→横杆

1.3 多项选择题

1. 框架结构主要包括哪几种类型<u>A、B、D</u>。
A. 全框架结构　　B. 内框架结构
C. 外框架结构　　D. 底层框架结构

2. 筒体结构适用于 30 层以上的高层建筑。根据筒体结构的不同组成方式可以分为<u>A、B、C、D</u>。
A. 内筒结构　　B. 框筒结构
C. 筒中筒结构　　D. 多数筒结构

3. 下列属于扣件式钢管脚手架适用范围的是<u>A、B、C、D</u>。
A. 工业与民用建筑施工用单、双排脚手架
B. 水平混凝土结构工程施工用模板支撑脚手架
C. 高耸建筑物，如烟囱、水塔等结构施工用脚手架
D. 上料平台及安装施工用满堂脚手架

4. 识读一张图样时，应按由外向里看、由大到小看、由粗至细看、图样与说明交替看、有关图样对照看的方法，重点看<u>A</u>及<u>C</u> 关系。
A. 轴线　　B. 比例　　C. 各种尺寸　　D. 实际尺寸

5. 总平面图常用比例<u>A、B、C、D</u>。
A. 1∶500　　B. 1∶1000　　C. 1∶2000　　D. 1∶5000

6. 荷载依据作用情况可以分为以下几种：<u>B、C、D</u>。
A. 持续荷载　　B. 永久荷载
C. 可变荷载　　D. 偶然荷载

7. 架子工安全带主要分为<u>A、B</u>。
A. 单背带式　　B. 双背带式
C. 单环式　　D. 双环式

8. 安全网的分类：<u>A、B、C</u>。
A. 安全平网　　　　B. 安全立网
C. 密目式安全立网　　D. 稀目式安全立网

9. 支撑柱最大允许荷载与搭设的高度有关，分为以下情况，请选择正确答案A、B、C。

A. 支撑高度 H 小于 5m 时，最大承受荷载力为 140kN

B. 支撑高度为 $5m \leq H < 10m$，最大承受荷载力为 120kN

C. 支撑高度为 $10m \leq H < 15m$，最大承受荷载力为 100kN

D. 支撑高度为 $15m \leq H \leq 20m$，最大承受荷载力为 80kN

10. 下面说法正确的是A、B、C。

A. 对于一字形及开口形脚手架，应在两端横向框架内沿全高连续设置节点通道斜杆

B. 对于 30m 以下的脚手架，中间可以不设置通道斜杆

C. 对于 30m 以上的脚手架，中间应该每隔 6~7m 设置一道沿全高连续设置的通道斜杆

D. 当横向平面框架所承受的总荷载达到或是超过 25kN 时，应该增设通道斜杆

11. 下列属于脚手架拆除工作要点及技术要求的是A、B、C、D。

A. 脚手架拆除应该从顶层开始，先拆横杆，后拆立杆，按顺序自上而下逐层拆除，不允许上、下两层同时拆除或阶梯形拆除

B. 连墙件只能在拆到该层时方可拆除，严禁在拆架前先拆除连墙件

C. 拆除的构件应用吊具吊下，或工人递下来，严禁从高空向下抛掷

D. 拆除的构件应及时清理和分类堆放，以便运输和保管

12. 下列属于碗扣式脚手架主要构件的是A、C、D。

A. 立杆　　B. 间横杆　　C. 横杆　　D. 顶杆

13. 下列属于碗扣式脚手架作业面辅助构件的是 A、B、C、D。

A. 脚手板　　B. 斜道板　　C. 挡脚板　　D. 立杆连接销

14. 关于架体搭设的步距说法正确的是B、D。

A. 步距为 0.6m 时，单根立杆允许的最大荷载为 35kN

B. 步距为 1.2m 时，单根立杆允许的最大荷载为 30kN

C. 步距为 1.8m 时，单根立杆允许的最大荷载为 15kN

D. 步距为 2.4m 时，单根立杆允许的最大荷载为 20kN

15. 脚手架作业面允许荷载，分为如下两种情况A、D。

A. 最大集中荷载为 2kN

B. 最大集中荷载为 3kN

C. 最大均布荷载为 2kN/m²

D. 最大均布荷载为 3kN/m²

16. 为了保证墙的整体强度，下列部位不允许留置脚手眼：A、B、C、D。

A. 砖过梁上与梁成 60°角的三角形范围内

B. 砖柱或宽度小于 740mm 的窗间墙

C. 梁及梁垫下及其左右各 370mm 的范围内

D. 门窗洞口两侧 240mm 和转角处 420mm 范围内，以及设计图样上规定不允许留脚手眼的部位

17. 脚手架与高压线之间的水平和垂直安全间距为B、C、D。

A. 35kV 以上不得小于 4m

B. 10～35kV 不得小于 5m

C. 10kV 以下不得小于 3m

D. 35kV 以上不得小于 6m

18. 下列说法正确的是A、D。

A. 双排外脚手架的搭设高度不超过 25m 时，可采用单立杆

B. 双排外脚手架的搭设高度不超过 25m 时，可采用双立杆

C. 搭设高度 25～35m 时，则应采单双立杆

D. 搭设高度 25～35m 时，则应采用双立杆

19. 下列属于支柱式脚手架的是A、B、C、D。

A. 套管式　B. 承插式　C. 伞脚式　D. 梯形式

20. 根据所用材料的不同，常用的满堂脚手架有A、B、C。

A. 扣件式钢管满堂脚手架　　B. 碗扣式钢管满堂脚手架

C. 门式钢管满堂脚手架　　　D. 立杆式钢管满堂脚手架

21. 有关棚仓说法正确的是A、B、C、D。

A. 一坡顶的棚盖常用于一般加工场地，如施工现场的钢筋加工棚、水暖加工棚等。因此，在搭设时要考虑朝阳、防雨以及操作人的视线要求，其棚盖的坡度为1:2.5或1:3

B. 起脊双坡顶的棚盖适用于在施工现场堆放材料的仓库，要求防雨性能好，因此其坡度以1:2.5~1:2为宜

C. 带天窗棚盖坡顶适用于施工现场的食堂，因此不但防雨性要好，而且要求透气性好，其棚盖坡度以1:2或1:3为宜

D. 起脊相错二坡顶的棚盖一般适于施工现场加工作业之用，因此要求采光好，其坡度以1:3为宜

22. 脚手架斜道的类型A、B、C、D。

A. 相对独立型　　　　　B. 附着型

C. "一"字形斜道　　　 D. "之"字形斜道

23. 下列属于斜道的组成部分的是B、C、D。

A. 横杆　 B. 水平杆　 C. 小横杆　 D. 剪刀撑

24. 剪刀撑设置在斜道架体外侧，可增强架体B、C。

A. 强度　 B. 稳定性　 C. 刚度　 D. 安全性

25. 下列叙述正确的是B、C、D。

A. 人行斜道坡度宜为1:4，宽度不得小于1m，转弯平台面积不小于3m²，宽度不小于1.5m

B. 运料斜道坡度为1:6，宽度不得小于1.5m，转弯平台面积不小于6m²，宽度不小于2m

C. 斜道两侧和转弯平台外圈，应设置防护栏杆和挡脚板。防护栏杆高为1.2m，挡脚板高0.18m

D. 小横杆绑扎在斜横杆上，间距不得大于1m，在转弯平台处间距不得大于0.75m

26. 下列选项叙述正确的是A、B、D。

A. 竹脚手架搭设要求中规定斜杆间距为300mm时，两侧的

斜横杆与立杆绑扎，中间的斜横杆与小横杆绑扎

B. 斜道脚手板纵铺时，脚手板直接绑扎在小横杆上，小横杆绑扎在斜横杆上，间距不得大于 1m，脚手板接头处应设双根小横杆，其搭接长度不小于 400mm

C. 斜道脚手板横铺时，脚手板应绑扎在斜横杆上，斜横杆绑扎在小横杆上。斜道脚手板每隔 300mm 安装一道高 20 ~ 40mm 的防滑条

D. 斜道脚手板横铺时，脚手板应绑扎在斜横杆上，斜横杆绑扎在小横杆上。斜道脚手板每隔 300mm 安装一道高 20 ~ 30mm 的防滑条

27. 挡脚板斜道脚手板的铺设主要有A、C。

A. 顺铺法　　B. 逆铺法　　C. 横铺法　　D. 平铺法

28. 安全技术中三宝是指B、C、D。

A. 安全员　　B. 安全帽　　C. 安全带　　D. 安全网

29. 高处作业防护范围可按《高处作业分级标准》GB/T 3608-1993 的规定，分为四个级别，以下说法正确的是C、D。

A. 一级高处作业：作业高度为 2 ~ 10m，坠落半径 3m

B. 二级高处作业：作业高度为 10 ~ 15m，坠落半径 4m

C. 三级高处作业：作业高度为 15 ~ 30m，坠落半径 5m

D. 特级高处作业：作业高度 30m 以上，坠落半径 6m

30. 标高是标注建筑物各部分高度的另一种尺寸形式，建筑物标高有A、C、D 之分。

A. 绝对标高　　B. 相对标高　　C. 房顶标高　　D. 楼面标高

31. 碗扣式钢管脚手架安装时，如发现上碗扣扣不紧，应检查A、C、D。

A. 立杆与横杆是否垂直

B. 横杆长度是否符合要求

C. 横杆接头与横杆是否变形

D. 下碗扣内有无砂浆等杂物

32. 碗扣式钢管脚手架组装完两层横杆后，应及时检查并调

整关键部位A、B、D。

    A. 横杆的水平度   B. 立杆底座落实不松动

    C. 连墙件   D. 锁紧碗扣接头

33. 碗扣式钢管脚手架组装时，要求架体安装方向B、D。

    A. 从两边向中间合拢   B. 由中间向两边推进

    C. 分段安装   D. 向同一方向

34. 在A、B、D阶段应对碗扣式钢管脚手架体进行检查。

    A. 每搭设10m高度   B. 达到设计高度

    C. 雨雪之后   D. 使用过程中的定期安检

35. 碗扣式钢管脚手架体在使用管理中应A、B、D。

    A. 设安全监督检查人员   B. 定期对脚手架进行检查

    C. 检查横杆的水平度   D. 严禁拆除脚手架构件

36. 碗扣式钢管脚手架搭设质量检查验收的主要内容是A、B、C。

    A. 基础是否有不均匀沉降

    B. 碗扣是否锁紧

    C. 连墙件的设置是否达到设计要求

    D. 架体搭设高度是否符合要求

37. 运用竹竿搭设脚手架，是我国民间的一项传统搭设工艺。由于竹竿A、B、C、D，一直是建筑施工企业欢迎的设备材料之一。

    A. 单件长   B. 重量轻   C. 成本低   D. 较坚韧

38. 重复使用旧竹材中，碰到最大的问题，就是A、B、D竹材的使用。一旦被使用，破坏了整体性，强度大大降低，容易发生事故。

    A. 开裂   B. 枯脆   C. 碎梢   D. 腐烂

39. 无论竹竿件，还是木杆件，在仓库堆放时，必须做到A、B、C，并经常翻仓。

    A. 防火   B. 防潮   C. 防雨   D. 防爆晒

40. 脚手架外形歪斜，使人感觉不舒畅，分析其原因除了技术或操作水平的原因之外，关键的问题是B、C、D。

    A. 材料长短不一   B. 地基没有按施工规范处理

    C. 立杆选用弯曲材料   D. 横向水平杆选用弯曲材料

41. 为防止脚手架的内倒外倾，加强立杆的纵向刚度，必须按规定设置A、B。

    A. 连墙杆   B. 剪刀撑   C. 扫地杆   D. 斜撑

42. 连墙杆一般设计成刚性和柔性两种材料的拉结件，设置时必须达到B、C的效果。

    A. 横平竖直   B. 拉住脚手架

    C. 撑住脚手架   D. 长短一致

43. 连墙杆的生根部位，应是建筑物的主要承重构件，如建筑的A、B、C等处。

    A. 柱   B. 梁   C. 承重墙体   D. 混凝土楼板

44. 竹脚手架搭到3步架高时，操作层必须设B、C进行防护。

    A. 脚手板   B. 护栏   C. 挡脚板   D. 搁栅

45. 组合式平台脚手架的搭设要点是A、B、C。

    A. 在组装时，应轻放轻拿平台脚手架基本构件

    B. 安装时最好先将门式架和下桁架构成的架体吊运到指定位置，抽上管到位后，再安装另外两榀上桁架

    C. 使用时，应在立柱上加绑一块脚手板以增加其稳定性

    D. 平台脚手架立柱直接支立在地面

46. 支柱式脚手架的拆除要点是A、B、C、D。

    A. 拆除前应清理现场

    B. 拆除工作的程序与搭设时相反，先搭的后拆，后搭的先拆

    C. 对横梁两端均支承在支柱上的脚手架，拆除横梁时，两个人各固定一榀支架，并保持其垂直，一人拆除该横梁

    D. 拆除的杆件应及时检验、分类、整修和保养，并按品种、规格码堆存放，及时装运入库

47. 扣件式钢管满堂脚手架的搭设要点是A、B、C。

A. 底座、垫板应准确放置在定位线上并加以固定

B. 垫板必须铺平放平稳，不得悬空

C. 脚手架应逐排、逐跨、逐步进行搭设

D. 立杆对接时，可采用搭接接头

48. 碗扣式钢管满堂脚手架的搭设要点是A、B、D。

A. 脚手架的地基承载力应满足施工的要求，不允许有不均匀沉陷

B. 立杆垫底与基础面应接触良好，不准有松动或脱离情况

C. 脚手架搭设宜以3~4人为一组，从两边向中间合拢搭设

D. 竖向剪刀撑的设置应与斜杆的设置相配合

49. 门式钢管满堂脚手架的搭设要点是A、B、C。

A. 脚手架的地基应平整、压实，并具有足够的承载力，不允许有不均匀沉陷

B. 当脚手架搭设在建筑物楼面上时，应对楼面结构进行承载力验算

C. 不同规格的门架因尺寸、高度不同而不得混用；不配套的门架与配件不得混用

D. 门式钢管脚手架的搭设应自两端同时向中间搭设，或自一端和中间处同时沿相同方向搭设

50. 棚仓搭设立杆的间距一般为A、B、D。

A. 1m   B. 2m   C. 4m   D. 3m

51. 搭设大跨度棚仓一般有A、C等几种方法。

A. 拼装法   B. 搭接法   C. 绑扎法   D. 摆放法

52. 从棚仓的使用性质和搭架材料方面要注意A、B、C等安全问题。

A. 防火   B. 防水   C. 防漏电   D. 防静电

53. 采用拼装法搭设大跨度棚仓，具有A、C、D等优点。

A. 施工速度快   B. 节省费用   C. 工期短   D. 安全

54. 施工现场对施工人员人身安全有A、B、C、D等几个方

面的不利影响。

A. 灰尘弥漫　　B. 物料坠落

C. 污水流淌　　D. 泻落电弧火花

55. 防护棚搭设应采用 A、B、D 等具有抗冲击能力的材料。

A. 混凝土板　　B. 木板　　C. 棚布　　D. 钢板

56. 高处作业可分为 A、B、C 等级别。

A. 一级高处作业　　B. 二级高处作业

C. 三级高处作业　　D. 四级高处作业

57. 为增强安全防护棚架的稳定性，在纵横方向都要设置 B、C。

A. 栏杆　　B. 扫地杆　　C. 剪刀撑　　D. 水平支撑

58. 建筑物根据其使用性质不同，大致可分为 A、C、D 三大类。

A. 民用建筑　　B. 公共建筑　　C. 工业建筑　　D. 农业建筑

59. 按建筑物的高度和层数不同，可分为 A、B、C、D 建筑。

A. 单层　　B. 多层　　C. 高层　　D. 超高层

60. 民用建筑的屋顶楼面既是承重结构又是维护结构，要求楼面具有 A、B、C 的能力。

A. 保温　　B. 隔热　　C. 防水　　D. 防雷电

61. 单层工业厂房的柱子插接在基础上，基础承受 A、B、C、D 传来的荷载，并把它传给地基。

A. 屋架　　B. 吊车梁　　C. 外墙　　D. 支撑

62. 单层工业厂房的基础承受 C、D 传来的荷载，并把它传给地基。

A. 风　　B. 吊车梁　　C. 柱　　D. 基础梁

63. 多层建筑中的砖混结构常用于 B、D。

A. 电影院　　B. 多层住宅　　C. 体育馆　　D. 办公楼

64. 高层建筑中的传统结构体系是 A、B、C。

A. 框架体系　　　　　B. 剪力墙体系
C. 框架—剪力墙体系　D. 筒体结构体系

65. 一套房屋工程图，根据其内容和作用不同，一般分为A、B、C、D。

A. 施工首页图　　　B. 建筑施工图
C. 结构施工图　　　D. 设备施工图

66. 建筑立面图按房屋立面的主次分为B、C、D。

A. 南立面图　B. 正立面图　C. 侧立面图　D. 背立面图

67. 定位轴线是用来确定建筑物C、D位置的尺寸基准线。

A. 门　B. 窗　C. 主要结构　D. 主要构件

68. 标高有A、B之分。

A. 绝对标高　B. 相对标高　C. 房顶标高　D. 楼面标高

69. 总平面图中新建建筑物的定位方式有三种B、C、D。

A. 利用新建建筑物和河道中心位置之间的距离定位
B. 利用新建建筑物和原有建筑物之间的距离定位
C. 利用施工坐标确定新建建筑物的位置
D. 利用新建建筑物与周围道路之间的距离确定新建建筑物的位置

70. 多层建筑的平面图一般由B、C、D组成。

A. 总平面图　　　　　B. 底层平面图
C. 标准层平面图　　　D. 顶层平面图

71. 在施工图中立面图主要反映房屋各部位的A、C、D，是建筑外装修的主要依据。

A. 高度　B. 朝向　C. 外貌　D. 装修要求

72. 建筑剖面图的比例应与B、C的比例一致。

A. 总平面图　B. 平面图　C. 立面图　D. 建筑详图

73. 结构图是A、B、C、D的重要依据。

A. 制作构件　　　　　B. 安装构件
C. 编制施工预算　　　D. 编制施工计划

74. 常用的工具式钢管立柱主要由A、B、C、D等构成。

A. 顶板　　B. 琵琶板　　C. 插管　　D. 套管

75. 门式钢管模板支架由A、B、C等组成。

A. 水平立杆　B. 剪刀撑　C. 扫地杆　D. 交叉支撑

76. 地基达不到承载要求时，应当对地基部分采取A、B、C等措施。

A. 分层回填夯实基土　　B. 浇筑混凝土垫层

C. 设置桩基　　　　　　D. 在立柱底铺设垫板

77. 垫板可采用A、B。

A. 木板　　B. 槽钢　C. 砖　　D. 脆性材料

78. 模板支架构造形式包括A、B、C。D。

A. 扣件式钢管模板支架　　B. 碗扣式钢管模板支架

C. 门式钢管模板支架　　　D. 木结构模板支架

79. 门式钢管模板支架的主要结构构件有A、B等。

A. 十字撑　B. 门架　C. 水平剪刀撑　D. 底座

80. 脚手架工程常见的问题较多，有A、B、C等多方面的问题，是导致事故的主要原因。

A. 人员资格　B. 施工技术　C. 施工管理　D. 脚手架刚度

81. 对脚手架使用不当的有A、B、C、D。

A. 作业层上施工荷载过大，超出设计要求

B. 脚手架悬挂起重设备

C. 脚手架没有防雷设备

D. 未按照规定进行定期检查，长时间停用和大风、大雨、冻融后未进行检查

82. 下列防止模板支架事故的安全技术措施有A、B、C。

A. 通过计算来进行控制

B. 确保地基承载力

C. 通过构造性加固来进行控制

D. 模板上堆放材料、工具及机具，支顶承受的荷载超过允许范围

83. 脚手架搭设中连墙件设置不符合要求的是A、B、D。

A. 对高度在 24m 以上的脚手架未采用刚性连墙体

B. 连墙件设置数量严重不足

C. 钢管受打孔焊接等破坏，局部承载力严重不足

D. 违规使用仅能承受拉力，仅有拉筋的柔性连墙体

84. 建筑工人称A、B、D 为救命三宝。

A. 临时安全帽   B. 洞口安全带

C. 抛登绝缘鞋   D. 安全网

85. 刚性连墙构造是指既能承受拉力和压力，又有一定的C 和D 能力的刚性较好的连墙构件。

A. 抗拉   B. 抗压   C. 抗弯   D. 抗扭

86. 脚手架的基本要求：A、B、C、D。

A. 满足使用要求   B. 坚固、稳定、安全

C. 易搭设   D. 造价经济

87. 脚手架的主要作用是A、B、C、D。

A. 可以使操作人员在不同部位进行施工操作

B. 按规定要求在脚手架上堆放建筑材料

C. 进行短距离的水平运输

D. 保证施工作业人员在高处作业时的安全

88. 锻铸铁扣件的形式有A、B、C 三种。

A. 直角扣件   B. 旋转扣件   C. 对接扣件   D. 斜杆扣件

89. 脚手板对接平铺时，接头处必须设两根横向水平杆，脚手板外伸长应取A，两块脚手板外伸长度的和不应大于C。

A. 130～150mm   B. 150～70mm   C. 300mm   D. 400mm

90. 碗扣式脚手架当高度大于E 时，每隔C 跨应设置一组竖向通高斜杆。

A. 1   B. 2   C. 3   D. 25m   E. 24m

91. 碗扣式脚手架搭设组装顺序A、B、C、D、E→接头锁紧→上层立杆→立杆连接销→横杆

A. 立杆底座   B. 立杆   C. 横杆   D. 斜杆   E. 连墙件

92. 碗扣式脚手架整架垂直度应小于A，但最大应小于C。

A. L/500　B. L/500　C. 100mm　D. 200mm

93. 力的单位用A 或B 表示。

A. 牛顿　B. 千牛顿　C. 吨　D. 公斤

94. 脚手架种类按搭设材料分A、C、D。

A. 钢管脚手架　　　B. 门式脚手架

C. 木脚手架　　　　D. 竹脚手架

95. 当有A 及B 大风和雾、雨、雪天气时应停止脚手架搭设
与拆除作业。

A. 六级　B. 六级以上　C. 七级　D. 七级以上

96. 剪刀撑设置宽度A、B。

A. 不应小于4 跨　　　B. 不应小于6m

C. 不应小于3 跨　　　D. 且不应小于5m

97. 读图步骤依次阅读建筑A、C、B。

A. 平面图　B. 剖面图　C. 立面图　D 立体图

98. 木脚手板一般用厚度不小于A 的杉木或松板，宽约B，
长约C 为宜。

A. 50mm　B. 200～300mm　　C. 2～6m　D. 2～7m

99. 扣件螺栓拧紧扭力矩不应小于A，并不大于D。

A. 40N·m　B. 44N·m　　C. 60N·m　　D. 65N·m

100. 25m 以下脚手架基础做法A、B、C、D。

A. 素土夯实找平

B. 上面铺5cm 厚木板

C. 长度为2m 时垂直于墙面放置

D. 长度大于3m 时平行于墙面放置

101. 防护栏杆搭设应符合的规定为A、B、C、D。

A. 栏杆和挡脚板均应搭设在外立杆的内侧

B. 上栏杆上皮高度应为1.2m

C. 中栏杆应居中设

D. 挡脚板高度不应小于180mm

102. 模板拆除一般应遵循A，先支的后拆，C。

A. 先拆上后拆下　　　B. 先拆下后拆上

C. 后支的先拆　　　　D. 先支的先拆

103. 脚手板搭接铺设时，接头必须支在横向水平杆上，搭接长度和伸出横向水平杆的长度应分别为<u>A、C</u>。

A. 大于 200mm　　　B. 小于 200mm

C. 不小于 100mm　　D. 大于 100mm

104. 在脚手架上进行电、气焊作业时，应<u>A、B、C、D</u>。

A. 办理动火审批手续　　B. 设置灭火器材

C. 必须有防火措施　　　D. 专人看守

105. 模板工程安装完成后，应由<u>A、B</u>组织检查验收。

A. 项目经理　B. 技术负责人　C. 项目总监　D. 安全员

106. 模板工程安装后，应由<u>C、D</u>参加验收。

A. 项目经理　B. 技术负责人　C. 项目总监　D. 安全员

107. 一般建筑物的施工顺序是：<u>A、B、C、D</u>；先主体、后围护；先结构、后装修。

A. 先地下　B. 后地上　C. 先土建　D. 后设备

108. 脚手板可采用<u>A、B、C</u>制作，每块质量不宜大于 30kg。

A. 钢材　　B. 木材　　C. 竹材　　D. 铁材

109. 施工图组成一套完整的施工图通常有<u>A、B、C、D</u>。

A. 建筑施工图　　　　B. 结构施工图

C. 给水排水施工图　　D. 采暖通风施工图和电气施工图

110. 当有六级及六级以上<u>A、B、C、D</u>时，应停止脚手架搭设与拆除作业。

A. 大风　　B. 雾　　C. 雨　　D. 雪天气

111. <u>A、B、C</u>应设置在三根横向水平杆上；当脚手板长度小于 2m 时，可采用两根横向水平杆支承，但应将脚手板两端与其可靠固定，严防倾翻。

A. 冲压钢脚手板　　B. 木脚手板

C. 竹串片脚手板　　D. 铁脚手板

112. 框架结构由A、B、D等构成。

A. 梁　　B. 柱　　C. 砖　　D. 楼板

113. 碗扣式钢管脚手架的挑梁分为B、C。

A. 上挑梁　B. 宽挑梁　C. 窄挑梁　D. 下挑梁

114. 碗扣式钢管脚手架搭设前，应对构配件进行验收。进入现场的构配件应具备的证明资料有A、B、C。

A. 主要构配件应有产品标识

B. 主要构配件应有产品质量合格证

C. 供应商应配套提供钢管、零件、铸件、冲压件等材质、产品性能检验报告

D. 供应商应提供营业执照

115. 碗扣式钢管脚手架构配件进场应重点检查A、B、C、D部位质量。

A. 钢管壁厚

B. 焊接质量

C. 外观质量

D. 可调底座和可调托撑材质及丝杠直径、与螺母配合间隙

116. 下列有关构配件的说法正确的A、B、C。

A. 冲压件不得有毛刺、裂纹、氧化皮等缺陷

B. 铸造件表面应光整，不得有砂眼缩孔

C. 各构配件防锈漆涂层均匀牢固

D. 碗扣式钢管脚手架构件主要是锁销连接

117. 下列有关连墙件的说法正确的是B、C、D。

A. 连墙件应是水平设置，当不能是水平设置时，与脚手架连接的一端应上斜连接

B. 连墙件应采用可承受拉、压荷载的刚性结构，连接应牢固可靠

C. 每层连墙件应在同一平面上，其位置应由建筑结构和风荷载计算确定，且水平间距不应大于4.5m

D. 连墙件应设置在有横向横杆的碗扣节点处，当采用钢管

扣件做连墙件时，连墙件应与立杆连接，连接点距碗扣节点距离不应大于150mm

118. 模板支架的主要构配件有A、B、C。

A. 垫板　　B. 底座　　C. 立杆　　D. 钢楞

119. 当层高大于5m时，宜采用A、B系统。

A. 桁架支撑　　　B. 钢管立柱模板支架

C. 木立柱　　　　D. 塑钢支架

120. 搭架前，所有的脚手架构配件都要进行检查，并应符合下列规定：A、B、C、D、E。

A. 新旧扣件均已进行防锈处理

B. 旧钢管表面锈蚀深度应小于0.5mm

C. 旧扣件出现滑丝的必须更换

D. 新钢管应有产品质量合格证、质量检验报告，且质量符合规范要求

E. 新扣件应有生产许可证、法定单位的测试报告和产品质量合格证，当对扣件质量有怀疑时，应抽样检测

121. 拆除脚手架时，要符合下列规定：A、B、D、E。

A. 开始拆除前，由单位工程负责人进行拆除安全技术交底

B. 拆除作业应由上而下逐层进行，严禁上下同时作业

C. 若分段拆除，其高差不应大于3步，如高差大于3步，应增设连墙件加固

D. 拆除的各构配件严禁抛掷至地面

E. 拆除时要设围栏和警戒标志，派专人负责安全警戒

122. 下列关于脚手架工程安全管理工作中，正确的是A、B、C、D、E。

A. 脚手架搭设（拆除）人员必须是经过按现行国家标准《特种作业人员安全技术考核管理规则》GB 5036考核合格的专业架子工。上岗人员应定期体检，合格后方可持证上岗

B. 搭设、拆除作业必须戴安全帽、系安全带、穿防滑鞋

C. 当有六级及六级以上大风和雾、雨、雪天气时应停止脚

手架搭设与拆除作业

D. 在脚手架上进行电、气焊作业时，必须有防火措施和专人看守，并由专业人员进行

E. 在脚手架使用期间，严禁拆除连墙件、主节点处的大小横杆和扫地杆

123. 下列关于扣件式钢管脚手架立杆的构造规定中，正确的是B、D、E。

A. 所有立杆接长都必须采用对接扣件连接

B. 任何情况下，脚手架底层步距不应大于2m

C. 立杆顶端宜高出房屋女儿墙1m，无女儿墙时，高出檐口1.5m

D. 相邻两根立杆的接头不应设在同步内，同步内隔一根立杆的两个相隔接头在高度方向错开的距离不宜小于500mm

E. 双管立杆中的副立杆的高度不应低于3步，钢管长度不应小于6m

124. 下列关于脚手架使用荷载的规定中，正确的是A、B、C、E。

A. 支座脚手架只允许有两个操作层

B. 修缮脚手架使用荷载标准值为$2kN/m^2$，结构脚手架使用荷载标准值为$3kN/m^2$

C. 手架上的使用荷载分为永久荷载和可变荷载，其中可变荷载包括施工荷载和风荷载

D. 基本风压小于$0.4kN/m^2$的地区，对敞开式脚手架可不考虑风荷载的作用

E. 手架上吊挂的安全设施（安全网、苇蓆、竹笆等）的荷载应按实际情况采用

125. 下列关于铺脚手板的规定中，正确的是A、B、C、D。

A. 作业层的脚手板应满铺、铺稳，离开墙面120～150mm

B. 脚手板、竹串片脚手板、冲压钢脚手板应设置在三杆横向水平杆上

C. 用对接平铺时，接头处必须设两根小横杆，该两根小横杆的距离不应大于300mm

D. 用搭接铺设时，两块板的搭接长度必须大于200mm，每块板伸出横向水平杆的距离不应小于100mm

E. 用竹芭板时，按主竹筋垂直于纵向水平杆方向铺设，且采用对接平铺，可不必绑扎

126. 下列关于安全栏杆和挡脚板的表述中，正确的是A、B、C、D。

A. 安全栏杆和挡脚板都应设在立杆内侧

B. 安全栏杆由两道栏杆组成，上栏杆上沿高度为1.2m，中栏杆居中设置

C. 挡脚板高度不应小于180mm

D. 凡作业层、通道、斜道都应设置安全栏杆和挡脚板

E. 封闭型脚手架的作业层可不设安全栏杆、挡脚板

127. 架子工自我安全防护能力的大小取决于以下因素A、B、C、E。

A. 安全意识—对安全生产重要性的认识如何，是否严格、主动地遵守操作规程

B. 心理因素—上班时心理是否稳定，精力是否集中，有无带着"情绪"上班

C. 身体因素—身体条件是否满足上岗要求，有无连续加班、过度疲劳现象

D. 周围环境—作业环境是安静、清洁、宽敞、有序，还是嘈杂、混乱、拥挤

E. 操作技术—操作技能是否达到要求，对不安全因素的控制和排除能力如何

128. 使用脚手架应符合下列规定A、B、C、D、E。

A. 建筑脚手架操作层上堆放砖块数不得超过三层

B. 堆放在操作层上的材料不能集中在一块脚手板上

C. 操作人员不得两人同时在一块脚手板上站立

D. 不得在脚手架上进行木料锯割、钢筋弯曲等力度较大的作业

E. 竹串片脚手板、竹芭板及旧脚手板要降低使用荷载

129. 以下拆除脚手架的原则中，正确的是A、B、D、E。

A. 先搭的后拆、后搭的先拆

B. 先拆上部，后拆下部

C. 主要杆件先拆，次要杆件后拆

D. 先拆外面，后拆里面

E. 一步一清，层层拆除

130. 单排脚手架不得在以下部位留脚手眼A、B、D、E。

A. 立砖柱内

B. 宽度小于1m的窗间墙

C. 梁的支承部位两端500mm范围内

D. 砖砌体门窗洞口两侧200mm范围内

E. 过梁上与过梁两端成60°角的三角形范围内

131. 以下关于力的基本概念表述中，正确的是A、B、C、E。

A. 力是物体间的相互机械作用

B. 力对物体的作用效果有两种：一是使物体运动状态发生改变，二是使物体形状发生变化

C. 力对物体的作用效果取决于大小、方向、作用点

D. 力的运动方向总是向下的

E. 作用力与反作用力大小相等、方向相反，沿同一直线分别作用在两个物体上

132. 《建筑施工安全检查标准》规定，落地式外脚手架的保证项目包括A、B。

A. 立杆基础　　B. 杆件间距与剪刀撑

C. 通道　　　　D. 架体封闭　E. 杆件搭接。

133. 在架上紧固扣件时，以下A、B、D、E作业方式不正确。

A. 双手拧扳手　　　　　B. 双脚站在同一根钢管上

C. 肘、腿钩挂住架子　　D. 不系安全带

E. 一只手撑住墙面，以便"借劲"

134. 传递架料时，以下A、B方法是不允许的。

A. 抛掷

B. 短钢管一点绑扎吊运

C. 管就近竖立传递

D. 扣件用工具包装好吊运

E. 个别扣件套在钢管上传递

135. 采用钢管作连墙杆时，连墙杆与架体宜保持A、B、D。

A. 水平　　　　　　　　　B. 外口（架体侧）略高

C. 内口（靠墙侧）略高　　D. 垂直

E. 任意角度

136. 高层、封闭式脚手架，因承受的风力较大，应采用以下A、B、C、E等措施来加强脚手架的稳定性。

A. 减小立杆间距　　B. 增加连墙杆

C. 增加剪刀撑　　　D. 增加小横杆

E. 增加横向斜撑

137. 为了保证脚手架安全，在脚手架上不得进行A、B、C、D、E。

A. 加工钢筋　　　　　　　B. 锯割木料

C. 拉、撑其他设施　　　　D. 铺设混凝土输送泵

E. 铺设电线

138. 单排脚手架的小横杆不应设在下列部位：A、B、C、D。

A. 设计上不允许留脚手眼的部位

B. 砖过梁上与过梁呈60°角的三角形范围内

C. 宽度小于1m的窗间墙

D. 梁或梁垫下及其两侧各500mm范围内

E. 砖砌体的门窗洞口两侧砖和转角处1砖的范围内；独立

或附墙的砖柱

139. 搭设立杆时应注意A、B、C、D、E。

A. 外径 48mm 和外径 51mm 的钢管不准混杂使用

B. 立柱的接头不得在同一步架、同一跨间高度内，至少应错开 50cm 以上

C. 开始竖立杆时，应每隔 6 跨设抛撑一道，直至连墙件安装稳定后，方可拆除

D. 当搭至有连墙件处时，应立即设置连墙件

E. 架体搭设两步后，及时加装斜拉钢管，并预紧

140. 脚手架在封顶时，必须按安全操作要求做到A、B、C、D、E。

A. 平屋顶高出女儿墙 1m

B. 坡屋顶超过檐口 1.5m

C. 里排立杆必须低于檐口底 15 ~ 20cm

D. 绑扎两道护身栏杆，一道 180mm 高的挡脚板

E. 立挂安全网

141. 架子工自我安全防护能力的大小取决于以下因素A、B、C、E。

A. 安全意识   B. 心理因素   C. 身体因素

D. 周围环境   E. 操作技术

142.《建筑施工安全检查标准》规定，落地式外脚手架的保证项目包括A、B。

A. 立杆基础   B. 杆件间距与剪刀撑   C. 通道

D. 架体封闭   E. 杆件搭接

143. 传递架料时，以下A、B方法是不允许的。

A. 抛掷   B. 短钢管一点绑扎吊运

C. 长钢管就近竖立传递   D. 扣件用工具包装好吊运

E. 个别扣件套在钢管上传递

144. 为了保证脚架安全，在脚手架上不得进行A、B、C、D、E。

A. 加工钢筋　　　　B. 锯割木料

C. 拉、撑其他设施　D. 铺设混凝土输送泵

E. 铺设电线

145. 对模板的构造性加固有B、C、D、E。

A. 模板支架支承在地面时，安装前，在室内部位不需浇筑地面垫层混凝土

B. 增加水平连杆

C. 设置连续斜撑

D. 项目部技术人员对模板支架进行强度、刚度及稳定性校核计算

E. 模板及其支架在安装过程中，必须设置防倾覆的临时固定设施

146. 在脚手架工程人员资格与技术管理中，方案应按照规定的程序进行A、C、E。

A. 审查　B. 验收　C. 论证　D. 校核　E. 批准

147. 在脚手架工程中因材料配件导致的事故有A、B、C、E。

A. 扣件破损、螺杆螺母滑丝

B. 扣件盖板厚度不足、承载力达不到要求

C. 扣件底座未做防腐处理

D. 木垫板厚度50mm 长度是两跨

E. 钢管壁较薄，φ48 钢管壁厚偏差超过 −0.5mm

148. 主楞直接将力传递给立柱结构形式，力的传递路径为混凝土、钢筋、施工荷载等，荷载传递给模板面层板A、B、C、D、E→垫板→基础。

A. 次楞　　　B. 主楞　　C. 顶托　　D. 立柱　　E. 底座

149. 专项方案应当由施工单位技术部门组织本单位A、B、C 等部门的专业技术人员进行审核。经审核合格的，由施工单位技术负责人签字。

A. 施工技术　B. 安全　C. 质量　D. 计划　E. 施工

150. 悬挑脚手架的搭设基本要点A、B、C、D、E。

A. 悬挑梁采用 16 号以上型钢，使用 φ16mm 以上圆钢锚固，楼板厚度不低于 120mm

B. 悬挑梁前端应采用 φ14mm 钢丝绳斜拉

C. 悬挑梁悬出部分小于 2m，搁置长度是悬挑长度的 1.7 倍

D. 悬挑梁纵距按 1.5m 设置

E. 立杆位置必须焊置一段 φ60×3×150mm 长的钢管，搭设时立杆套在此管内

151. 力对物体的作用效果取决于A、B、C。

A. 力的大小　　　B. 力的方向

C. 力的作用点　　D. 力矩　　　　E. 力偶

152. 关于力的基本性质和平面力系的平衡表达，下列说法正确的是C、D、E。

A. 物体受到两个大小相等、方向相反的力时就处于平衡状态

B. 力的合成只能有一种结果，力的分解也只有一种结果

C. 作用在物体上的平面汇交力系，如果合力为 0，则物体处于平衡状态

D. 力的三要素为力的大小、方向、作用点

E. 当刚体受到共面而又互不平行的三个力作用而平衡时，则此三个力的作用线必汇交于一点

153. 下列荷载作用中属于可变荷载的有A、B、C、E。

A. 吊车制动力　　B. 风荷载　　C. 积灰荷载

D. 自重　　　　　E. 雪荷载

154. 一幢民用建筑，一般是由基础A、B、C、D 和门窗等主要部分组成。

A. 墙（或柱）　　　　B. 楼板层及地坪层（楼地层）

C. 屋顶　　　　　D. 楼梯　　　　　　E. 牛腿柱

155. 图纸中尺寸标注由B、C、D、E组成。

A. 尺寸单位　　　B. 尺寸线　　　C. 尺寸界线

D. 尺寸起止点　　E. 尺寸数字

156. 现浇楼层结构平面布置图及剖面图，通常为A、B、C等时使用。

A. 现场支模板　　B. 浇筑混凝土　　C. 制作梁板

D. 挖基槽　　E. 安装门窗

157. 需要编制专项施工方案的脚手架工程有A、B、C、D。

A. 搭设高度24m及以上的落地式钢管脚手架工程

B. 悬挑式脚手架工程

C. 吊篮脚手架工程

D. 自制卸料平台、移动操作平台工程

E. 碗扣脚手架工程

158. 需要编制专项施工方案的模板工程有B、C、D、E。

A. 现浇楼层模板工程

B. 各类工具式模板工程：包括大模板、滑模、爬模、飞模等工程

C. 混凝土模板支撑工程：搭设高度5m及以上；搭设跨度10m及以上；施工总荷载10kN/m² 及以上；集中线荷载15kN/m及以上

D. 高度大于支撑水平投影宽度且相对独立无联系构件的混凝土模板支撑工程

E. 承重支撑体系：用于钢结构安装等满堂支撑体系

159. 实行施工总承包的工程，专项方案应当由A、B签字。

A. 总承包单位技术负责人

B. 相关专业承包单位技术负责人

C. 建设单位技术负责人

D. 监理单位技术负责人

E. 建设局技术负责人

160. 不需专家论证的专项方案，经施工单位审核合格后，不需要项目B、C、D、E审核签字。

A. 总监理工程师　　　　　B. 监理工程师

C. 建设单位技术负责人　　　D. 监理单位技术负责人

E. 建设局技术负责人

161. 安全技术交底的主要内容应有A、B、C、D。

A. 脚手架搭设、构造要求，检查验收标准

B. 针对危险部位采取的具体预防措施

C. 作业人员应遵守的安全操作规程

D. 发现安全隐患应采取的措施

E. 质量验收标准

162. B、C应当组织有关人员对脚手架和模板工程进行验收。

A. 建设单位　　　B. 施工单位　　　C. 监理单位

D. 建设局　　　　E. 中介机构

163. 密目式安全网主要用于在建工程立面的防护，一般由A、C、D、E组成。

A. 网体　　B. 支架　　C. 开眼环扣　　D. 边绳　　E. 附加系绳

164. 防护栏杆应由A、B、C组成，上杆离地高度为1.0～1.2m，下杆离地高度为0.5～0.6m。

A. 上道横杆　　　B. 下道横杆　　　C. 栏杆柱

D. 剪刀撑　　　　E. 斜撑

165. 防护棚长度应满足坠落半径的要求，防护棚内净高度不小于2.5m，宽度满足每侧伸出通道边不小于1m。其中，可能坠落半径R与可能坠落高度H的关系是B、C、D。

A. $H < 2m$ 时，$R = 2m$

B. $H = 2 \sim 15m$ 时，$R = 3m$

C. $H = 15 \sim 30m$ 时，$R = 4m$

D. $H > 30m$ 时，$R = 5m$

E. $H > 50m$ 时，$R = 7m$

166. 脚手架外侧外边缘与外架空线边线最小安全操作距离是B、C、D。

A. 1kV以下为3m　　　　　　B. 1～10kV为6m

C. 35～110kV 为 8m　　　D. 154～220kV 为 10m

E. 300～500kV 为 12m

167. 扳手是架子工在作业时常用到的工具。常用的扳手类型主要有A、C、D、E等。

A. 活络扳手　　　B. 台钳　　　C. 开口扳手

D. 扭力扳手　　　E. 套筒扳手

168. 新钢管的检查应符合下列规定：A、B、C、D。

A. 应有产品质量合格证

B. 应有质量检验报告

C. 钢管表面应平直光滑

D. 不应有裂缝、结疤、压痕和深的划道

E. 壁厚 3.0mm

169. 旧钢管的检查应符合下列规定：B、C、D。

A. 表面锈蚀深度应不大于 0.8mm

B. 锈蚀检查应每年一次

C. 检查时，应在锈蚀严重的钢管中抽取 3 根

D. 钢管上严禁打孔，钢管有孔时不得使用

E. 钢管长度不小于 4m

170. 扣件的外观和附件质量应符合下列要求是A、B、C、D。

A. 扣件各部位不得有裂纹

B. 当钢管公称外径为 48.3mm 时，盖板与底座的张开距离不得小于 50mm

C. 错箱不应大于 1mm

D. T 形螺栓和螺母不得滑丝

E. 旋转扣件两旋转面间隙应小于 2mm

171. 单排脚手架不适用于下列情况：A、C、D、E。

A. 墙体厚度小于或等于 180mm

B. 建筑物高度超过 20m　　　C. 空斗砖墙　　　D. 加气块墙

E. 砌筑砂浆强度等级小于或等于 M1.0 的砖墙

172. 脚手板的设置应符合下列要求：A、B、C、D。

A. 作业层脚手板离开墙面 120～150mm

B. 作业层端部脚手板探头长度应为 130～150mm，其板长两端均应与支承杆可靠地固定

C. 凡脚手板伸出横向水平杆以外大于 150mm 的称为探头板，严禁探头板出现

D. 当脚手板长度小于 2m 时，可采用两根横向水平杆支承，但应将脚手板两端与其可靠固定，严防倾翻

E. 冲压钢脚手板、木脚手板、竹串片等脚手板，应设置在两根横向水平杆上

173. 扣件式钢管脚手架的刚性连墙构造常用形式有 B、C、D。

A. 在主体结构内预埋 $\phi 6$ 钢筋与架体拉结

B. 单杆穿墙夹固

C. 双杆窗口夹固

D. 双杆箍柱式

E. 用双股 8 号镀锌钢丝与架体拉结

174. 斜道的构造应符合下列要求：A、D、E。

A. 斜道两侧、端部及平台外围，必须设置剪刀撑

B. 运料斜道宽度不宜小于 1.3m

C. 栏杆高度应为 1.0m，挡脚板高度不应小于 180mm

D. 宽度大于 2m 的斜道，在脚手板下的横向水平杆下，应设置之字形横向支撑

E. 人行斜道宽度不宜小于 1m，坡度宜采用 1:3

175. 型钢悬挑式的卸料平台由 A、C、D、E 防护栏杆及挡板组成。

A. 主梁、次梁 B. 抛撑 C. 吊环 D. 平台板 E. 拉索（钢丝绳）

176. 脚手架的验收和日常检查的规定有 A、B、D、E，检查合格后方允许投入使用或继续使用。

A. 脚手架基础完工后及架体搭设前

B. 搭设达到设计标高后

C. 每搭设完 12～15m 高度后

D. 连续使用达到六个月

E. 停用超过一个月

177. 脚手架使用中，应定期检查的项目有A、B、C、E。

A. 地基是否积水，底座是否松动，立杆是否悬空

B. 扣件螺栓是否松动

C. 立杆的沉降与垂直度的偏差是否符合规范规定

D. 搭设高度

E. 是否超载

178. 门式钢管脚手架门式框架主要由A、B、D 焊接组成，是门式钢管脚手架的主要构件。

A. 立杆　　B. 横杆　　C. 纵杆　　D. 加强杆　　E. 斜杆

179. 门式钢管脚手架扣件用于固定扫地杆、剪刀撑等，规格一般有BCD，应与钢管规格匹配。

A. $\phi40mm$　　　　　　　　B. $\phi42mm$

C. $\phi42mm／\phi48mm$　　　　D. $\phi48mm$

E. $\phi51mm$

180. 底部门架的立柱下端应设置底座，底座的形式有A、B、D。

A. 可调式　　　　B. 脚轮式　　　　C. 移动式

D. 固定式　　　　E. 组合式

181. 门式钢管脚手架的外观质量应符合B、C、D、E。

A. 钢管应平直，平直度允许偏差为管长的1/800

B. 钢管两端面应平整，不得有斜口、毛口

C. 钢管表面应无裂纹、凹陷、锈蚀；钢管不得接长使用

D. 水平架、钢梯及脚手板的搭接应焊接或铆接牢固

E. 加工中不得产生因加工工艺造成的材料性能下降的现象

182. 门式钢管脚手架的焊接质量应符合A、B、D、E。

A. 立杆与横杆焊接，螺杆、插管与底板的焊接，均必须采用周围焊接

B. 焊缝高度不得小于2mm，表面应平整、光滑，不得有漏焊、焊穿、裂纹和夹渣

C. 焊缝气孔直径不应大于1.5mm

D. 每条焊缝气孔数不得超过两个

E. 焊缝立体金属咬肉深度不得超过0.5mm，长度总和不应超过焊缝长度的1.0%

183. 门式钢管脚手架的表面涂层质量应符合A、B、C、E。

A. 连接棒、锁臂、可调底座、可调托撑及脚手板、水平架和钢梯的搭钩应采用表面镀锌

B. 镀锌表面应光滑，在连接处不得有毛刺、滴瘤和多余结块

C. 门架和配件的不镀锌表面应刷涂或喷涂防锈漆两道、面漆一道

D. 门架和配件的不镀锌表面不得采用磷化烤漆

E. 油漆表面应均匀，无漏涂、流淌、脱皮、皱纹等缺陷

184. 门架与配件搭设应当符合下列要求：A、B、C、D。

A. 不配套的不得混合用于同一脚手架

B. 交叉支撑水平架或脚手板应紧随门架的安装及时设置

C. 连接门架与配件的锁臂，搭钩必须处于锁住状态

D. 钢梯两侧均应设置扶手，每段梯可跨越两步或三步门架再行转折

E. 栏杆高度应为1.0m；挡脚杆高度不应小于180mm

185. 搭设脚手架的场地应满足下列要求：A、B、D、E。

A. 回填土场地必须分层回填，逐层夯实

B. 场地排水应顺畅

C. 搭设脚手架的地面标高宜高于自然地坪标高30~50mm

D. 不应有积水

E. 场地必须平整坚实

186. 有关门架的说法正确的有A、B、C。

A. 底步门架的立杆下端应当设置底座

B. 门架跨度应与交叉支撑的规格配合

C. 上下榀门架立杆应在同一轴线位置，轴线的偏差不应小于2mm

D. 脚手架顶端宜高出女儿墙上皮50mm

E. 高出檐口上皮80mm

187. 碗扣式钢管脚手架的杆件，包括A、B、D、E。

A. 立杆　B. 横杆　C. 纵杆　D. 斜杆　E. 专用斜杆

188. 碗扣式钢管脚手架的脚手板规格有A、B、C。

A. 1200mm × 270mm　　B. 1500mm × 270mm　　C. 1800mm × 270mm　D. 2100mm × 270mm　E. 2300mm × 270mm

189. 有关脚手架拆除说法正确的是A、B、C、E。

A. 脚手架拆除前，现场工程技术人员应对在岗人员进行有针对性的安全技术交底

B. 脚手架拆除时，必须划出安全区，设置警戒标志，派专人看管

C. 拆除前应清理脚手架上的器具及多余的材料和杂物

D. 连墙体可以提前拆除

E. 拆除的构配件应成捆用起重设备或人工传递到地面，严禁抛掷

190. 框架结构由B、C、E 等构成。

A. 楼梯　B. 梁　C. 楼板　D. 墙体　E. 柱

191. 扣件式钢管模板支架系统的特点是B、C、D、E。

A. 就地取材　　B. 搬运方便　　C. 通用性强

D. 不用加工　　E. 装拆灵活

1.4 填空题

1. 碗扣式钢管脚手架主要构造是碗扣接头。

2. 斜杆是为了增强脚手架稳定性而设置的杆件。

3. 挑梁是为扩展作业面施工平台而设计的构件，有窄挑梁和宽挑梁两种规格。

4. 悬挑梁的最大允许均布荷载为5kN/m，最大允许集中荷载为10kN。

5. 横杆的长度规格有很多种，可以根据建筑结构及作用在脚手架上荷载的大小等具体要求选用。一般重荷载作业的架体采用9m和1.2m；砌墙、支模等工程采用1.5m和1.8m；2.4m用于荷载较轻的装修和维护作业施工。

6. 碗扣式脚手架中规定立杆纵距一般为1.2~1.5m，立杆横距≤1.2m。

7. 木脚手架的基础构件有立杆、纵向水平杆、横向水平杆、剪刀撑、抛撑、连墙杆。

8. 平插绑扎法立杆背面两根横铁丝应基本保持水平，斜插绑扎法铁丝在立杆背后应该是交叉的。

9. 剪刀撑设置在脚手架的外侧，是与地面成45°~60°角的十字交叉杆件。

10. 抛撑与地面呈60°角，底端埋入土中300~500mm，并用回填土在根部四周夯实。

11. 脚手架搭设到两步架以上时，操作层必须设置高1.2m的防护栏杆和高度不小于0.18m的挡脚板，也可以加设一道0.2~0.4m高的低护栏代替挡脚板，以防止人、物坠落。

12. 双排外脚手架在结构外侧设双排立柱，稳定性比单排外脚手架好，搭设高度一般不超过24m。

13. 双排外脚手架横向水平杆距墙面保持50~150mm的距离，应等距离布置。

14. 双排外脚手架斜撑设置在脚手架的拐角处，与地面成45°倾角，其底端埋入土中300~500mm，底脚距立杆纵距为700mm。脚手架纵向长度小于15m或架高小于10m时，可用斜撑代替剪刀撑，由下而上呈"之"字形设置。

15. 脚手架与高压线之间的水平和垂直安全间距为：35kV以上不得小于6m；10～35kV不得小于5m；10kV以下不得小于3m。

16. 双排外脚手架由立杆、纵向水平杆、横向水平杆、剪刀撑、抛撑等杆件组成。

17. 3根杆件相交的地点，应先绑扎好两根，再绑扎第三根，不允许将3根杆一起绑扎，否则绑不紧，易影响架体的稳定。

18. 操作层的脚手板应满铺在搁栅、横向水平杆上，用铁丝与搁栅绑牢。搭接必须在小横杆处，脚手板伸出横向水平杆长度为100～150mm，靠墙面一侧的脚手板离开墙面120～150mm。

19. 脚手架搭到3步架高时，操作层必须设（防护栏杆和挡脚板）。护栏高1.2m，挡脚板高不小于0.18m。

20. 伸缩式平台脚手架由套管立柱、上桁架、下桁架、三脚架四部分组成。

21. 拼装式平台脚手架的高度为1.2m、1.8m两步，最大砌筑高度可满足层高3～3.3m的要求。

22. 伸缩式平台脚手架的高度可满足层高3.7m以下墙体的砌筑要求，平台架的平面尺寸可利用桁架的调整眼进行伸缩，最大可伸展到3m×3m。

23. 砌墙时支柱的搭设间距不超过2m，粉刷时不超过2.5m。

24. 支柱式脚手架主要包括套管式、承插式、伞脚式和梯形式。

25. 工具式脚手架由支架与放置在其上的脚手板或操作平台组成。

26. 套管式脚手架的架设高度有1.44m、1.7m和1.9m三种。

27. 门架式脚手架由A型支架与门架两种构件组成，按照支架与门架的不同结合方式，又分为套管式和承插式两种类型，适用于内墙砌筑、粉刷。

28. 满堂脚手架是指室内平面满设的，纵、横向各超过三排立杆的整体落地式多立杆脚手架，一般适用于建筑物大厅、餐厅、多功能厅等平顶施工和装饰作业，荷载除本身自重外，还有作业面上的施工荷载。

29. 根据所用材料的不同，常用的满堂脚手架有扣件式钢管满堂脚手架、碗扣式钢管满堂脚手架和门式钢管满堂脚手架。

30. 工程项目中，使用最多的满堂脚手架是扣件式满堂脚手架。

31. 碗扣式脚手架横杆的水平度应小于$L/400$，纵向直线度应小于$L/200$，整体架体垂直度小于$H/500$，最大不超过100mm（其中 L 为脚手架单面长度，H 为脚手架全高）。

32. 棚仓按跨度分为大跨度棚仓9m 及 9m 以上和小跨度棚仓9m 以下。

33. 按棚仓顶盖形式，分为起脊坡顶和不起脊坡顶两种。

34. 按搭架材料，可分为竹木架棚仓和钢管架棚仓。

35. 一坡顶的棚盖常用于一般加工场地，如施工现场的钢筋加工棚、水暖加工棚等。因此，在搭设时要考虑朝阳、防雨以及操作人的视线要求，其棚盖的坡度为1:2.5 或 1:3。

36. 起脊双坡顶的棚盖适用于（在施工现场堆放材料的仓库），要求防雨性能好，因此其坡度以1:2.5 ~ 1:2 为宜。

37. 带天窗棚盖坡顶适用于施工现场的食堂，因此不但防雨性要好，而且要求透气性好，其棚盖坡度以 1:2 或 1:3 为宜。

38. 起脊相错二坡顶的棚盖一般适于施工现场加工作业之用，因此要求采光好，其坡度以 1:3 为宜。

39. 搭设大跨度棚仓一般有两种方法，即拼装法和绑扎法。

40. 棚仓人字架的跨度最大不得超过8m，并且要求下竹木弦杆的小头有效直径不得小于 100mm，上弦杆的小头直径不得小于120mm，其坡度以 1:2.5 为宜，出檐为 400mm，在前后檐及山墙上必须支斜撑杆撑住。

41. 脚手架斜道的类型：按照斜道与附着物的关系分为相对独立型、附着型；按斜道本身形状特点划分"一"字形斜道和

"之"字形斜道。

42. 斜道由立杆、<u>水平杆</u>、小横杆、<u>斜横杆</u>、<u>剪刀撑</u>、连墙杆等构件组成。

43. 人行斜道坡度宜为<u>1:3</u>，宽度不得小于<u>1m</u>，转弯平台面积不小于<u>3m²</u>，宽度不小于<u>1.5m</u>。

44. 运料斜道坡度为<u>1:6</u>，宽度不得小于<u>1.5m</u>，转弯平台面积不小于<u>6m²</u>，宽度不小于<u>2m</u>。

45. 斜道两侧、转弯平台外围与端部均应设剪刀撑，并沿斜道纵向每隔<u>6~7</u>根立杆设一道抛撑。剪刀撑应<u>自下而上</u>连续设置。

46. 竹脚手架搭设要求中规定斜杆间距为<u>300mm</u>时，两侧的斜横杆与立杆绑扎，中间的斜横杆与小横杆绑扎。

47. 斜道脚手板纵铺时，脚手板直接绑扎在小横杆上，小横杆绑扎在斜横杆上，间距不得大于<u>1m</u>，脚手板接头处应设双根小横杆，其搭接长度不小于<u>400mm</u>。

48. 斜道脚手板横铺时，脚手板应绑扎在斜横杆上，斜横杆绑扎在小横杆上。斜道脚手板每隔<u>300mm</u>安装一道高<u>20~30mm</u>的防滑条。

49. 竹笆片脚手板与木脚手板、冲压钢脚手板和竹串片脚手板在铺设方法及要求上的最大不同处在于，它铺设在<u>脚手架纵向杆上</u>，而脚手架的纵向水平杆应置于<u>小横杆之上</u>，并等间距加密设置，其横向间距 $s \leqslant 400mm$。

50. <u>安全网</u>是安全施工的"三宝"之一，挂设在脚手架或建筑物、构筑物的临空侧，是防止物料及人员坠落、减轻坠落伤害的网具。

51. 挡脚板斜道脚手板的铺设主要有<u>顺铺法</u>和<u>横铺法</u>。

52. 如在脚手架上设置水平安全网，则应在设置水平安全网支架的<u>框架层上、下节点</u>各设置一个<u>连</u>墙件，水平方向每隔<u>两跨</u>设置一个连墙件。

53. 安全棚又称防护棚，其主要有<u>隔离</u>和<u>防护</u>作用。

54. 安全棚隔离作用是指用"棚"来分隔施工现场内部与外部，或隔离现场内不同作业区域之间的相互影响。

55. 防护作用主要是用"棚"来防护因施工造成的各种有害影响。

56. 施工现场对施工人员人身安全的不利影响有以下几个方面：物料坠落、灰尘弥漫、污水流淌、泻落电弧和火花等，其中物料的坠落危害最大，这也是安全棚防护的重点。

57. 高处作业范围主要划分为四个等级：一级高处作业：作业高度为 2~5m，坠落半径 3m、二级高处作业：作业高度为 5~15m，坠落半径 4m、三级高处作业：作业高度为 15~30m，坠落半径 5m、特级高处作业：作业高度 30m 以上，坠落半径 6m。

58. 人行道安全防护棚搭设高度：上横杆离人行道地面垂直距离为 3m，上横杆离下横杆间距 400~500mm，立杆、水平杆的间距为 1.8~2m，人行道外侧靠路沿至施工现场临时围墙间距一般为 2~3m 左右。

59. 跨越公路安全防护棚的搭设高度：从公路路面至安全防护棚上横杆的垂直高度 5m，路面至安全防护棚下横杆 4.5m，搭设跨度 6~6.5m 左右公路宽度。立杆、水平杆间距在 1.5~1.8m 左右。

60. 安全防护棚靠外侧设置向外倾斜 75°、高 1.2~1.5m 的防护围挡。

61. 为增强抗冲击能力，安全防护棚应采取双层顶盖，上下两层顶盖间距不大于 1m，且都采用满铺抗冲击板材。

62. 为增强安全防护棚架的稳定性，在纵横方向都要设置剪刀撑和扫地杆。

63. 架子按外架子，里架子不同，可分为浇地外架子，挂架子，吊架子等。

64. 扣件式钢管脚手架有单排和双排两种搭设形式。

65. 脚手板搭接铺时，两块板端头搭接长度应不小于 20cm。

66. 高度在24m以下的封闭型双排脚手架可不设横向斜撑。

67. 锻铸铁扣件的形式有直角扣件、旋转扣件、对接扣件三种。

68. 扣件螺栓拧紧扭力矩不应小于40N·m，并不大于65N·m。

69. 所有碗扣式脚手架的碗扣接头必须锁紧。

70. 承受挑梁拉力的预埋环，应用直径不小于16mm以上的圆钢。

71. 碗扣式脚手架整架垂直度应小于$L/500$，但最大应小于100mm。

72. 框架结构由梁、楼板、柱等构成。

73. 旧钢管的检查应符合下列规定：锈蚀检查应每年一次，检查时，应在锈蚀严重的钢管中抽取三根，钢管上严禁打孔，钢管有孔时不得使用。

74. 搭设脚手架的场地应满足下列要求：回填土场地必须分层回填，逐层夯实，场地排水应顺畅，场地必须平整坚实不应有积水。

75. 当层高大于5m时，宜采用桁架支撑、钢管立柱模板支架系统。

76. 当架设高度超过24m时，应采用刚性连接。

77. 脚手架的外侧应按规定设置密目安全网，安全网设置在外排立杆的里侧。

78. 挂脚手板必须使用500mm的木板，不得使用竹脚手板。

79. 建筑脚手架使用的金属材料大致分为碳钢、铸钢、高强钢。

80. 高度在24m以上的双排脚手架应在外侧立面整个长度和高度上连续设置剪刀撑。

81. 凡脚手板伸出小横杆以外大于200mm的称为探头板。

82. 脚手板对接平铺时，接头处必须设两根横向水平杆，脚手板外伸长应取130~150mm，两块脚手板外伸长度的和不应大于300mm。

83. 脚手架立杆上部应始终高出操作层<u>1.5m</u>，并进行安全防护。

84. 木脚手架是采用<u>木杆件</u>搭设的脚手架。

85. 力对物体的作用效果取决于力的大小、力的方向、<u>力的作用点</u>。

86. 平面杆件结构是由杆件和杆件之间的联结装置所组成的，可分为几何不变体系、<u>几何可变体系</u>。

87. <u>施工单位</u>、监理单位应当组织有关人员对脚手架和模板工程进行验收。

88. 碗扣式钢管脚手架的挑梁分为宽挑梁、<u>窄挑梁</u>。

89. 门式架的主立柱采用$\phi 42.7\text{mm} \times 2.4\text{mm}$薄壁钢管。

90. 当建筑层高度小于8m时，在模板支架外侧周圈应设由下至上的竖向<u>连续式剪刀撑</u>。

91. <u>立杆</u>的作用是直接支撑受压杆件。

92. 桁架梁的高度宜为桁架跨度的<u>1/4 ~ 1/6</u>。

93. 模板支架系统的受力主要分为<u>两种</u>形式。

94. 木立柱宜选用<u>直料</u>，当长度不足选用方木时，<u>接头不宜超过一个，并用对接夹板接头方式</u>。

95. 脚手架或操作平台上临时堆放的模板不宜超过<u>三层</u>。

96. 脚手架必须配合施工进度搭设，一次搭设高度不应超过相邻连墙件以上<u>两步</u>。

97. 单排扣件式钢管脚手架用于砌筑工程搭设中，操作层小横杆间距应≤<u>1000mm</u>。

98. 脚手板搭接铺设时，接头必须支在横向水平杆上，搭接长度和伸出横向水平杆的长度应分别为<u>大于 200mm 和不小于 100mm</u>。

99. 连墙件必须采用可承受<u>压力和拉力</u>的构造。

100. 人行斜道的宽度和坡度的规定是<u>不宜小于 1m 和宜采用 1:3</u>。

1.5 简答题

1. 钢管表面质量的要求是什么？

答：钢管表面平直光滑，不得有裂缝、结疤、分层、错位、硬弯、毛刺、压痕和深的划道。

2. 连墙件的布置要求是什么？

答：（1）宜靠近主节点设置，偏离主节点的距离应不大于300mm；

（2）应从底层第一步纵向水平杆处开始设置，当该处设置有困难时，应采用其他可靠措施固定；

（3）宜优先采用菱形布置，也可采用方形、矩形布置；

（4）一字形、开口形脚手架的两端必须设置连墙件，连墙件的垂直间距不应大于建筑物的层高，并不应大于4m（两步）；

（5）对高度在24.0m以下的单、双排脚手架，宜采用刚性连墙件与建筑物可靠连接，亦可采用拉筋和顶撑配合使用的附墙连接方式，严禁使用仅有拉筋的柔性连墙件；

（6）对高度24.0m以上的双排脚手架，必须采用刚性连墙件与建筑物可靠连接。

3. 扣件的种类和用途分别是什么？

答：（1）直角扣件用于垂直交叉杆件间连接；

（2）旋转扣件用于平行或斜交杆件间连接；

（3）对接扣件用于杆件对接连接。

4. 脚手架使用期间严禁拆除的杆件是哪些？

答：主节点处的纵向、横向水平杆，纵向、横向扫地杆，连墙件。

5. 木脚手架对杆件的要求是什么？

答：（1）立杆、剪刀撑、抛撑小头直径均不小于70mm，纵、横向水平杆、连墙杆小头直径均不小于80mm；

（2）各种木杆要求无腐朽、裂缝，宜采用杉木或松木。

6. 木脚手架立杆、纵向水平杆的搭接要求是什么？

答：（1）立杆的搭接长度不小于 1.5m，并用铁丝绑扎不少于三道；相邻立杆的接头要相互错开，且不在同一个步距内。

（2）纵向水平杆的搭接长度不小于 1.5m，并用铁丝绑扎不少于三道，且杆小头应在大头上面。同时相邻两步纵向水平杆的大小头朝向交错设置，搭接头不宜布置在同一跨相邻步内。

7. 木脚手架剪刀撑的搭设要求是什么？

答：剪刀撑与地面夹角宜为 45°~60°，第一步剪刀撑的底部应埋入土中 300mm，且距立杆 700mm 以上，剪刀撑应绑扎在立杆上，搭接在立杆处，剪刀撑的杆大头在下部。

8. 竹脚手架对杆件的要求是什么？

答：（1）立杆、纵向水平杆、剪刀撑、抛撑杆小头直径不小于 90mm；

（2）横向水平杆小头直径不小于 75mm；

（3）各种竹竿都应生长 3 年以上，无裂纹，无虫蛀。

9. 竹脚手架立杆、纵向水平杆的搭接要求是什么？

答：（1）立杆的搭接长度不小于 1.5m，并用双股竹篾绑扎不少于四道。相邻立杆的接头位置应错开。

（2）纵向水平杆的搭接长度不小于 2.0m，并用双股竹篾绑扎不少于四道。搭接头在同跨相邻步应错开。

10. 什么是绝对标高和相对标高？

答：绝对标高是以海平面高度为零（±0.000 点）（我国是以青岛黄海平面为基准）。图纸上某处所注的绝对标高高度，就是说明建筑物该处的高度比海平面高出多少，其标注方法如 ±0.000＝50.000，表示该建筑物的首层地面比黄海平面高出 50m。相对标高（建筑标高）其标高的基准面（±0.000 水平面）是根据工程需要自行选定的标高。在建筑施工图上，一般都用此标高，即把房屋底层室内主要面定为相对标高的零点，即 ±0.000。

11. 单层工业厂房中的柱子起什么作用？

答：柱子是厂房结构的主要承重构件，承受多方面的荷载，如屋盖上的荷载，吊车梁上的荷载，作用在纵向外墙上的风荷载，承担部分墙体重量的墙梁荷载及作用在山墙上的风荷载等，并将全部荷载传递给基础。

12. 竹脚手架拆除操作工艺顺序是什么？

答：其操作工艺顺序是：

拆除顶部立挂的安全网→拆除顶部护身栏杆→拆除挡脚板→拆除脚手板→拆除排木→拆除十字撑→拆除连墙拉杆→拆除顺水杆→拆除立杆→拆除压栏子→拆除扫地杆→拆除立杆。

13. 搭设支柱式里脚手架有哪些要求？

答：其要求是：

（1）单排架支柱离墙不大于 1.5m，横杆搁入墙内不小于 24cm。双排架的纵向间距不大于 1.8m，横向间距不大于 1.5m。

（2）支柱必须与墙垂直，脚手板铺在横杆上（托架上），脚手架第一步搭 1.2m 高，随着操作的需要可将横杆或托架再升高，当升高到 1.6m 时，必须另加斜撑撑住，并用 8 号铁丝绑扎牢固，以免操作时脚手架晃动或倒塌发生安全事故，如用作砌墙时，必须满铺脚手板；用作装饰抹灰时，可以通铺三块脚手板。

（3）在搭设前，必须认真检查其杆件，凡有开焊、变形摔坏的不准使用，以防发生安全事故。

14. 竖立龙门架有哪些要求？

答：其要求是：

（1）龙门架立起后，应将缆风绳和龙门架的底脚同时固定牢固，如果是木龙门架，其底脚要埋入土内不小于 1.5m。

（2）龙门架高度在 12m 以下者，应设一道缆风绳；高度在 12m 以上者，要每递增 5~6m 增设一道缆风绳，每道不少于 6 根，与地面成 45°夹角。

（3）在条件许可的地方可每层用杉杆和 8 号铁丝与建筑物连接牢固，以增强龙门架的稳定性。

（4）龙门架竖立后必须校正，导轨的垂直度及间距尺寸的偏差不得大于±10mm，龙门架的安全装置必须齐全，使用前必须试运转，试运转检查无问题后，才能正式使用。

15. 支搭安全网用的材料有哪些要求？

答：其要求为：

（1）安全网是用直径9mm的麻绳、棕绳或尼龙绳编织的，一般规格为3m、6m，网眼5cm左右，凡有霉烂腐朽、漏孔洞的均不得使用，安全网的承载力应不小于1.6kPa。

（2）安全网可用竹竿、杉篙或钢管等杆件架设。使用杉篙架设时，其梢径不应小于7cm；使用竹竿架设时，其梢径不应小于8cm；使用钢管架设时，常用$\phi8 \times 3.5$的钢管。

（3）凡有腐朽和严重开裂的杉篙，有虫蛀、枯脆、臂裂的竹竿及严重锈蚀、弯曲、变形的钢管均不得使用。

16. 建筑识图的基本知识一般包括哪些内容？

答：其基本内容包括：物体的投影原理，房屋建筑的基本构造，图纸轴线坐标的表示方法，水平尺寸的表示方法，标高的表示方法，图例和符号的表示方法，比例尺的用法，门窗型号和构件代号的写法以及图上的各类线条等等。

17. 单层工业厂房按结构类型不同一般分为哪几类？

答：按其结构类型不同一般分排架结构和刚架结构两大类。排架结构主要是由柱子、基础和屋架构成一个骨架体系，并把屋架视作刚度很大的横梁，屋架与柱的连接为铰接，柱与基础的连接为刚接。刚架结构的主要特点是屋架与柱子合并为同一个构件，柱子与屋架连接处为整体刚接，柱子与基础一般做成铰接。

18. 搭设多立杆杉篙脚手架有哪些基本要求？

答：（1）脚手架要有足够的坚固性和稳定性，在施工期间，脚手架在容许荷载和气候条件作用下不发生变形、倾斜或摇晃，要确保施工人员的人身安全。

（2）脚手架要有足够的面积，要能满足施工人员操作、材料堆放以及车辆行驶的需要。

（3）脚手架搭设要构造简单、装拆方便，尽量节约脚手架用料并能多次周转使用。

（4）搭设脚手架所用的材料规格和质量必须符合安全技术操作规程。

（5）脚手架构造必须符合脚手架安全技术操作规程，同时要注意绑扎的拧紧程度。

（6）脚手架要有牢固和足够的连墙点，以保证整个脚手架的稳定。

（7）脚手板要铺满、铺稳，不能有空头板。

19. 组合式平台脚手架的组装顺序是怎样的？

答：组合式平台脚手架一般在地面先行组装好，然后再利用吊车（塔吊）将整个平台吊运到使用位置。组装时一般由 2~3 人配合组装，其组装顺序是：先把两榀立柱架竖立起来扶直→安装联系桁架→安装横向桁架→绑柱脚垫板→铺设平台脚手板→吊装就位→挂侧向三脚架→铺设三脚架上的脚手板。

20. 搭设杉篙挑架子的安全注意事项有哪些？

答：其安全注意事项有：

（1）要严格挑选符合要求的杉篙；

（2）必须按照安全技术操作规程绑扎，要特别注意斜杆与墙的夹角不得大于 30° 的要求；

（3）操作人员必须互相配合，特别是站在斜杆的排木上操作时，必须先挂好安全带，方准进行操作；

（4）递料、接料、放料时必须互相配合，用力均匀，不准往挑架上扔料；

（5）在挑架上走路要轻，步子要小，上下架子不能跳，要轻上轻下；

（6）严格执行检查验收制度和使用荷载（每平方米不得超过 1kN）的要求。

21. 建筑物是由哪些主要构件组成的？其基础主要起什么作用？

答：建筑物是由基础、墙和柱、楼地面、楼梯、屋顶、门窗等主要构件组成。

基础是建筑物的最下部分，埋在地面以下，地基之上的承重构件承受建筑物的全部荷载（包括自重），并将荷载传递到地基上，因此，要求基础坚固、稳定，而且能抵抗冰冻、地下水与化学侵蚀等。

22. 钢管井字架在安装天梁和天滑轮、吊盘的滑道时有哪些要求？

答：（1）安装天梁和天滑轮的要求是：天梁必须垂直、水平，吊钩垂下来必须要在吊盘的中垂线上，安装外侧天轮时，要超出顺水杆不小于5cm，使钢丝绳上下不摩擦顺水杆。

（2）安装吊盘的滑道的要求是：必须安装垂直，大小尺寸准确，表面平整，滑道与吊盘必须留出适当的空隙，一般不大于 2～3mm。

23. 棚仓搭设有哪些操作工艺顺序？

答：其操作工艺顺序为：

按棚仓的使用要求放立杆坑线→挖立杆坑→竖立杆→绑顺水杆→绑临时斜撑→绑底架（下弦杆）→绑人字架（上弦杆）→绑人字架的顺水杆及顶桩杆→绑脊杆及水平拉杆→绑扎檩条杆→铺钉屋面板及油毡。

24. 对施工现场的脚手架、防护设施、安全标志等有哪些要求？

答：其要求为：

（1）施工现场的脚手架、防护设施、安全标志和警告牌不得擅自拆动，需要拆动的要经工地负责人同意。

（2）施工现场的洞、坑、沟、升降口、漏斗等危险处，应有防护设施或明显标志。

25. 怎样看分部分项施工图？

答：架子工主要看建筑施工图中的平面图和部分详图。

在看建筑施工平面图时先看一下图标、图名、图号比例等。

其次看建筑物的朝向、外围尺寸、门窗尺寸、位置外墙厚度、散水宽度、台阶大小、水落管位置等等。

第三，查看部分详图，主要是墙身和立面装修详图。看了上述图纸后，就可以根据建筑物的大小、形状安排搭设脚手架的方案了。

26. 建筑物按其结构形式可分为哪几类？

答：按结构形式可分为：

（1）叠砌式：以砖石或砌块墙为建筑物的主要承重构件，楼板搁于墙上。

（2）框架式：以梁、柱组成框架为建筑物的主要承重构件，楼板搁于梁上。

（3）空间结构：由空间构架承受荷载的结构。

（4）部分框架式（半框架式）：系外部用砖承重，内部采用梁、柱承重的建筑。

27. 双排杉篙脚手架的搭设有哪些操作工艺顺序？

答：其操作工艺顺序为：

准备工作→根据建筑形状放立杆位置线→开挖立杆柱坑→竖立杆→绑扎顺水杆→绑扎排木→支绑抛撑→绑十字撑→铺脚手板→绑压栏子→绑护身栏→封顶挂安全网。

28. 拆除竹脚手架和拆除杉篙脚手架在安全要求和注意事项上有哪些不同？

答：其不同点是：

（1）由于竹竿比杉篙轻，而且是竹篾绑扎的，拆起来容易，往往拆除人员在脚手架上不愿挂安全带，但是应该想到竹竿比杉篙光滑得多，一不小心就容易滑落，因此，必须特别强调安全，要求在杆件解扣之前必须挂好安全带方可进行拆除操作。

（2）严格要求在较高处拆除杆件时不准往下扔，必须顺杆滑落，拆除人员必须思想集中并要互相配合好。如果在较低处往下落杆时，必须掌握好落杆的技巧，落杆时杆件要垂直下落，但将要松手时稍用力将竹竿小头往靠身方向一带，使竹竿落地时能够斜靠在脚手架上而不倒地伤人。

（3）拆除连墙杆和压栏子时，必须事先计划好连墙杆或压栏子的拆除顺序，不得乱拆一气，否则会发生脚手架向外倾倒的安全事故。

29. 卡环的用途有哪些？在使用中应注意哪些事项？

答：（1）卡环用于起吊构件时连接吊索，或用于吊索与吊索、吊索与铁扁担的连接。

（2）吊环在使用中应注意的事项有：

1）卡环应按容许荷载使用，不得超载；

2）卡环连接的两根钢丝绳索或吊环，应该一根套在销轴上，一根套在卡环上，以防卡环受横向力而产生变形；

3）起吊完毕应卸下卡环，并将销轴插入卡环，拧好丝扣；

4）起吊构件不得使用无螺纹销轴。

30. 高层建筑支搭安全网有哪些规定？

答：其规定为：

（1）安全网一律用组合钢管角钢挑支，用钢丝绳绷挂，其外沿要尽量绷直，内口与建筑物锁牢。

（2）除首层固定安全网外，每隔四层还要固定一道 3m 宽的安全网。

31. 什么是定位轴线？如何表示？

答：定位轴线是用来确定建筑物主要结构及构件位置的尺寸基准线。凡承重构件如墙、柱、梁、屋架等位置都要画上定位轴线并进行编号，施工时以此作为定位的基准。定位轴线用单点长画线表示，端部画细实线圆。

在建筑平面图上定位轴线的编号，标注在图样的下方或左侧。横向编号应用阿拉伯数字，从左至右顺序编写；竖向编号应用大写英文字母，从下至上顺序编写（如第 31 题图）。

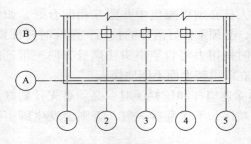

第 31 题图　轴线的编号

32. 房屋建筑标高与结构标高的区别？

答：房屋的标高还有建筑标高和结构标高之分别。结构标高是指建筑物未经装修、粉刷前的标高；建筑标高是指建筑构件经装修、粉刷后最终完成面的标高。

33. 简述指北针与风玫瑰的作用？

答：在平面图上的指北针，表示建筑物的朝向。风玫瑰是总平面图上表示该地区每年风向频率的标志。

34. 总平面图的图示内容包括哪些？

答：（1）新建建筑物所在地地形。如地形变化较大，应画出相应的等高线。

（2）新建建筑物的位置，总平面图中应详细地绘出其定位方式，新建建筑物的定位方式有三种：第一种是利用新建建筑物和原有建筑物之间的距离定位。第二种是利用施工坐标确定新建建筑物的位置。第三种是利用新建建筑物与周围道路之间的距离确定新建建筑物的位置。

（3）相邻原有建筑物、拆除建筑物的位置或范围。

（4）附近的地形、地物等，如道路、河流、水沟、池塘、土坡等。应注明道路的起点、变坡、转折点、终点以及道路中心线的标高、坡向等。

（5）指北针或风向频率玫瑰图。

（6）绿化规划和管道布置。

35. 什么是基础图？包括哪些详图？

答：基础图是表达基础结构布置及详细构造的图样。它包括基础平面图和基础详图。

（1）基础平面图主要表达基础的平面布局及位置，因此只反映出基础墙、柱及基底平面的轮廓和尺寸。除此之外其他细部如条形基础的大放脚、独立基础的锥形轮廓线等都不反映在基础平面图中。

（2）基础详图基础详图主要表达基础的形状、尺寸、材料、构造及基础的埋置深度等。

36. 什么是承载能力？

答：工程上要求结构或构件有足够的承载能力，所谓承载能力就是指结构或构件在强度、刚度和稳定性三方面能力的统称。

37. 脚手架的作用？

答：脚手架是建筑工程施工必须用的重要设施，是为保证高处作业安全、顺利进行施工而搭设的工作平台或通道。结构工程、装修工程以及设备管道的安装工程的施工，都需要按操作要求搭设脚手架。

高层建筑施工脚手架使用量大，技术比较复杂，尤其是外脚手架，它对施工人员的安全、工程质量、施工进度、工程成本以及邻近建筑和场地影响都很大。在编制高层建筑施工的组织设计中，脚手架工程占有相当重要的位置，因此，在建筑施工中，脚手架占有特别重要的地位。

38. 脚手架的施工荷载是如何传递的？

答：施工荷载的传递路线是：由脚手板—横向水平杆—纵向水平杆—纵向水平杆与立柱连接的扣件—立杆。

39. 对脚手架的搭设有哪些基本要求？

答：（1）满足使用要求。脚手架要有适当的宽度、步架高度、离墙距离、总体高度，能满足工人操作、材料堆放和运输、安全围护的要求。

（2）确保安全。脚手架要有足够的强度、刚度和稳定性，保证施工期间在规定的荷载作用及气候条件影响下不变形、不倾斜、不摇晃、不失稳。

（3）搭拆简单，搬移方便。

（4）尽量节约材料，并能多次周转使用。

在上述基本要求中，脚手架的材料、制作及安装是保证适用、安全的关键。

40. 安全网的使用要求？

答：（1）按规定，凡4m以上的在建工程，必须随施工支设3m宽的安全平网。

（2）高层施工应在建筑物的二层位置固定一道5～6m宽的水平安全网，该安全网直至高处作业结束后方可拆除。

（3）高层施工时，除要固定一道6m宽的首层安全平网外，每隔10m应设一道3m宽的安全平网。

（4）在安全平网使用时要注意：网外端应高于里端600～800mm网内不准有杂物。

（5）首层水平网下方不准堆积物品或搭设临时设施，应保证安全网的有效高度。首层3m宽的安全网距地面应不少于3m，6m宽的安全网距地面应不少于5m。

（6）安全网安装后，必须经安全专业人员检查合格后方可使用。

（7）使用中的安全网每星期应进行一次检查。网受到较大冲击后，应及时进行检查，在确认无任何缺损后，方可继续使用，如发现破损应立即予以更换。

（8）修理安全网所用材料、编结方法与原阀相同，修理后必须经专业人员检验合格后，方可使用。

41. 高处作业级别及可能坠落范围？

答：作业区各作业位置至相应坠落高度基准面之间的垂直距离的最大值，称为该作业区的高处作业高度。高处作业分为四级：

（1）高处作业高度在 2～5m 时为一级高处作业，可能坠落范围半径 $R=2m$。

（2）高处作业高度在 5～15m 时为二级高处作业，可能坠落范围半径 $R=3m$。

（3）高处作业高度在 15～30m 时为三级高处作业，可能坠落范围半径 $R=4m$。

（4）高处作业高度在 30m 以上为特级高处作业，可能坠落范围半径 $R=5m$。

42. 连墙件的作用及布置要求？

答：在脚手架与建筑物之间，必须设置足够数量、分布均匀的连墙件，以对脚手架侧向提供约束，防止脚手架横向失稳或倾覆。

布置要求：（1）连墙件要尽量设置在框架梁或楼板附近等具有较好抗水平力作用的建筑结构部位。

（2）宜靠近架体主节点设置，偏离主节点的距离不应大于 300mm。

（3）应从底层第一步纵向水平杆处开始设置，当该处设置有困难时，应采用其他可靠措施固定。

（4）宜优先采用菱形布置，也可采用方形、矩形布置。

（5）一字形、开口形脚手架的两端必须设置连墙件，连墙件的垂直间距应不大于建筑物的层高，且不大于 4m（两步）。

（6）对高度在 24m 以下的单、双排脚手架，宜采用刚性连墙件与建筑物可靠连接，亦可采用拉筋和顶撑配合使用的附墙连接方式。严禁使用仅有拉筋的柔性连墙件。

（7）对高度 24m 以上的双排脚手架，必须采用刚性连墙件与建筑物可靠连接。

（8）连墙件中的连墙杆或拉筋宜水平设置，当不能水平设置时，与脚手架连接的一端应下斜连接，不应采用上斜连接。

（9）连墙件必须采用可承受拉力和压力的构造。采用拉筋必须配用顶撑，顶撑应可靠地顶在混凝土圈梁、柱等结构部位。

拉筋应采用两根以上直径4mm的钢丝拧成一股，使用时不应少于两股；亦可采用直径不小于6mm的钢筋。

（10）当脚手架下部暂不能设连墙件时，可搭设抛撑。抛撑应采用通长杆件与脚手架可靠连接，与地面的倾角应在45°～60°之间；连接点中心至主节点的距离不应大于300mm。抛撑应在连墙件搭设后方可拆除。

（11）架高超过40m且有风涡流作用时，应采取抗上升翻流作用的连墙措施。

43. 碗扣式钢管脚手架搭设工艺？

答：基础准备→放线、定位→安防底座垫块→安放立杆底座或可调底座→树立杆→安装扫地杆→安装第一层横杆→安装斜杆→碗口接头锁紧→铺设脚手板→安装上层立杆→安装立杆连锁销→安装第二层横杆→设置连墙件→设置剪刀撑→挂设安全网→作业层外侧搭设护栏和挡脚板→继续向上搭设。

44. 脚手架在使用中定期检查的项目有哪些？

答：（1）杆件的设置和连接，连墙件、支撑、门洞桁架等的构造是否符合要求。

（2）地基是否积水，底座是否松动，立杆是否悬空。

（3）连墙件的数量、位置和设置是否符合规定。

（4）扣件螺栓是否松动。

45. 搭设脚手架技术人员应该注意的问题？

答：（1）脚手架搭设人员必须是按现行国家标准《特种作业人员安全技术考核管理规则》GB 5306—1985的要求，经过考核合格的专业架子工。搭设人员所持有的专业上岗证应由当地劳动部门按规定进行审核，该上岗证应在有效期内使用。非专业架子工或无证架子工不得从事搭设脚手架作业。

（2）上岗人员应定期体检，体检合格者方可持证上岗。

（3）脚手架搭设人员必须穿工作服，戴好安全帽，系安全带，穿软底防滑鞋。

（4）脚手架搭设人员作业时，应集中精力，统一指挥，严格按脚手架操作规程和搭设方案的要求完成架体搭设，坚决杜绝随意搭设。

（5）搭设人员每人应配一把钢卷尺，并为脚手架班组配备经纬仪和水平尺，以便随时测量脚手架的几何尺寸和搭设质量。

46. 碗扣式钢管脚手架的特点？

答：（1）节点结构合理，承载能力大；

（2）使用安全可靠；

（3）装拆方便，作业强度低；

（4）加工容易，便于大批量标准化生产；

（5）配套齐全，使用方便；

（6）施工现场管理方便；

（7）架体结构尺寸随意性差。

47. 脚手架体的检查要求有哪些？

答：脚手架体的检查在下列阶段应对脚手架体进行检查：

（1）每搭设10m高度。

（2）达到设计高度。

（3）遇有6级及以上大风和大雨、大雪之后。

（4）使用过程中的定期安检。

（5）停工超过一个月恢复使用前。

48. 碗扣式脚手架拆除顺序？

答：碗扣式钢管脚手架的拆除工艺流程如下：

拆除外围悬挂安全网→拆除顶部支撑杆→拆除工作层脚手板→拆除顶层横杆→拆除顶层立杆及斜杆拆除剪刀撑→逐层拆除横杆、斜杆和立杆→拆除底部杆件及底座。

49. 简述各类木脚手架的一般施工顺序？

答：各类木脚手架的一般施工顺序为：根据预定的搭设方案放立杆位置线→挖立杆坑→竖立杆→绑纵向水平杆→绑横向水平杆→绑抛撑→绑斜撑或剪刀撑→铺脚手板→搭设安全网。

50. 双排外脚手架立杆的搭设要点及质量要求？

答：立杆应大头朝下，上下垂直，里外两排立杆杆距相等，立杆搭至建筑物顶部时，里排立杆应低于檐口 400~500mm；平屋顶外排立杆应高出檐口 1~1.2m，坡屋顶应高出 1.5m。脚手架最后一步立杆，要大头朝上，顶端齐平，高出的立杆可以向下错动，进行封顶。立杆的接长除应遵守单排外脚手架的规定外，尚应注意内外排立柱的搭接接头必须错开一步架以上。

51. 拆除木脚手架的要求？

答：（1）架子使用完毕后，由专业架子工拆除脚手架。

（2）拆除区域应设警戒标志，派专人指挥，严禁非作业人员进入警戒区域。

（3）拆除的杆件应用滑轮或绳索自上而下运送，不得从架子上直接向下随意抛落杆件。

（4）参加拆除工作的人员必须按照安全操作规程的要求，做好各种安全防护工作，方可上脚手架作业。

（5）特殊搭设的脚手架，应单独编制拆除方案并对拆除人员进行安全技术交底，以保证拆除工作安全顺利进行。

52. 拆除木脚手架的注意事项？

答：（1）拆除时至少 4 人互相配合工作，解扣和落杆时必须思想集中，上下呼应，互相配合，以免发生安全事故。

各种杆件的拆除应注意以下事项：

1）立杆：先稳住立杆，再解开最后两个绑扎扣。

2）纵向水平杆、剪刀撑、斜撑：先拆中间绑扎扣，托住中间再解开两头的绑扎扣。

3）抛撑：先用临时支撑加固后，才允许拆除抛撑。

4）剪刀撑、斜撑以及连墙点：只允许分层依次拆除，不得一次全面拆除。

（2）拆下来的杆件，特别是立杆和纵向水平杆，不得往下乱扔，以防杆件伤人。必须由中间一人顺杆滑落，待下面的人接住后才能松手。

（3）掀翻脚手板时，拆除人员应注意站立位置，并自外向里翻起竖立，防止残留物从高处坠落伤人。

（4）整片脚手架拆除后的斜道、上料平台架等，必须在脚手架拆除前进行加固，以保证其整体稳定和安全。

（5）当天拆除人员离岗时，应及时加固未拆除部分，防止留下安全隐患。

（6）拆下来的杆件和铁丝不得乱扔，应派人及时清理和搬运，将杉木搬运到指定地点按规格、用途的不同分类堆放整齐。

53. 伸缩式平台脚手架的适用范围？

答：伸缩式平台脚手架的高度可满足层高3.7m以下墙体的砌筑要求，平台架的平面尺寸可利用桁架的调整眼进行伸缩，最大可伸展到3m×3m。适当增加立柱和桁架后，便可以适应房屋开间、进深尺寸变化的要求。

54. 拼装式平台脚手架的适用范围？

答：拼装式平台脚手架的高度为1.2m、1.8m两步，最大砌筑高度可满足层高3～3.3m的要求，配合三脚架使用，可满足一般房屋的开间和进深要求。

55. 组合式平台脚手架的搭设顺序？

答：（1）将平台脚手架的基本构件制作完成运至现场，平整安装场地；

（2）人工组装平台脚手架；

（3）平整、清理需要使用平台脚手架的地面，并在平台脚手架立柱底部铺垫通长的厚50mm、宽250mm的木板；

（4）由起重设备整体吊运到指定位置；

（5）调整平台脚手架立柱底部的高差。

56. 组合式平台脚手架的拆除？

答：（1）拆除前应清理现场。清理架体上的工具和杂物，清理拆除现场周围的障碍物；

（2）拆除工作的程序与搭设时相反，先搭的后拆，后搭的先拆。

（3）拆除两门式架之间的桁架时，两个人各固定一榀门式架，并保持其垂直，一人拆除该桁架。

（4）拆除的杆件应及时检验、分类、整修和保养，并按品种、规格码堆存放，及时装运入库。

57. 支柱式脚手架的拆除？

答：（1）拆除前应清理现场。清理架体上的工具和杂物，清理拆除现场周围的障碍物。

（2）拆除工作的程序与搭设时相反，先搭的后拆，后搭的先拆。

（3）对横梁两端均支承在支柱上的脚手架，拆除横梁时，两个人各固定一榀支架，并保持其垂直，另一人拆除该横梁；对横梁一端支承在支柱上、另一端支承在砖墙上的脚手架，一人应先水平托举住横梁，另一人将支柱连同横梁外移，使横梁从砖墙中移出后，再拆除该横梁。

（4）拆除的杆件应及时检验、分类、整修和保养，并按品种、规格码堆存放，及时装运入库。

58. 工具式脚手架的分类及各自适用范围？

答：工具式脚手架一般由工厂定型设计、制造，其形式、规格、品种较多，主要有折叠式脚手架、门架式脚手架等形式。

（1）折叠式脚手架形如人字梯，适用于民用建筑内隔墙、外围墙的砌筑和内粉刷；

（2）钢管折叠式脚手架适用于操作高度3.0m以内的作业。

（3）钢筋折叠式脚手架由钢筋支腿焊接而成，当进行砌墙作业时，搭设间距不超过1.8m；进行粉刷作业时，搭设间距不超过2.2m，适用于操作高度3.0m以内的作业。

（4）门架式脚手架由A型支架与门架两种构件组成，按照支架与门架的不同结合方式，又分为套管式和承插式两种类型，适用于内墙砌筑、粉刷。

59. 工具式脚手架的搭设要点？

答：（1）在泥土地上搭设时，要将基底整平夯实，并垫上木板；在楼板面上架设时，应清理垫平，保持支柱竖直。

（2）支架、门架在运输、安装时，应小心安放以防止变形。

（3）承插式门架脚手架在架设第二步时，销孔应插上销钉，以防止 A 型支架被撞后转动。

（4）在使用时应严格控制荷载，不得超过脚手架的允许荷载值。

60. 扣件式钢管满堂脚手架由钢管和扣件组成，装拆灵活，搬运方便，通用性强。请简述其搭设步骤？

答：（1）先将地面夯实拍平或提前作好地面垫层。立杆底座根据土质情况，铺设有足够支承面积的垫板。垫板宜采用长度不小于两跨、厚度不小于 50mm 的木垫板，也可采用槽钢。

（2）摆放纵、横向扫地杆，按定位依次树起立杆，将立杆与纵、横向扫地杆连接固定，然后安装第一步纵向水平杆和横向水平杆，随即校正立杆垂直并予以固定，必要时搭设临时抛撑杆，并按此要求继续向上搭设，斜撑和剪刀撑随立杆、纵横向水平杆的搭设同步搭设。

（3）横杆与立杆采用直角扣件连接；剪刀撑与斜撑、立杆与横杆采用旋转扣件连接；剪刀撑应采用旋转扣件纵向接长，不宜采用对接扣件。

（4）四角设抱角斜撑，四边设置剪刀撑，中间每隔四排立杆沿纵长方向设一道剪刀撑，所有斜撑和剪刀撑均须由底到顶连续设置。

（5）凡垂直面有斜撑及剪刀撑的位置，每隔两步架应在水平方向设置一道水平剪刀撑。

（6）高于 4m 且承重较大的平顶施工脚手架，其两端与中间每隔 4 排立杆从顶层开始向下每隔两步设置一道水平剪刀撑。

（7）低层高的房间抹灰用的脚手架，可在四角设一道包角斜撑，中间每隔四排立杆设置一道剪刀撑；凡有斜撑、剪刀撑的位置于顶面设一道水平剪刀撑。

（8）脚手架搭设到规定标高后，铺设脚手板，安装防护栏杆和扫脚板，最后立挂安全网。

61. 扣件式钢管满堂脚手架搭设要点？

答：（1）底座、板应准确放置在定位线上并加以固定；垫板必须铺平放平稳，不得悬空。

（2）脚手架应逐排、逐跨、逐步进行搭设，待第一步架体全部搭齐后，再进行第二步架体的搭设。

（3）立杆对接时，除粉刷作业脚手架顶层顶步可采用搭接接头外，其他脚手架各层各步必须采用对接扣件连接。立杆的对接接头应交错布置。

（4）纵向扫地杆固定在立杆内侧，其距底座上皮的距离不应大于200mm。横向扫地杆应固定在紧靠纵向扫地杆下方的立杆上，或者紧挨着立杆，固定在纵向扫地杆下侧。

（5）临时抛撑设置时，除角部外，每隔6跨应设一根。抛撑应采用通长杆，上端与脚手架中第二步纵向水平杆连接，连接点与主节点的距离不大于300mm，抛撑于地面的倾角宜45°~60°。

（6）在搭设脚手架时，每完成一步都要及时校正立柱的垂直度和横杆的标高和水平度，使脚手架的步距、横距、纵距上下始终保持一致。

（7）铺设脚手板时，作业层顶部脚手板的一端探头长度应不超过150mm，并且板两端应与支承杆固定牢靠。

62. 棚仓分类？

答：棚仓按跨度分为大跨度棚仓（9m及9m以上）和小跨度棚仓（9m以下）；按棚仓顶盖形式，分为起脊坡顶和不起脊坡顶两种；按搭架材料，可分为竹木架棚仓和钢管架棚仓。

63. 棚仓的功能及适用范围？

答：（1）窝棚，在野外作业临时住人的棚子，其特点是坡度大，防雨好。人字形窝棚的坡度（与地面的夹角）一般为60°~70°。

（2）一坡顶，一坡顶的棚盖常用于一般加工场地，如施工现场的钢筋加工棚、水暖加工棚等。因此，在搭设时要考虑朝阳、防雨以及操作人的视线要求，其棚盖的坡度为1:2.5或1:3。

（3）起脊双坡顶，起脊双坡顶的棚盖适用于在施工现场堆放材料的仓库，要求防雨性能好，因此其坡度以 1:2.5～1:2 为宜。

（4）带天窗棚盖坡顶，带天窗棚盖坡顶适用于施工现场的食堂，因此不但防雨性要好，而且要求透气性好，其棚盖坡度以 1:2 或 1:3 为宜。

（5）起脊相错二级坡顶，起脊相错二坡顶的棚盖一般适于施工现场加工作业之用，因此要求采光好，其坡度以 1:3 为宜。

64. 棚仓脚手架的搭拆要点？

答：（1）必须按使用要求控制棚仓的长、宽尺寸，四周的立杆必须垂直于地面。立杆间距不得大于 3m，立杆埋深不少于 0.5m，而且其四周应夯实。

（2）水平拉杆至少应绑扎两道，最上一道水平拉杆应绑双扣件，并要加绑顶桩杆。檐口距离地面最高不得超过 2.5m。

（3）棚仓人字架的跨度最大不得超过 8m，并且要求下竹木弦杆的小头有效直径不得小于 100mm，上弦杆的小头直径不得小于 120mm，其坡度以 1:2.5 为宜，出檐为 400mm，在前后檐及山墙上必须支斜撑杆撑住。

（4）在两个人字架中立杆上下两端应各绑一道水平拉杆（屋脊杆及下拉杆）以相互连接，并在中间加绑剪刀撑。檩条的间距应根据屋面材料确定，但最大不得超过 1000mm。

（5）在绑扎人字架时必须搭设临时脚手架。在人字斜杆两坡的中间用一道以上弦杆连接，弦杆两头与人字架下端之间应当用横向斜撑杆连接。枪架两头应绑落地撑。

（6）绑檩条时必须分档均匀，连接杆件时应将小头压在大头上面，绑扎应顺直牢固。如不平时应采用方木垫平。

（7）对于灰背或挂瓦屋面等荷重较大的棚仓顶盖，必须有设计及搭设方案，方可进行搭设。

65. 斜道搭设要求？

答：（1）斜道立杆的底端应埋入土中 0.5m，大横杆步距不得超过1.4m。

（2）斜道应随脚手架搭设过程自下而上连续搭设。脚手板应铺平、扎牢。脚手板纵铺时应直接扎在小横杆上，小横杆绑扎在斜横杆上，脚手板接头处应设双根小横杆，其搭接长度不小于400mm。脚手板横铺时应绑扎在斜横杆上，斜横杆绑扎在小横杆上。

（3）斜道高度大于7m时，附着在脚手架外排立杆上的斜道与脚手架的连接杆应适当加密，独立斜道在垂直方向与水平方向应每步或每纵距加设一道连墙杆。斜道脚手板每隔300mm安装20~30mm高的防滑条一道。

66. 扣件式钢管脚手架斜道的搭设要求？

答：（1）外径不相同的钢管严禁混用。

（2）外立杆对接扣件不得在同一高度，错开距离应符合扣件式钢管脚手架的搭设要求。

（3）当搭设有连墙件的构造层时，搭设完该处的立杆、水平杆后应立即设置连墙件。

（4）斜道脚手架同一步水平杆必须四周交圈，并与内、外立杆连接。

（5）斜横杆用旋转扣件与内、外立杆相连接。扣件螺栓的预紧力矩不小于40N·m并不大于65N·m。

基坑工程施工时，斜道与基坑支护结构应相连，还应设置一定数量的抛撑。抛撑应采用通长钢管，上部与斜道脚手架水平杆连接，连接点与主节点距离不大于300mm，抛撑间距应不大于10m，与地面倾角为45°~60°，抛撑底部基础必须安全牢固。

67. 竹笆片脚手板的放置方法及要求？

答：其主竹筋与脚手架的纵向杆呈垂直铺放，其接头宜平接，不宜搭接，在铺设后随即用双股 $\phi 1.2$mm 的铁丝将竹笆片脚手板的四角与脚手架的纵向杆扎牢。

68. 挡脚板的铺设要求？

答：（1）挡脚板用于防止操作人员和物体的从脚手板向外滑落，常用厚度不小于15mm的多夹板或厚度不小于1.8mm的钢板制成，但钢脚手板不常用。

（2）挡脚板应铺设水平、绑扎牢固，其下方与脚手板之间不得出现缝隙，以防物体坠落。

69. 脚手架与安全网之间的搭设关系？

答：（1）脚手架在距地面3～5m处设置首层水平安全网，上面每隔10m（或小于10m）搭设一道伸出脚手架作业层外立面3m宽的水平安全，并随楼层砌高而隧道搭设；

（2）当脚手架高度 $H \leqslant 24m$ 时，首层网伸出脚手架作业层外立面3～4m。脚手架高度 $H > 24m$ 时，首层网伸出脚手架作业层外立面5～6m。使用外脚手架施工时，沿脚手架的外侧面应全部设置立网。

70. 支搭安全网的规定要求？

答：（1）对4m以上的在建工程，必须随施工层按规定要求支搭3m宽的水平安全网，支搭时，网面不宜绷得过紧，并要求安全网的外口要比里口高0.6～0.8m。

（2）首层水平安全网下陷网面距离地面的高度，如安全网为3m宽时，不得小于3m；如果是6m宽的安全网，则距离地面的高度不得小于5m。

（3）每个系点上，边绳应与支撑物靠紧，系点均匀，距离应小于75m，且应牢固，不容易解开或轻易松脱。

（4）多种网连接使用时，相邻部分应靠紧或重叠，连接绳的材料和破断拉力应与网绳相同。

（5）高层建筑施工的安全网一律采用组合钢管角架来挑支，并用钢丝绳绷挂。安全网外沿要尽量绷直，内口要与建筑物绑牢固，其空隙不得大于150mm。

（6）烟囱、水塔等建筑物施工时，井内应设一道安全网，并应与建筑物或脚手架连接牢固。

71. 简述搭设脚手架时的要点？

答：(1) 地基处理；(2) 铺放垫木和安放底座；(3) 杆件搭接设；(4) 扣件安装。

72. 搭设附墙挂架子时有哪些注意事项？

答：(1) 在搭设时，必须把挂架的挂钩挂到底；

(2) 在建筑物转角处，应在每面挂架上增设水平杉杆；

(3) 脚手板应搭接铺设，不得有探头板；

(4) 挂架在每次使用前或移挂时，应认真检查焊缝质量，发现问题时要及时进行处理；

(5) 在架子上不得堆放材料，如需要堆放时应经计算及进行荷载试验后方可堆料使用；

(6) 钢销片上部要有足够的砖砌体压住，尤其是在砌砖过程中向上移挂时，必须特别注意，以防上人操作时倾覆；

(7) 室内 T 形销，操作人员每天上架子前应进行仔细检查有无问题，严禁他人抽出。

73. 烟囱外架子搭设步骤？

答：(1) 搭设前先要确定立杆的位置；

(2) 确定立杆的位置，要依次挖坑，坑深应不小于 50cm；

(3) 立杆的竖立要先利里排，后立外排，每排要先立转角处立杆，后立中间部分立杆。同一边立杆要相互看齐对正；

(4) 大横杆应绑在立杆里边，小横杆要按规定间距与大横杆绑牢。

(5) 十字撑要随架子搭设及时绑上，最下道要落地，到一定高度要拉上缆风。

74. 简述柱吊装时斜吊绑扎法、垂吊绑扎法的各自特点？

答：斜吊绑扎法的特点：柱不需要翻身，起重机的起重高度及起重臂长可小些，但由于柱吊离地面后呈倾斜状态，而使其与基础对位不够方便。

直吊绑扎法的特点：在相同吊点位置情况下，柱截面的搞弯能力较斜吊法大，起吊后柱身与基础杯底呈垂直状态，容易对位。但增加了柱子翻身工序，起重臂要比斜吊法长。

75. 脚手架的定义：

答：脚手架又称架子，是建筑工程施工活动中工人进行操作，运送和堆放材料时必须使用的一种临时重要设施，是为保证高处作业安全、顺利进行施工而搭设的工作平台或作业通道。

76. 扣件式钢管脚手架斜道搭设？

答：（1）斜道有"一"字型和"之"型两种。高度不大于6m用"一"字型，大于6米用"之"字型。

（2）行人斜道的宽度应不小于1m，坡度为1:3，运料斜道的宽度不小于1.5，坡度为1:6。

（3）行人斜道转弯平台面积不小于$3m^2$，宽度不小于$1.5m^2$；运料斜道转弯平台面积不小于$6m^2$，宽度不小于2m。

77. 脚手架的拆除要求？

答：（1）施工人员必须听从指挥，严格按方案和操作规程进行拆除，防止脚手架大面积倒塌和物体坠落伤人。

（2）脚手架拆除时要划分作业区，树立警戒标志，设专人指挥，配备良好通信器材，警戒区内严禁非专业人员入内。

（3）正式开始拆除前应对架体进行检查，加固松动部分。清理各作业面留下的物件及垃圾块。清理物品应安全输送到地面，禁止高处抛掷。

（4）运送到地面的物品应按指定地点、随拆随运，分类摆放。做到工完料净、场地清。

（5）拆除过程中不得中途换人，如必须换人，应将拆除情况交代清楚才可以离开。

（6）脚手架拆除程序，由上而下按层逐步拆除，先拆围栏脚手板和横向水平杆，再依次拆除剪刀撑的上部扣件和接杆。须在拆除过程中严密监视架体牢固度，预防脚手架倾倒。施工安全管理中，若遇大风、雨、雪等特殊天气，不得进行拆除作业。

78. 什么是基础图？主要有哪些内容？

答：基础图是表达基础结构布置及详细构造的图样。它包括基础平面图和基础详图。

（1）基础平面图基础平面图主要表达基础的平面布局及位置，因此只反映出基础墙、柱及基底平面的轮廓和尺寸。除此之外其他细部如条形基础的大放脚、独立基础的锥形轮廓线等都不反映在基础平面图中。

（2）基础详图基础详图主要表达基础的形状、尺寸、材料、构造及基础的埋置深度等。各种基础的图示方法有所不同。

79. 扣件钢管式脚手架？

答：扣件钢管式脚手架是目前使用最为广泛的一种脚手架品种。由钢管和扣件组成，并具有如下特点：

（1）承载力大。当脚手架搭设的几何尺寸和构造符合钢管脚手架安全技术规范时，脚手架单根立杆承载力可达 15～35kN。

（2）加工、装拆简便。钢管和扣件均有国家标准，加工简单，通用性好，且扣件连接简单，易于操作，装拆灵活，搬运方便。搭设灵活，适用范围广。钢管长度易于调整，扣件连接不受高度、角度、方向的限制，因此扣件钢管式脚手架适用于各类建筑物结构的施工。

（3）扣件式钢管脚手架用材量较大，搭设耗费人工较多，材料和人工费用也消耗大，施工效率不高，安全保证性一般。

80. 简述杠杆原理相关术语？

答：杠杆原理：当杠杆所受的作用力和所克服的阻力在同一平面内时，阻力和阻力臂的乘积等于作用力和动力臂的乘积。在使用与计算时，必须掌握杠杆中的名称，有如下几种：

（1）杠杆的受力点叫做力点。

（2）杠杆的固定点叫做支点。

（3）克服阻力（如重力）的点叫做重点。

（4）支点到力的作用线的垂直距离叫做动力臂。

（5）支点到阻力作用线的垂直距离叫做阻力臂。

81. 脚手架在施工中的主要作用是什么？

答：（1）可以使操作人员在不同部位进行施工操作；

（2）按规定要求在脚手架上堆放建筑材料；

（3）进行短距离的水平运输；

（4）保证施工作业人员在高处作业时的安全。

82. 脚手架安全技术交底的主要内容有哪些？

答：（1）工程项目和分部分项工程的概况；

（2）搭设、构造要求，检查验收标准；

（3）针对危险部位采取的具体预防措施；

（4）作业中应注意的安全事项；

（5）作业人员应遵守的安全操作规程；

（6）发现安全隐患应采取的措施；

（7）发生事故后应采取的应急措施。

83. 24m 以下脚手架基础做法是？

答：搭设高度在 24m 以下时，可素土夯实找平，上面铺 5cm 厚木板，长度为 2m 时垂直于墙面放置；长度大于 3m 时平行于墙面放置。

84. 25~50m 以下脚手架基础做法是？

答：搭设高度在 25~50m 时，应根据现场地耐力情况设计基础作法或采用回填土分层夯实达到要求时，可用枕木支垫，或在地基上加铺 20cm 厚道碴，其上铺设混凝土板，再仰铺 12~16 号槽钢。

85. 当立杆基础不在同一高度上时应怎样搭设？

答：当立杆基础不在同一高度上时，必须将高处的纵向扫地杆向低处延长两跨与立杆固定，高低差不应大于 1m。靠边坡上方的立杆轴线到边坡的距离不应小于 500mm，脚手架底层步距不应大于 2m。

86. 横向水平杆的作用？

答：一是承受脚手板传来的荷载；二是增强脚手架横向平面的刚度；三是约束双排脚手架里外两排立杆的侧向变形，与纵向水平杆组成一个刚性平面，缩小立杆的长细比，提高立杆的承载能力。

87. 单排脚手架的横向水平杆不应设置在下列哪些部位?

答:(1)设计上不允许留脚手眼的部位;

(2)120mm厚墙、料石清水墙和独立柱;

(3)过梁上与过梁成60°角的三角形范围及过梁净跨度1/2的高度范围内。

88. 连墙件有哪些作用?

答:一是防止因水平外力,如风荷载作用而发生的向内或向外倾翻;二是作为架体的中间约束,减小立杆的计算长度,提高承载能力,保证脚手架的整体稳定性。

89. 连墙件的布置形式有哪几种?

答:菱形布置,方形布置、矩形布置

90. 连墙件钢管的预埋方法?

答:预埋钢管方法是在混凝土浇筑前用一竖向短钢管埋设于梁内约200mm,露出梁背约200mm,待混凝土浇筑完成后,用水平长钢管连接立杆与竖向短钢管即可。

91. 简答脚手架设置剪刀撑的作用?

答:剪刀撑是防止脚手架纵向变形的重要措施,合理设置剪刀撑还可以增强脚手架的整体刚度。

92. 24m以下单、双脚手架剪刀撑应如何设置?

答:高度在24m以下的单,双排脚手架,均必须在外侧立面的两端各设置一道剪刀撑,并应由底至顶连续设置;中间各道剪刀撑之间的净距不应大于15m。

93. 24m以上双排脚手架剪刀撑应如何设置?

答:高度在24m以上的双排脚手架应在外侧立面整个长度和高度上连续设置剪刀撑。

94. 一字型、开口型双排脚手架应怎样设置横向斜撑?

答:一字型、开口型双排脚手架的两端均必须设置横向斜撑,中间宜每隔6跨设置一道。

95. 抛撑的设置应符合哪些规定?

答：（1）抛撑应采用通长杆件与脚手架可靠连接，与地面的倾角应在 45°~60°之间；

（2）连接点中心至主节点的距离不应大于 300mm。

96. 斜道脚手板构造有哪些要求？

答：（1）脚手板横铺时，应在横向水平杆下增设纵向支托杆，纵向支托杆间距不应大于 500mm；

（2）脚手板顺铺时，接头宜采用搭接；下面的板头应压住上面的板头，板头的凸棱处宜采用三角木填顺；

（3）人行斜道和运料斜道的脚手板上应每隔 250~300mm设置一根防滑木条，木条厚度宜为 20~30mm。

97. 脚手架斜道的构造有哪些要求？

答：（1）斜道宜附着外脚手架或建筑物设置。

（2）斜道两侧、端部及平台外围，必须设置剪刀撑。宽度大于 2m 的斜道，在脚手板下的小横杆下，应设置之字形横向支撑。

（3）运料斜道宽度不宜小于 1.5m，坡度宜采用 1:6（高:长）；人行斜道宽度不宜小于 1m，坡度宜采用 1:3。

（4）拐弯处应设置平台。其宽度不应小于斜道宽度。

（5）斜道两侧及平台外围均应设置栏杆及挡脚板。拦杆高度应为 1.2m，挡脚板高度不应小于 180mm。

（6）运料斜道两侧、平台外围和端部均应按连墙件的规定设置连墙件。每两步应加设水平斜杆及剪刀撑和横向斜撑。

98. 落地式物料平台应怎样搭设？

答：（1）物料平台用 $\phi48 \times 3.5$mm 钢管以扣件连接，各杆件的间距应由计算确定，但纵横向立杆间距及大横杆的步距均不大于 1.2m。

（2）平台的次梁间距不得大于 400mm；台面应铺 50mm 厚的木板或钢板。

（3）物料平台架体应设置纵横向剪刀撑。

（4）物料平台的搭设高度不得大于 24m。

（5）物料平台的面积不应超过 $10m^2$。

（6）物料平台周围应设置两道防护栏。

99. 怎样搭设防护栏杆？

答：（1）栏杆和挡脚板均应搭设在外立杆的内侧；

（2）上栏杆上皮高度应为 1.2m；

（3）中栏杆应居中设；

（4）挡脚板高度不应小于 180mm。

100. 脚手架的验收和日常检查有哪些规定？

答：（1）脚手架基础完工后及架体搭设前；

（2）搭设达到设计标高后；

（3）每搭设完 10～13m 高度后；

（4）作业层上施加荷载前；

（5）遇有六级风与大雨、大雪、地震等强力因素作用之后及寒冷地区开冻后；

（6）连续使用达到六个月；

（7）停用超过一个月；

（8）在使用过程中，发现有显著的变形、沉降、拆除杆件和拉结以及安全隐患存在的情况时。

101. 脚手架使用中，应定期检查哪些项目？

答：（1）杆件的设置需要和连接，连墙件、支撑、门洞桁架等的构造是否符合要求；

（2）地基是否积水，底座是否松动，立杆是否悬空；

（3）扣件螺栓是否松动；

（4）立杆的沉降与垂直度的偏差是否符合规范规定；

（5）安全防护措施是否符合要求；

（6）是否超载。

102. 斜拉式悬挑梁脚手架结构的主要特点有哪些？

答：（1）在型钢的外端设置一根与建筑物连接的可调斜拉杆，使型钢的承载能力大幅提高，而材料型号减小；

（2）型钢的长度用得较短；

（3）在施工层浇捣混凝土后，在该楼层面上要安装型钢，搭两步脚手架，建筑物向上施工一层结构层，待混凝土强度达到 10MPa 后，方能安装斜拉杆，而此时须在型钢的底部设支撑，方能在型钢上搭设两步脚手架。

103. 悬挑脚手架的搭设有哪些要求？

答：（1）悬挑梁采用 16 号以上型钢，使用 $\phi 16mm$ 以上圆钢锚固，楼板厚度不低于 120mm。

（2）悬挑梁前端应采用 $\phi 14mm$ 钢丝绳斜拉。

（3）悬挑梁悬出部分小于 2m，搁置长度是悬挑长度的 1.7 倍。

（4）悬挑梁纵距按 1.5m 设置。

（5）立杆位置必须焊置一段 $\phi 60 \times 3mm \times 150mm$ 长的钢管，搭设时立杆套在此管内。

（6）连墙件按两步三跨设置。

104. 门式脚手架连墙件的设置应符合哪些要求？

答：（1）脚手架必须采用连墙件与建筑物做到可靠连接。

（2）在脚手架的转角处、不闭合脚手架的两端应增设连墙件，其竖向间距不应大于 4.0m。

（3）在脚手架外侧因设置防护棚或安全网而承受偏心荷载的部位，应增设连墙件，其水平间距不应大于 4.0m。

（4）连墙件应能承受拉力与压力，其承载力标准值不应小于 10kN；连墙件与门架、建筑物的连接也应具有相应的连接强度。

105. 碗扣式脚手架的杆件应怎样组装？

答：脚手架组装以 3~4 人为一小组为宜，其中 1~2 人递料，另外两人共同配合组装，每人负责一端。组装时，要求至多二层向同一方向，或由中间向两边推进，不得从两边向中间合拢组装，否则中间根会因两侧架子刚度太大而难以安装。

在已处理好的地基或基垫上按设计位置安放立杆垫座或可调座，其上交错安装不等长立杆。组装顺序是：立杆底座→立杆→横杆→斜杆→连墙件→接头锁紧→上层立杆→立杆连接销→横杆。脚手架应随建筑物升高而随时设置，并应高于作业面 1.5m。

106. 模板工程的结构按类型分几种？

答：（1）梁板楼（屋）盖模板工程；

（2）框架和框剪结构模板工程；

（3）板墙结构模板工程；

（4）特种和特型结构模板工程；

（5）框筒结构模板工程。

107. 可调顶托应怎样使用？

答：可调托撑螺杆伸出钢管顶部不得大于 200mm，螺杆外径与立柱钢管内径的间隙不得大于 3mm，安装时应保证上下同心。

108. 高度小于 8m 时模板支架剪刀撑应怎样搭设？

答：当建筑层高度小于 8m 时，满堂模板和共享空间模板支架立柱，在外侧周圈应设由下至上的竖向连续式剪刀撑；中间在纵横向应每隔 10m 左右设由下至上的竖向连续式剪刀撑，其宽度宜为 4～6m，并在剪刀撑部位的顶步水平杆、底部扫地杆处设置水平剪刀撑。

109. 高度在 8～20m 时模板支架剪刀撑应怎样搭设？

答：当建筑层高度在 8～20m 时，除应满足小于 8m 的模板支架剪刀撑搭设要求外，还应在纵横向相邻的两竖向连续式剪刀撑之间增加"之"字斜撑，连续式"之"字斜撑设置在中间单元体的四个立面，互相连接，平面成"井"字形布置；在有水平剪刀撑的部位，应在每个剪刀撑中间处增加一道水平剪刀撑。

110. 高度超过 20m 时模板支架剪刀撑应怎样搭设？

答：当建筑层高超过 20m 时，除满足 20m 的模板支架剪刀撑搭设要求的基础上，应将所有之字斜撑全部改为连续式剪刀撑，连续式竖向剪刀撑设置在中间单元体的四个立面，互相连接，平面成"井"字形布置。

1.6 计算题

1. 已知重物重 $W = 2000$N，绞杠长 500mm，卷筒半径为 125mm，计算需要用多大的力 F 才能绞动重物？

解：根据杠杆原理：$F \times 500 = W \times 125$

$$\therefore F = \frac{2000 \times 125}{500} = 500\text{N}$$

答：需要用 500N 的力就可以把重物绞动。

2. 用一根截面积为 0.5cm² 的绳子吊起 200kg 重的重物，则绳子所受到的拉应力应是多少？

解：绳子的拉力 $= 2000\text{N}/0.5\text{cm}^2 = 4000\text{N}/\text{cm}^2 = 4000 \times 10^4\text{N}/\text{m}^2 = 4000 \times 10^4\text{Pa} = 40\text{MPa}$

答：绳子所受到的拉应力是 40MPa。

3. 用直径 25mm 的国产白棕绳吊运 200kg 重的构件时，是否安全？（查表破断拉力 23520N，安全系数取 10）。

解：绳所受拉力为 2000N

允许拉力 = 破断拉力/安全系数 = 23520/10 = 2352N > 2000N

通过验算可知，是安全的。

1.7 实际操作题

1. 外脚手架剪刀撑及横向斜撑竿的搭设

（1）考核样架

在已搭设成的外墙用双排脚手架上，按要求搭设双向剪刀撑，断口搭设横向斜撑，外侧面安装安全网。

（2）准备要求

人员要求：搭设人员 2 人。考前 1h，对搭设人员进行安全技术交底，介绍安全用品的使用和搭设要求，并熟悉搭设内容。

工具及测量仪器：采用固定扳手或活动扳手、扭力扳手、钢卷尺若干。

材料：扣件及各种长度的钢管、安全网若干。

安全防护用品：安全帽、安全带等安全防护用品若干。

（3）考核内容

1）考核要求

简述扣件式钢管脚手架剪刀撑及横向斜撑的搭设安全技术要求。

能正确使用安全防护用品。

能正确使用搭拆工具和测量仪器。

能按搭设工艺和安全技术要求完成全部作业内容。

剪刀撑及横向斜撑的搭设质量应符合相关技术要求。

2）时间定额

被考学员用15min简述搭设安全技术要求，考官用15min对学员进行提问，学员解答，共计30min。

按要求搭设架体剪刀撑及横向斜撑并安装安全网，时间130min。

考官点评，时间20min。

共计180min（3h）。

3）安全文明生产

正确执行安全技术操作规程。

能做到施工场地整洁，杆配件、工具摆放整齐。

2. 扣件式钢管脚手架的搭设

（1）考核样架

搭设普通结构脚手架。立杆纵距（跨）为1.8m，脚手架长度为五个立杆纵距（五跨）；立杆横距为1.55m，脚手架宽度为四个立杆横距；立杆步距（步）为1.8m，脚手架高度为两步。

（2）准备要求

人员要求：搭设人员4人。考前1h，对搭设人员进行安全技术交底，介绍安全用品的使用和搭设要求。将脚手架搭设简图发给被考学员预先阅读、熟悉搭设要求内容。

工具及测量仪器：采用固定扳手或活动扳手、扭力扳手、钢卷尺若干。

材料：扣件、底座、垫板以及各种长度的钢管、竹笆脚手板若干。

安全防护用品：安全帽、安全带等安全防护用品若干。

（3）考核内容

1）考核要求

简述扣件式钢管脚手架搭设安全技术要求。

能正确使用安全防护用品。

能正确使用搭拆工具和测量仪器。

能根据脚手架搭设简图，按搭设工艺和安全技术要求完成全部作业内容。

架体搭设质量应符合相关技术要求。

2）时间定额

被考学员用15min简述搭、拆安全技术要求，考官用15min对学员进行提问，学员解答，共计30min。

按要求搭设架体，时间190min

考官点评，时间20min。

共计240min（4h）。

3）安全文明生产

正确执行安全技术操作规程。

能做到施工场地整洁，杆配件、工具摆放整齐。

3. 扣件式钢管脚手架的拆除

（1）考核样架

拆除已搭设成的外墙用双排脚手架，包括双向剪刀撑、断口搭设的横向斜撑和外侧面安装的安全网。

（2）准备要求

人员要求：搭设人员3人。考前1h，对搭设人员进行安全技术交底，介绍安全用品的使用和拆除要求及内容。

工具及测量仪器：固定扳手或活动扳手、扭力扳手、钢卷尺若干。

安全防护用品：安全帽、安全带等安全防护用品若干。

（3）考核内容

1）考核要求

简述扣件式钢管脚手架拆除安全技术要求。

能正确使用安全防护用品。

能正确使用搭拆工具和测量仪器。

能按拆除工艺和安全技术要求完成全部作业内容。

2）时间定额

被考学员用15min简述搭设安全技术要求，考官用15min对学员进行提问，学员解答，共计30min。

按要求拆除架体剪刀撑及横向斜撑及安装的安全网，时间130min。

考官点评，时间20min。

共计180min（3h）。

3）安全文明生产

正确执行安全技术操作规程。

能做到施工场地整洁，杆配件、工具摆放整齐。

4. 碗扣式钢管双排脚手架的搭设

（1）考核样架

搭设双排脚手架，立杆纵距1.8m，立杆横距（架体宽度）1.2m，步高1.8m，架体长度为四个立杆纵距，高度为三步，两端搭设通道斜杆，外侧搭设双向剪刀撑，每步搭设栏杆。

（2）准备要求

人员要求：搭设人员4人。考前1h，对搭设人员进行安全技术交底，介绍安全用品的使用和搭设要求。将脚手架搭设简图发给被考学员预先阅读、熟悉搭设要求内容。

工具及安全防护用品：采用锤子、钢卷尺、线锤，安全帽、安全带等防护用品若干。

材料：底座、各种杆件、配件若干。

（3）考核内容

1）考核要求

简述碗扣式钢管脚手架搭设安全技术要求。

能正确使用工具和安全防护用品。

能根据脚手架搭设简图，按搭设工艺和安全技术要求完成全部作业内容。

架体搭设质量应符合相关技术要求。

2）时间定额

被考学员用 15min 简述碗扣式钢管脚手架搭、拆安全技术要求，考官用 15min 对学员进行提问，学员解答，共计 30min。

按要求搭设架体，时间 130min。

考官点评，时间 20min。

共计 180min（3h）。

3）安全文明生产

正确执行安全技术操作规程。

能做到施工场地整洁，杆配件、工具摆放整齐。

碗扣式钢管双排脚手架搭设的评分表见表 4-1。

碗扣式钢管双排脚手架搭设的评分表　　表 4-1

序号	考核项目	考核内容	配分	评分标准	考核记录	扣分	得分
1	口述回答	本项目主要安全技术要求	15	能正确回答 5 项以上满分，否则缺一项扣 3 分			
2	材料准备	材料选用准确	5	零部件名称和实物概念不清酌情扣分			
3	操作	按样架要求搭设	25	按达到规定的结构形式和施工工艺标准程度评定，一项不符合要求扣 5 分			
		质量技术要求	25				
		时间定额要求	10	在定额 ±10% 时间内完成满分，超时酌情扣分			

序号	考核项目	考核内容	配分	评分标准	考核记录	扣分	得分
4	安全文明生产	遵守安全操作规程	10	达到规定标准程度评定，有一项不合格此项按零分记			
		正确使用工具	5	按情况，不能正确使用工具，酌情扣 1～2 分			
		操作现场整洁	5	按现场整洁情况酌情扣 2～3 分			
5	分数合计		100				

5. 碗扣式钢管脚手架的拆除

（1）考核样架

搭设成的双排脚手架，包括栏杆、通道斜杆和剪刀撑。

（2）准备要求

人员要求：搭设人员 2 人。考前 1h，对搭设人员进行安全技术交底，介绍安全用品的使用和拆除要求。

工具及安全防护用品：采用锤子、钢卷尺、安全帽、安全带等防护用品若干。

（3）考核内容

1）考核要求

简述碗扣式钢管脚手架拆除安全技术要求。

能正确使用工具和安全防护用品。

能按拆除工艺和安全技术要求完成全部作业内容。

2）时间定额

被考学员用 15min 简述碗扣式钢管脚手架搭、拆安全技术要求，考官用 15min 对学员进行提问，学员解答，共计 30min。

按要求拆除架体，时间 100min。

考官点评，时间 20min。

共计 150min。

3）安全文明生产

正确执行安全技术操作规程。

能做到施工场地整洁，杆配件、工具摆放整齐。

6. 碗扣式钢管脚手架圆曲线形架体的搭设

（1）考核样架

搭设曲线形双排脚手架，采用内外排不同长度横杆进行组合，内圆弧排架曲率半径6.1m，外排立杆纵向间距1.8m，内排立杆纵向间距1.5m，立杆横向间距（架体宽度）1.2m，步高1.8m，架高两步，架体长度为五个立杆纵距，搭设一排斜杆，每步搭设栏杆。

（2）准备要求

人员要求：搭设人员4人。考前1h，对搭设人员进行安全技术交底，介绍安全用品的使用和搭设要求。将脚手架搭设简图发给被考学员预先阅读、熟悉搭设要求内容。

工具及安全防护用品：采用锤子、钢卷尺、线锤，安全帽和安全带等防护用品若干。

材料：底座、各种杆件、配件若干。

（3）考核内容

1）考核要求

简述碗扣式钢管脚手架搭设安全技术要求。

能正确使用工具和安全防护用品。

能根据脚手架搭设简图，按搭设工艺和安全技术要求完成全部作业内容。

架体搭设质量应符合相关技术要求。

2）时间定额

被考学员用15min简述碗扣式钢管脚手架搭、拆安全技术要求，考官用15min对学员进行提问，学员解答，共计30min。

按要求搭设架体，时间130min。

考官点评，时间20min。

共计180min（3h）。

3) 安全文明生产

正确执行安全技术操作规程。

能做到施工场地整洁，杆配件、工具摆放整齐。

7. 竹双排外脚手架顶撑及抛撑的搭设

（1）考核样架

在已搭设成的外墙用竹双排脚手架第三步上，按要求加绑顶撑，架设抛撑。

（2）准备要求

人员要求：搭设人员4人。考前1h，对搭设人员进行安全技术交底，介绍安全用品的使用和搭设要求，并熟悉搭设内容。

工具及测量仪器：钎子、钢卷尺若干。

材料：符合要求的竹竿、竹笆脚手板、挡脚板、8号铁丝、10~12号铁丝若干。

安全防护用品：安全帽、安全带等安全防护用品若干。

（3）考核内容

1）考核要求

简述竹双排外脚手架加绑顶撑、架设抛撑的安全技术要求。

能正确使用安全防护用品。

能正确使用搭拆工具和测量仪器。

能按搭设工艺和安全技术要求完成全部作业内容。

加绑顶撑、架设抛撑的质量符合相关技术要求。

2）时间定额

被考学员用15min简述搭设安全技术要求，考官用15min对学员进行提问，学员解答，共计30min。

按要求搭设架体剪刀撑及横向斜撑并安装安全网，时间130min。

考官点评，时间20min。

共计180min（3h）。

3）安全文明生产

正确执行安全技术操作规程。

能做到施工场地整洁，杆配件、工具摆放整齐。

8. 竹双排外脚手架的拆除

（1）考核样架

拆除已搭设成的竹双排外脚手架，包括剪刀撑、抛撑和外侧面安装的安全网。

（2）准备要求

人员要求：搭设人员4人。考前1h，对搭设人员进行安全技术交底，介绍安全用品的使用和拆除要求及内容。

工具：钎子、钢丝钳若干。

安全防护用品：安全帽、安全带等安全防护用品若干。

（3）考核内容

1）考核要求

简述竹双排外脚手架拆除安全技术要求。

能正确使用安全防护用品。

能正确使用搭拆工具。

能按拆除工艺和安全技术要求完成全部作业内容。

2）时间定额

被考学员用15min简述搭设安全技术要求，考官用15min对学员进行提问，学员解答，共计30min。

按要求拆除架体剪刀撑及横向斜撑及外侧面安装的安全网，时间130min。

考官点评，时间20min。

共计180min（3h）。

3）安全文明生产

正确执行安全技术操作规程。

能做到施工场地整洁，杆配件、工具摆放整齐。

9. 木双排外脚手架的搭设

（1）考核样架

搭设砌筑用木双排外脚手架。立杆纵距（跨）为1.5m，脚手架长度为五个立杆纵距（五跨）；立杆横距为1.4m，脚手架宽度为四个立杆横距；立杆步距为 1.5m，脚手架高度为两步。

（2）准备要求

人员要求搭设 4 人。考前 1h，对搭设人员进行安全技术交底，介绍安全用品的使用和搭设要求。将脚手架搭设简图发给被考学员预先阅读、熟悉搭设要求内容。

工具及测量仪器：钎子、钢卷尺若干。

材料：符合要求的木杆件、木脚手板、8 号铁丝、10 ~ 12 号铁丝若干。

安全防护用品：安全帽、安全带等安全防护用品若干。

（3）考核内容

1）考核要求

简述木双排外脚手架搭设安全技术要求。

能正确使用安全防护用品。

能正确使用搭拆工具和测量仪器。

能根据脚手架搭设简图，按搭设工艺和安全技术要求完成全部作业内容。

架体搭设质量应符合相关技术要求。

2）时间定额

被考学员用 15min 简述搭、拆安全技术要求，考官用 15min 对学员进行提问，学员解答，共计 30min。

按要求搭设架体，时间 190min。

考官点评，时间 20min。

共计 240min（4h）。

3）安全文明生产

正确执行安全技术操作规程。

能做到施工场地整洁，杆配件、工具摆放整齐。

10. 用钢管支搭 3m 宽的水平安全网

（1）考核样架

按要求在墙面有窗口的条件下用钢管支搭 3m 宽、4m 长的水平安全网。

1）操作工艺：操作工艺流程如下：

在上一层窗口设置内外连墙杆→在下一层窗口绑扎斜杆安全网的纵向水平杆→斜杆从窗口内支出去撑在窗台上→斜杆与外连墙杆绑扎牢→将内外连墙杆绑扎牢固。

2）质量要求：支出去安全网外口距离墙面不得小于 2m，支设安全网的斜杆之间的间距不得大于 4m，网的外口要比里口高 60～80cm，网外沿绷直，内口绑牢固，空隙不大于 150mm，所有杆件绑扎牢固。

（2）准备要求

人员要求：搭设人员 4 人。考前 1h，对搭设人员进行安全技术交底，介绍安全用品的使用和搭设要求，并熟悉搭设内容。

工具及测量仪器：采用若干固定扳手或活动扳手，扭力扳手，卷尺。

材料：扣件及各种长度的钢管若干，3m 宽安全网若干。

安全防护用品：安全帽、安全带等安全防护用品若干。

（3）考核内容

1）考核要求

简述用钢管支搭水平安全网的安全技术要求。

能正确使用安全防护用品。

能正确使用搭拆工具和测量仪器。

能按搭设工艺和安全技术要求完成全部作业内容。

水平安全网支搭的质量应符合相关技术要求。

2）时间定额

被考学员用 15min 简述搭设安全技术要求，考官用 15min 对学员进行提问，学员解答，共计 30min。

按要求用钢管支搭水平安全网，时间 130min。

考官点评，时间 20min。

共计 180min（3h）。

3）安全文明生产

正确执行安全技术操作规程。

能做到施工场地整洁，杆配件、工具摆放整齐。

用钢管支搭3m宽水平安全网的评分表见表10-1。

用钢管支搭3m宽水平安全网的评分表　　　　表10-1

序号	考核项目	考核内容	配分	评分标准	考核记录	扣分	得分
1	口述回答	本项目主要安全技术要求	15	能正确回答5项以上满分，否则缺一项扣3分			
2	材料准备	材料选用准确	5	零部件名称和实物概念不清酌情扣分			
3	操作	按样架要求搭设	25	按达到规定的结构形式和施工工艺标准程度评定，一项不符合要求扣5分			
		质量技术要求	25				
		时间定额要求	10	在定额±10%时间内完成满分，超时酌情扣分			
4	安全文明生产	遵守安全操作规程	10	达到规定标准程度评定，有一项不合格此项按零分记			
		正确使用工具	5	不能正确使用工具酌情扣1～2分			
		操作现场整洁	5	按现场整洁情况酌情扣2～3分			
5	分数合计		100				

11. 安装12m长、两步距离的垂直安全网

（1）考核样架

在已搭设成的外墙用双排脚手架外侧面安装12m长、两步距高的垂直安全网。

（2）准备要求

人员要求：搭设人员3人。考前半小时，对操作人员进行安全技术交底，介绍安全用品的使用和安装垂直安全网的要求

及内容。

安全防护用品：安全帽、安全带等安全防护用品若干。

（3）考核内容

1）考核要求

简述安装垂直安全网的安全技术要求。

能正确使用安全防护用品。

能按垂直安全网安装的技术要求完成全部作业内容。

2）时间定额

被考学员用15min简述搭设安全技术要求，考官用15min对学员进行提问，学员解答，共计30min。

按要求安装安全网，时间130min。

考官点评，时间20min。

共计180min（3h）。

3）安全文明生产

正确执行安全技术操作规程。

能做到施工场地整洁，杆配件、工具摆放整齐。

12. 搭设工具式砌筑脚手架

（1）考核样架

搭设工具式（伞脚折叠式）脚手架。

砌筑施工伞脚折叠式脚手架：伞形支柱单排架设，架设间距为2m，砌筑高度为3m左右。

（2）准备要求

人员要求：搭设人员3~6人。

工具及测量仪器:若干固定扳手,活动扳手,锤子,钢卷尺若干。

材料：若干二榀伞形支柱、两个套管、二榀钢筋横梁，以及若干固定销钉和脚手板。

搭设简图：备有脚手架搭设简图。

安全防护用品：安全帽、安全带等安全防护用品若干。

安全技术：对搭拆人员进行安全技术交底，介绍安全防护用品的运用，脚手架搭拆的安全技术要求。

（3）考核内容

1）考核要求

能正确使用安全防护用品。

能正确使用搭拆工具和测量仪器。

能根据脚手架搭设简图，按搭拆工艺和安全技术要求完成全部作业内容。

架体搭设质量应符合相关技术要求。

2）时间定额：时间为4h。

3）安全文明

正确执行安全技术操作规程

按企业有关文明生产的规定，做到施工现场整洁，材料、工具摆放整齐。

13. 搭设和拆除各类棚仓

（1）准备要求

人员要求：架子工4~6人。

工具及测量仪器：若干固定扳手或活动扳手、扭力扳手和钢卷尺。

材料：扣件、底座、垫板以及各种长度的钢管，脚手板、木板、混凝土板、钢板、棚布、竹笆和安全网若干。

搭设图：棚仓搭设方案及简图。

防护用品：安全帽、安全带等安全防护用品若干。

布置警戒区：搭拆现场布置警戒区。

安全技术：对搭拆人员进行安全技术交底，介绍安全防护用品的运用，棚仓搭拆的安全技术要求。

（2）考核内容

1）考核要求

能正确使用安全防护用品。

能正确使用搭拆工具和测量仪器。

能根据棚仓搭设简图，按搭拆工艺和安全技术要求完成全部作业内容。

棚仓搭设质量符合规范及相关技术要求。

2）时间定额：时间为 8h。

3）安全文明生产

正确执行安全技术操作规程。

按企业有关文明生产的规定，做到施工现场整洁，材料、工具摆放整齐。

14. 100m² 安全防护棚的搭设和拆除

（1）准备要求

人员要求：架子工 4～6 人。

工具及测量仪器：固定扳手或活动扳手，扭力扳手，钢卷尺若干。

材料：扣件、底座、垫板以及各种长度的钢管，脚手板、钢板、棚布、竹笆和安全网若干。

搭设简图：备有安全防护棚搭设方案及简图。

防护用品：安全帽、安全带等安全防护用品。

布置警戒区：搭拆现场布置警戒区。

安全技术：对搭拆人员进行安全技术交底，介绍安全防护用品的运用，安全防护棚搭拆的安全技术要求。

（2）考核内容

1）考核要求

能正确使用安全防护用品。

能正确使用搭拆工具和测量仪器。

能根据安全防护棚搭设简图，按搭拆工艺和安全技术要求完成全部作业内容。

安全防护棚架体搭设质量符合规范及相关技术要求。

2）时间定额：时间为 8h。

3）安全文明生产

正确执行安全技术操作规程；

按企业有关文明生产的规定，做到施工现场整洁，材料、工具摆放整齐。

第二部分　中级架子工

2.1　判断题

1. 劳动者拒绝用人单位管理人员违章指挥、强令冒险作业的，视为违反劳动合同。（×）

2. 强令他人违章冒险作业，因而发生重大伤亡事故或者造成其他严重后果的，处 5 年以上有期徒刑。（×）

3. 在安全事故发生后，负有报告职责的人员不报或者谎报事故情况，贻误事故抢救，情节严重的，处 3 年以下有期徒刑或者拘役。（√）

4. 企业取得安全生产许可证后，可以适当降低安全生产条件，并应当加强日常安全生产管理，接受安全生产许可证颁发管理机关的监督检查。（×）

5. 建筑施工现场场内机动车司机是建筑施工特种作业人员。（√）

6. 用人单位对于首次取得执业资格证书的人员，应当在其正式上岗前安排不少于 3 个月的实习操作。（√）

7. 实习操作期间，用人单位应当指定专人指导和监督作业。指导人员应当从取得相应特种作业资格证书、从事相关工作 5 年以上、无不良记录的熟练工中选择。（×）

8. 资格证书遗失、损毁的，持证人应当在相关媒体上声明作废，并在一个月内持声明作废材料向市县建设（筑）主管部门申请办理补证手续。（√）

9. 对于持证人死亡或者不具有完全民事行为能力的，省建

筑主管部门应当撤销其资格证书。（×）

10. 安全技术理论考核不合格的，也可以参加安全操作技能考核。（×）

11. 异温高处作业是指在高温环境内进行的高处作业。（×）

12. 受过重击或有裂痕的安全帽经过维修后可以继续使用。（×）

13. 安全带严禁擅自接长使用。使用 3m 及以上的长绳时必须加缓冲器，各部件不得任意拆除。（√）

14. 绿色表示指令、必须遵守的规定。主要用于指令标志、交通指示标志。（×）

15. 圆形内画一斜杠，并用红色描画成较粗的圆环，表示"禁止"或"不允许"的含义。（√）

16. 施工现场的外侧边缘与外电架空线路之间必须保持安全操作距离，1kV 以下 4m；1～10kV，6m；35～110kV，8m。（√）

17. 在开关箱的配置中严禁用同一开关箱控制三台及以上用电设备（含插座）。（×）

18. 密目式安全网的标准是在 100cm^2 面积内有 2000 个以上网目，耐贯穿试验，网与地面成 30°夹角，5kg 直径 48mm 钢管在 5m 高度处自由落下不能穿透。（×）

19. 在低压触电事故中可以用一只手抓住他的衣服或鞋子将触电者拉离电源。（×）

20. 特种作业人员应自觉参加年度安全教育培训或者继续教育，每年不得少于 36 小时。（×）

21. 耐酸、耐碱手套主要用于接触矿物油、植物油及脂肪簇的各种溶剂作业时戴的手套。（×）

22. 发现饭后多人有呕吐、腹泻等不正常症状时，尽量让病人大量饮水，刺激喉部使其呕吐。（√）

23. 安全带应低挂高用。（×）

24. 工地上的任何洞口必须用坚实的盖板遮盖或设置防护栏。（√）

25. 力是一个物体对另一个物体的作用。（√）

26. 力使物体产生变形，如压弯、拉伸，这叫力的内效应。（√）

27. 力使物体的运动状态发生改变，如工人推车，这叫力的内效应。（×）

28. 力偶中两力作用线间的垂直距离叫力偶臂。（√）

29. 两个物体间的力又称作用力和反作用力。（√）

30. 物体在力系作用下，保持静止或匀速直线运动叫平衡。（√）

31. 荷载是指施加在工程结构上使工程结构或构件产生效应的各种直接作用。（√）

32. 建筑物自重、土压力、预应力属于可变荷载。（×）

33. 风荷载、雪荷载、吊车荷载都属永久荷载。（×）

34. 爆炸力、撞击力属偶然荷载。（√）

35. 能保持几何形状和位置不变的体系，叫几何不变体系，其基本形状是三角形。（√）

36. 图纸是施工和生产的重要依据。（√）

37. 基础是房屋最下部埋在土中的扩大构件。（√）

38. 墙、柱是房屋的垂直承重构件，承受楼面、屋顶传来的荷载。（√）

39. 读图纸时，对模糊、有问题的地方可以按自己的设想修改图纸。（×）

40. 20 世纪 80 年代末，我国开始使用扣件式钢管脚手架。（×）

41. 按搭设材料可将脚手架分为钢管脚手架、竹木脚手架。（√）

42. 按搭设材料可将脚手架分为操作脚手架、防护脚手架和承重支撑脚手架。（×）

43. 操作脚手架分为结构脚手架和装修脚手架。（√）

44. 按支护方式脚手架分为落地式脚手架、悬挑式脚手架、附着升降式脚手架和水平移动式脚手架。（√）

45. 用于支撑模板和承受混凝土浇筑荷载而临时搭建的结构架叫模板支架。（√）

46. 不能调节支垫高度的底座叫可变底座。（×）

47. 连接脚手架与建筑物的构件叫剪刀撑。（×）

48. 与脚手架外侧面斜交的杆件叫小横杆。（×）

49. 小横杆、大横杆与立杆三杆紧靠的扣接点叫主节点。（√）

50. 达一定危险程度的脚手架的施工方案，应组织专家进行论证。（√）

51. 一般脚手架施工方案由架子工工长负责编制。（×）

52. 脚手架施工方案由施工单位技术负责人签字。（√）

53. 脚手架搭设前应以口头形式作安全技术交底，双方签字确认。（×）

54. 安装的网面垂直于水平面、防止人或物坠落的安全网叫平网。（×）

55. 安装的网面不垂直于水平面、防止人或物坠落的安全网叫立网。（×）

56. 网目密度大于 2000 目/100 cm^2 的安全网叫密目式安全网。（√）

57. 物料提升架外侧宜用密目式安全网封闭。（×）

58. 安全网非架子工也可挂设作业。（×）

59. 安全网系绳要与网绳用料一致，也可以用细铁丝等代替。（×）

60. 安全网搭设完毕，应经检验合格后方可使用。（√）

61. 严禁立网、平网互替使用。（√）

62. 电梯井口必须设置防护栏或栅门，且防护高度大于 1800mm。（√）

63. 工地上的各类坑、槽、洞口，夜间均应设置警示灯。（√）

64. 工地建筑物的通道或地面作业上方，均应搭设安全防护棚。（√）

65. 脚手架必须穿过 380V 以内电力线路并且距离 2000mm 以内时，搭设或使用期间虽无绝缘措施也可以不切断或拆除电源。（×）

66. 脚手架在相邻建筑物防雷装置保护范围以内，也需作防雷接地保护。（×）

67. 扭力扳手又叫力矩扳手，上有标尺，显示扭矩值的大小。（√）

68. 脚手架的立杆应设置在大横杆的里侧。（×）

69. 扣件式钢管脚手架的立杆接长主要采用搭接方式。（×）

70. 扣件式钢管脚手架大横杆接长，对接、搭接都可以用。（√）

71. 横杆与立杆连接，应采用旋转扣件固定。（×）

72. 单排脚手架的小横杆，插入墙体长度应 >180mm。（√）

73. 禁止在宽度不足 1000mm 的窗间墙上设置单排脚手架的小横杆。（√）

74. 可以在厚度 <120mm 的墙或砖柱上设置脚手架的小横杆。（×）

75. 脚手架高度 ≥24m，禁用柔性连墙件。（√）

76. 相邻两根立杆的接头不得设置在同一步距内。（√）

77. 相邻两根横杆的接头可以设置在同一跨距内。（×）

78. 扣件式钢管脚手架的立杆，顶步接长宜采用搭接。（√）

79. 剪刀撑杆件每道至少跨越四跨，宽度 >6000mm。（√）

80. 剪刀撑与地面夹角应 <45°。（×）

81. 高度 >24m 的双排脚手架整个外侧应连续设置剪刀撑。（√）

82. 作业层的脚手板应满铺，但必须用对接方式铺设。（×）

83. 木脚手板对接平铺，接头处应设两根小横杆，两板外伸长度之和应 <200mm。（×）

84. 木脚手板搭接铺设，搭接长度应 >200mm，且板头伸出小横杆的长度应 >100mm。（√）

85. 脚手架高 <6m，宜用"之"字形斜道。（×）

86. 斜道上脚手板顺铺时，上板头应压住下板头。（×）

87. 斜道的脚手板上应设置防滑条，间距应 >300mm。（×）

88. 立杆上部应始终高出操作层 1500mm。（√）

89. 立杆应均匀设置，纵向间距小于 2000mm。（√）

90. 脚手板无论什么材料制作，每块重量应小于 30kg。（√）

91. 对接扣件的开口应朝上或朝内设置。（√）

92. 扣件螺栓拧紧力矩应为 40 ~ 65N·m。（√）

93. 各种杆件端头伸出扣件盖板的长度应 <100mm。（×）

94. 脚手架拆除应遵循"先搭先拆，后搭后拆"的原则。（×）

95. 脚手架拆除前应先清除架体上的材料、工具和杂物。（√）

96. 脚手架底座底面的自然标高宜高于自然地坪 100mm。（×）

97. 门式钢管脚手架落地搭设高度应低于 55m。（√）

98. 不同产品的门式钢管脚手架的门架与零配件不得混用。（√）

99. 门式钢管脚手架高于 20m，架体外侧应间隔设置剪刀撑。（×）

100. 门式钢管脚手架剪刀撑搭接长度应小于 600mm，用两个扣件扣紧。（×）

101. 门式钢管脚手架的交叉支撑、水平架或脚手板应紧随门架的安装及时设置。（√）

102. 碗扣式钢管脚手架的基本构造和搭设要求与扣件式钢管脚手架类似，不同之处主要在于碗扣接头。（√）

103. 碗扣式钢管脚手架验收资料不包括搭设记录和质量检查记录。（×）

104. 上碗扣锁紧情况是碗扣式钢管脚手架的重点检查内容。（√）

105. 竹、木脚手架搭设严禁绑扎材料重复使用。（√）

106. 木脚手架的立杆埋深应在 500mm 以上。（×）

107. 竹、木脚手架最上一根立杆应小头朝上。（×）

108. 竹、木脚手架上下相邻两步架的大横杆大头朝向应当相反。（√）

109. 木脚手架的单排架小横杆的大头应朝里设置。（√）

110. 木脚手架的双排架小横杆的大头应朝外设置。（√）

111. 木脚手架的行人斜道的宽度应小于 1500mm，坡度1:3，平台面积大于 $3m^2$。（×）

112. 木脚手架的运输斜道的宽度应大于 2m，坡度 1:3，平台面积大于 $6m^2$。（×）

113. 竹、木脚手架搭设，不允许一扣绑扎 3 根杆件。（√）

114. 竹、木脚手架的大横杆接长应小头压在大头上。（√）

115. 竹、木脚手架拆除，一定要将杆件小头朝下进行传递。（×）

116. 竹脚手架的受力杆件应选用生长 3~4 年及以上的竹子。（√）

117. 竹、木脚手架的杆件绑扎不得使用尼龙绳。（√）

118. 竹篾作绑扎杆件的材料应浸泡 4 小时以上。（×）

119. 竹脚手架绑扎应用 10 号以上的镀锌钢丝。（×）

120. 竹脚手架可以搭设单、双排架。（×）

121. 竹脚手架搭设不得使用双根竹篾接长绑扎。（√）

122. 竹、木脚手架的立杆有效直径搭接长度应大于 1500mm。（√）

123. 竹脚手架的立杆绑扎不得少于 3 道。（×）

124. 木脚手架的立杆绑扎不得少于 5 道。（×）

125. 竹脚手架的大横杆有效直径搭接长度应大于 1200mm，绑扎不得少于 4 道。（√）

126. 竹脚手架的顶撑应使用整根竹竿，不得接长。（√）

127. 竹脚手架的剪刀撑有效直径搭接长度应大于 1500mm，绑扎不得少于 3 道。（√）

128. 木结构的模板支架搭设高度宜在 8m 以内。（×）

129. 搭设模板支架，木杆、钢管、门架等支架立柱可以配合使用。（×）

130. 模板支架的立柱严禁搭接接长。（√）

131. 凡搭设在建筑物外围的架子，统称为外架子。（√）

132. 脚手架荷载，计算的脚手架上实际作用荷载为准。（√）

133. 绝对标高是从该建筑物的底层室内地坪定为标高零点。（×）

134. 看施工图纸时要先粗后细，先大后小，互相对照。（√）

135. 建筑施工图主要表达结构设计的内容，表示建筑物各承重构件的布置等。（×）

136. 悬挂式吊架上的施工人员的安全带可直接挂在牢固的吊架栏杆上。（×）

137. 力不能脱离物体而单独存在。（√）

138. 力的图示中，线段的长度按比例表示力的大小。（√）

139. 物体在两个或多个力作用下处于平衡状态的条件是合力为零。（√）

140. 当力矩不变时，力臂大，则作用力大。（×）

141. 斜撑的作用是加强脚手架的纵向整体刚度。（×）

142. 小横杆有少量腐杇可以使用。（×）

143. 在绑脚手架大横杆时大头朝向应一致，上下相邻两步

架的大头朝向相反。（√）

144. 木脚手架抛撑每7根设一道，与地面夹角为60°。（×）

145. 脚手架拆除工作，可以不用专业架子工拆除。（×）

146. 同向捻钢丝绳挠性好，易旋转。适用于保持张紧场合。（√）

147. 脚手架可以在高低压线路下方架设。（×）

148. 拆除脚手架按顺序由上而下，一步一清，不准上下同时作业。（√）

149. 凡4m以上的施工工程，必须随施工层提升3×6的安全网。（√）

150. 挑杆式脚手架双排挑出宽度大于1.2m。（√）

151. 凡搭设在建筑物内部的架子，统称为内架子。（√）

152. 组合式脚手架的桁架允许挠度不超过跨度1/150。（×）

153. 力对物体的作用效果取决于力的大小、方向和作用点。（√）

154. 合力的大小随分力间的夹角变化而变化，两分力间的夹角愈小，则合力愈大。（√）

155. 一个物体受到另一个物体作用的力，叫外力，外力在力学中称为荷载。（√）

156. 工作应力随外力的增加而增加，与材料本身有关。（×）

157. 钢丝绳为15mm，其夹头数量一般不少于3个。（√）

158. 钢管脚手架宜优先采用外径48mm，壁厚3.5mm的焊接钢管。（√）

159. 七步以上的脚手架必须设剪刀撑。（√）

160. 拆除脚手架工作应不少于3人，上面至少2人。（√）

161. 高度为20m的脚手架，架设中其垂直偏差不大于100mm。（×）

162. 框式钢管脚手架，应每隔3~4根框架高、四个跨间设

置连墙杆。（√）

163. 木脚手架大横杆一般应绑在立杆的外边。（×）

164. 脚手架的搭设高度较小，直接在地面上竖立杆时，在立杆底部应加绑扫地杆。（√）

165. 高处作业均须搭设脚手架或采取防坠落措施，方可进行工作。（√）

166. 在梯子上工作时，工作人员须登在距梯顶不少于 1m 的梯蹬上工作。（√）

167. 安装金属脚手架，禁止使用弯曲、压扁或有裂缝的管子。（√）

168. 工作人员接到违反安规的命令时，应提出意见后再执行。（×）

169. 不准肩载荷重物登上移动式梯子或软梯上。（√）

170. 一架软梯上可允许两人同时工作。（×）

171. 应力是反映内力在截面上各点处的密集程度的量。（√）

172. 材料所能承受的最大应力，称为强度极限。（√）

173. 吊重物时，当吊索与水平线的夹角减小，则吊索的受力减小。（×）

174. 吊索与水平线的夹角不能小于 30°。（√）

175. 当钢丝绳表面磨损使公称直径减少 7%，即使不断丝也应报废。（√）

176. 脚手架荷载不得超过 $300kg/m^2$。（×）

177. 在构筑上搭设脚手架均应验算构筑物强度。（√）

178. 脚手架的搭接长度不得小于 30cm。（×）

179. 在架子拐弯处，脚手板不应交错搭接。（×）

180. 立杆、大小横杆相交时，应先绑两根，再绑第三根。（√）

181. 木杆搭接绑扎时小头压在大头上，绑扣不得少于三道。（√）

182. 脚手架立杆可以直接立在地面上。（×）

183. 非专业工种人员可以拆脚手架。（×）

184. 脚手架搭设中可以在爬梯上传递架杆。（×）

185. 悬吊脚手架悬吊系统应进行两倍设计荷重的静荷试验，合格后方可使用。（√）

186. 悬吊脚手架钢丝绳的安全系数不小于14。（√）

187. 力是物体对物体的作用。（√）

188. 经过核算，可以利用运行的设备、管道以及脚手架、平台等作为起吊重物的承力点。（×）

189. 卷扬机钢丝绳应从卷筒下方卷入，卷筒上的钢丝绳工作时应保留5圈。（√）

190. 平行作业方式是，组织工程施工的有效方法。（×）

191. 剖面图能将形体内部构造形状显露出来，使形体不可见的部分变为可见部分。（√）

192. 三棱比例尺既能用于量度相应比例的尺寸，也能用于画线。（×）

193. 分规的形状与圆规相似，既可以量取线段的长度，也可用它等分直线段或圆弧。（√）

194. 分规的形状与圆规相似，既可以量取线段的长度，也可用它等分直线段或圆弧。（×）

195. 当画75°和105°倾斜线时，用一只三角板和丁字尺配合使用就可画出。（√）

196. 在一般情况下画圆或圆弧，应使圆规按顺时针转动，并稍向画线方向倾斜。（×）

197. 虚线、点划线都可以用作尺寸线。（×）

198. 一般 A0～A3 图纸宜用横式，图纸长边、短边均不得加长。（√）

199. 建筑工程中所用的图纸，都是应用投影的方法绘制出来的。（√）

200. 三面投影图的规律是"长对正、宽相等、高平齐"。（√）

201. 从图上量得的实际长度乘以比例，就可以知道建筑物的实际大小。（√）

2.2 单项选择题

1. 在滚运物体时，要使物体沿直线前进，必须使滚道 B。
A. 平行于物体　　　B. 垂直于物体
C. 方向偏转左　　　D. 方向偏转右

2. 挑架子的容许负荷量是 C。
A. 站两人　　　　　　B. 站一人
C. 站一人及少量材料　　D. 站两人及少量材料

3. 里架子的保安期限为 D。
A. 内墙砌墙开始到一层墙砌完
B. 内墙砌墙开始到该层墙面抹灰完
C. 内墙砌筑高度为 1.2m 后开始搭设，到内墙面抹灰完
D. 内墙面砌筑高度为 1.2m 后开始搭设，到内墙面抹灰离楼地面 1.5m 时拆除。

4. 一般装修用的满堂红落地架子的立杆纵横间距是 D。
A. 1.5m　　B. 1.7m　　C. 1.8m　　D. 2.0m

5. 双排钢管脚手架，里排立杆离墙距离不大于 B。
A. 75cm　　B. 60cm　　C. 65cm　　D. 70cm

6. 扣件式钢管脚手架在搭设封顶时，其外排立杆顶端，平屋顶必须超过女儿墙顶 D，并绑扎两道护身栏，一道挡脚板，立挂安全网。
A. 0.7m　　B. 0.8m　　C. 0.9m　　D. 1.0m

7. 吊篮上所挂的立式安全网应用直径小于 A 的尼龙网或金属网。
A. 10cm　　B. 12cm　　C. 15cm　　D. 18cm

8. 吊篮里皮距建筑物 10cm 为宜，两吊篮之间间距不得大于 A。

A. 20cm　　B. 25cm　　C. 30cm　　D. 35cm

9. 搭设烟囱脚手架的十字撑四面均需绑到顶，斜杆与地面夹角不得超过60°，最下C应打腿戗。

A. 四步架　B. 五步架　C. 六步架　D. 七步架

10. 木井架立杆间距最大不得超过A，纵向水平杆间距为1.2～1.3m，最下一步纵向水平杆离地为1.7～1.8m。

A. 1.4m　　B. 1.5m　　C. 1.6m　　D. 1.7m

11. 滑模系统中的施工平台必须有可靠和必要的C。

A. 强度　　B. 刚度　　C. 强度及刚度　　D. 水平度

12. 飞模的护身栏必须高出台面D以上。

A. 0.8m　　B. 0.9m　　C. 1.0m　　D. 1.1m

13. 有一个四门滑车的容许荷载为200kN，每一个滑轮能承受的容许荷载为B。

A. 100kN　　B. 50kN　　C. 80kN　　D. 70kN

14. 有一个2400N的重物，被6根绳子的滑车组吊着，则每根绳子受力为物重的B。

A. 1/3　　B. 1/6　　C. 1/2　　D. 1/4

15. 用单机吊装旋转法起吊柱子时，其柱的平面布置要做到A，用此法吊装的柱受振动小，生产率较高。

A. 绑扎点，柱脚中心与柱基础杯口中心三点共弧

B. 绑扎点，基础杯口中心两点共弧

C. 绑扎点，柱脚中心两点共弧

D. 绑扎点，其础杯口中心与起重机起重半径共弧

16. 钢筋混凝土天窗架一般采用A，校正和临时固定可用缆风、木撑等。

A. 两点绑扎　　　　　　　B. 四点绑扎

C. 横吊梁，两点绑扎　　　D. 杉篙加固，两点绑扎

17. 滑模施工，其模板的滑升相应地可分为C三个阶段。

A. 试升、正常滑升、末升　B. 试升、初升、正常滑升

C. 初升、正常滑升、末升　D. 试升、初升、末升

18. 立脚手架，遇旁有开挖的沟槽时，应控制外立杆距沟边槽边的距离。当架高在 30m 以内时，其外立杆距沟边槽边的距离不小于D。

A. 1. 1m　　B. 1. 2m　　C. 1. 3m　　D. 1. 5m

19. 对于较大的挑檐、阳台和其他凸出部分，可用杆件搭设挑檐脚手架进行施工，挑出部分宽度不得大于D。

A. 2. 2m　　B. 2. 3m　　C. 2. 4m　　D. 1. 5m

20. 井架自地面C 以上的四周（出料口除外），应使用安全网或其他遮挡材料进行封闭，避免吊盘上材料坠落伤人。

A. 3m　　B. 4m　　C. 5m　　D. 2m

21. 班组 QC 小组，是以提高与改进工程质量及D 为重点，以班组自我控制和自我提高为宗旨，偏重于对质量影响因素的控制为主要特征，以班组为中心，以工人为主体的现场型的质量管理小组。

A. 提高效率　B. 安全生产　C. 节约开支　D. 降低消耗

22. 大跨度棚仓由于比较高大，为防止风力，搭设好后应在四角增设A。

A. 压风绳　　B. 固定桩　　C. 挡风棚　　D. 挡风板

23. 搭设挂架时，必须在砌体内根据使用挂架的形式和位置埋设好钢销片，其间距水平方向一般不大于A；竖直方向使用三角挂架时为 1. 8m 左右。

A. 2m　　B. 2. 2m　　C. 2. 4m　　D. 2. 5m

24. 里架子的容许负荷量一般为均布荷载，不超过D。

A. 2. 8kN/m^2　B. 2. 9kN/m^2　C. 3. 0kN/m^2　D. 2. 7kN/m^2

25. 挑架子的保安期限为C。

A. 外墙装饰施工的时间

B. 窗台装饰施工的时间

C. 屋面檐口部位装饰施工的时间

D. 外墙腰线装饰施工的时间

26. 搭设修缮落地外架子，其搭设高度为 30～50m 时，地面到架子顶部均用单立杆，其立杆纵向距离不应大于A。

A. 1.0m　　B. 1.2m　　C. 1.3m　　D. 1.4m

27. 钢管脚手架的十字撑间距每隔A立杆设一挡十字撑，十字撑占两个立杆挡，从下至上绑扎，要撑到地面，并与地面的水平夹角为60°。

A. 6根　　B. 7根　　C. 8根　　D. 9根

28. 扣件式钢管脚手架搭设时，必须掌握好扣件螺栓的扭力矩，要求扭力矩达到D为宜。

A. 3~4kN·m　　　　　B. 3.5~4kN·m

C. 4~4.5kN·m　　　　D. 4~5kN·m

29. 钢管脚手架搭设十字撑两端的扣件距邻近连接点不宜大于A，最下一对十字撑与立杆的连接点距地面不宜大于50cm。

A. 20cm　　B. 25cm　　C. 30cm　　D. 35cm

30. 用钢管为立杆的吊篮，立杆间距不准大于C。

A. 2m　　B. 2.2m　　C. 2.4m　　D. 2.5m

31. 悬挑平台的关键部位是A，它的材质及焊接质量必须符合要求。

A. 主梁　　　　　　B. 吊索

C. 钩挂吊索的吊环　　D. 底板

32. 木井架缆风绳的设置高度在A时，应在其顶角拉上缆风绳。

A. 10~15m　　B. 15~16m　　C. 16~17m　　D. 17~18m

33. 大模板的支撑机构，其作用是C。

A. 固定面板

B. 加强大模板的刚度

C. 承受水平荷载，防止大模板倾覆

D. 保证面板的垂直度

34. 井字架、龙门架等的进料口要有活动的开关门。天轮点高度至少高于建筑物D，并在滑道上距顶4m处加卷扬限位器。

A. 3m　　B. 4m　　C. 5m　　D. 6m

35. 滑车组上下滑车之间的最小距离要根据具体情况而定，一般为D。

A. 300～400mm   B. 400～500mm

C. 600～700mm   D. 700～1200mm

36. 吊车梁吊装时应对称绑扎，吊钩对准B，起吊后保持水平。

A. 吊装准线   B. 重心   C. 几何中心线   D. 轴线

37. 屋架安装时，吊索与水平线的夹角，翻身扶直时不宜小于60°，起吊时不宜小于D。

A. 30°   B. 35°   C. 40°   D. 45°

38. 工业厂房屋面板的安装应自C进行。

A. 屋脊向两边

B. 由屋脊向两边隔块

C. 两边檐口左右对称地逐块安向屋脊

D. 一边檐口逐块安向屋脊

39. 有一搭设架子用的杉篙，一头大一头小，其重心位于D。

A. 杉篙中间   B. 杉篙的几何中心上

C. 中向截面的圆心上   D. 偏向大头一端

40. 扣件式钢管脚手架用于排木的钢管长度以D为宜，以适应脚手架的宽度。

A. 1.8～2.1m   B. 1.9～2.2m

C. 2.3～2.5m   D. 2.1～2.3m

41. 钢管脚手架拆除顺序首先为B。

A. 护身栏→挡脚板   B. 安全网→护身栏

C. 安全网→挡脚板   D. 护身栏→安全网

42. 框组式脚手架搭设时，必须调整好脚手架的C和水平度，这对于确保脚手架的承载性能至关重要。

A. 基底夯实抄平   B. 第一步门架顶面标高

C. 垂直度   D. 上下门架竖杆之间

43. 用手扳葫芦升降吊篮时，必须增设一根直径为 12.5mm 的保险钢丝绳，以保证手扳葫芦发生打滑或B 时的安全。

A. 断裂　　B. 断绳　　C. 开口　　D. 扭转

44. 不准在C 以上大风或大雨、大雪天气从事露天作业，不准用运料井字架、吊篮载人上下。

A. 四级　　B. 五级　　C. 六级　　D. 七级

45. 常用各种圆木的两木搭的起重量与下列因素有关C。

A. 圆木的长短及其直径

B. 圆木的长短及其有效直径

C. 圆木的长短及其有效直径，人字拔杆和地面夹角

D. 圆木的长短及其直径，人字拔杆和地面夹角

46. 绘制楼层结构平面布置图首先画D。

A. 分板块线　　B. 墙厚　　C. 分门、窗口　　D. 定位轴线

47. 落地外架子的容许负荷量，一般情况下均布荷载不得超过D。

A. 4.5kN/m^2　　　B. 3.0kN/m^2

C. 5.5kN/m^2　　　D. 2.7kN/m^2

48. 吊架子的保安期限为D。

A. 1～2d　　B. 2～3d

C. 3～5d　　D. 外墙装饰的施工时间

49. 搭设大屋脊古建筑物的修缮架子，一般采用挑架子的方法，架子里排立杆距古建筑物外壁不小于D。

A. 20cm　　B. 30cm　　C. 40cm　　D. 50cm

50. 结构砌筑钢管脚手架排木之间的间距不大于A，排木端头不得顶墙，应距离墙 10～15cm。

A. 1.0m　　B. 1.1m　　C. 1.2m　　D. 1.3m

51. 扣件式钢管脚手架在三步架上无法支撑压栏子时，必须设连墙杆。要求每隔B 设一道连墙杆，而且上下必须错开，以加强脚手架的稳定性。

A. 二步　　B. 三步　　C. 四步　　D. 五步

52. 框式钢管脚手架纵向斜度不得超过总高度的C，横向倾斜度不得超过总高度的 1/200。

A. 1/300　　　B. 1/350　　　C. 1/400　　　D. 1/450

53. 吊篮所用的安全绳应用直径不小于D 的钢丝绳。

A. 8. 5mm　　　B. 9mm　　　C. 10. 5mm　　　D. 12. 5mm

54. 搭设烟囱外脚手架，其杉篙立杆的间距不大于A，钢管立杆的间距大于 1m，在井笼 1：3 和出口处的立杆间距不大于 2m。

A. 1. 4m　　　B. 1. 5m　　　C. 1. 6m　　　D. 1. 8m

55. 液压滑升模板中的操作平台系统，其主要作用是B。

A. 成型混凝土　　　　　B. 施工操作地点

C. 滑模向上滑升的动力　　　D. 提升模板

56. 滑模施工的滑升速度要根据施工工程的具体情况和混凝土的强度等级、气候条件等各种因素确定，一般平均速度应控制在C，即在 8h 内滑升 1. 6～2m。

A. 10～15cm/h　　　B. 15～20cm/h

C. 20～25cm/h　　　D. 25～30cm/h

57. 升板结构柱的断面尺寸偏差不得超过 ±5mm，侧向弯曲不得超过A。

A. 10mm　　　B. 12mm　　　C. 14mm　　　D. 16mm

58. 双门滑车的容许荷载是同直径单门滑车容许荷载的B。

A. 1 倍　　　B. 2 倍　　　C. 3 倍　　　D. 4 倍

59. 混凝土柱吊装前，应做好弹线工作，其柱顶应弹出C，作为对位校正的依据。

A. 柱子中心线　　　B. 屋架吊装线

C. 载面中心线　　　D. 吊装线

60. 屋架翻身和起吊的各支吊索拉力合力的作用点（绑扎中心）要高于D。

A. 上弦节点处　　　B. 下弦节点处

C. 腹杆中心　　　D. 屋架重心

61. 一个质量均匀的物体不论在什么地方，不论怎样安放，B 在物体内的位置是不变的。

A. 力的作用点　　B. 合力的作用点

C. 重力　　　　D. 中心

62. 如果起吊时没有选择好B，则在起吊后由于钢丝绳的受力不均就可能使设备或构件倾斜，翻转以致倾倒。

A. 轴中心　B. 重心位置　C. 支点　D. 力作用线

63. 高层建筑中当建筑物层高低于 3m，房屋的柱、梁、剪力墙为现浇钢筋混凝土结构时，可选用A。

A. 三角形钢架架子形式

B. 悬挑一次搭设扣件式钢管架子形式

C. 吊篮架子形式

D. 桥式架子形式

64. 屋面用的挑檐脚手架，在使用时必须严格控制施工荷载，一般每平方米不得超过A，如需承受较大荷载时，应采取加强措施。

A. 100kg　　B. 120kg　　C. 150kg　　D. 200kg

65. 夜间施工的照明线通过钢脚手架时，应使用电压不超过A 的低压电源。

A. 12V　　　　B. 15V　　　C. 16V　　　　D. 36V

66. 严格执行D，做到本工序质量不合格不交工，上道工序不符合要求不进行下道工序施工，保证每道工序达到标准。

A. 自检制度　B. 互检制度　C. 隐检制度　D. 交检制度

67. 梁的起吊就位一般用垫铁垫平即可，但当梁的高度与宽度之比大于D 时，则应用 8 号铁丝将梁捆绑住，以防倾倒。

A. 2　　　B. 3　　　C. 3.5　　　D. 4

68. 人字拔杆是在距离圆木或钢管的C 左右的交叉处，用四分钢丝绳捆绑而成，并在交叉处悬挂起滑车组。

A. 30cm　　B. 40cm　　C. 50cm　　D. 60cm

69. 房屋结构在建筑施工和使用过程中要承受各种力的作

用，在工程中称这些力为D。

A. 作用力　　B. 反作用力　　C. 重力　　D. 荷载

70. 挂架子的容许负荷是C。

A. 0.5～1.0kN/m^2

B. 0.5～1.2kN/m^2

C. 按上人及零星工具的重量

D. 堆放三层砖，每层 12 块

71. 一般情况下，落地外脚手架的保安期为D。

A. 不少于两年半　　　B. 一年内

C. 不少于两年　　　　D. 不少于一年

72. 搭设古建筑修缮屋面用的挑檐架子，防护栏杆应高出檐口D。

A. 0.5m　　B. 0.7m　　C. 0.8～1.0m　　D. 1～1.5m

73. 结构砌砖钢管脚手架的顺水杆之间的间距不超过A。

A. 1.2m　　B. 1.3m　　C. 1.4m　　D. 1.5m

74. 搭设单排扣件式钢管脚手架在梁或梁垫下及其左右各A的范围内不得安放排木。

A. 50cm　　B. 60cm　　C. 70cm　　D. 80cm

75. 为了防止框式钢管脚手架倾倒，要每相隔B 榀框架设置连墙杆，并与墙拉接牢固。

A. 2～3　　B. 3～4　　C. 4～5　　D. 5～6

76. 里皮不能绑防护栏的吊篮，必须与建筑物拉牢固定，吊篮里皮与建筑物的间距不得大于A。

A. 20cm　　B. 25cm　　C. 28cm　　D. 30cm

77. 搭设挂架时，要注意在门窗洞口两侧A 范围内不能设挂架。

A. 18cm　　B. 20cm　　C. 22cm　　D. 25crn

78. 搭设烟囱脚手架，其主杆的搭接长度不小于D，并要绑三道铁丝，接头要互相错开，不能在同一步架内。

A. 1.2m　　B. 1.3m　　C. 1.4m　　D. 1.3m

79. 大模板楼板安装要求混凝土墙体达到B，常温下要养护36h，冬期施工时还要长一些。

A. 3MPa　　B. 4MPa　　C. 5MPa　　D. 6MPa

80. 升板结构柱子吊装就位后，柱底中线与轴线偏差不得超过5mm，柱顶竖向偏差不得超过柱长的A，同时也不得大于20mm。

A. 1/1000　　B. 1/1200　　C. 1/1400　　D. 1/1500

81. 结构吊装梁柱脚手架的宽度不得小于D，两侧必须绑两道护身栏，满铺脚手板。

A. 30cm　　B. 40cm　　C. 50cm　　D. 60cm

82. 导向滑车的作用，只能C。

A. 省力　　　　　　　　B. 改变速度

C. 改变钢丝绳的运动方向　　D. 改变方向并省力

83. 混凝土柱的吊装强度一般不低于设计强度的C。

A. 50%　　B. 60%　　C. 70%　　D. 80%

84. 一般屋架用单机吊装。吊装时，先将屋架吊离地面约50cm，然后将屋架吊至吊装位置的下方，起吊钩将屋架吊至超过柱顶约B，然后将屋架缓降至柱顶，进行对位。

A. 20cm　　B. 30cm　　C. 35cm　　D. 40cm

85. 若高层房屋围护结构采用砖砌体，装饰工程贴面砖等施工荷载较大时，宜用A。

A. 扣件式钢管架子形式　　B. 吊篮架子形式

C. 框式钢管架子形式　　　D. 桥式架子形式

86. 民用房屋楼板的安装顺序，一般从B铺设。

A. 中间向两端　　B. 一端向另一端一间一间地

C. 中间向一端　　D. 一端向另一端隔间

87. 在搭设钢管上料平台架时，在平台架的纵向外侧A设一水平拉杆，在平台架里面即内排立杆间，每两步设一水平拉杆。

A. 每一步　　B. 每两步　　C. 每三步　　D. 每四步

88. 钢脚手架需要穿过靠近380V以内的电力线路，距离在

<u>B</u> 以内时，在架设和使用期间应断电或拆除电源。

A. 1. 5m   B. 2m   C. 2. 5m   D. 4m

89. 工程质量等级，按照国家标准规定，划分为<u>C</u>两个级别。

A. 不合格与合格   B. 不合格与优良

C. 合格与优良   D. 可使用与不可使用

90. 对于重叠生产的楼板，往往没有吊环，则用兜索起吊。兜索应对称设置，吊索与板的夹角必须大于<u>D</u>。

A. 45°   B. 50°   C. 55°   D. 60°

91. 两木搭制作时，其两根桅杆的相交角度不宜太小和太大，一般为<u>B</u>左右。角度太小，两木搭就不稳定；角度太大，桅杆的受力就大，就会降低起重的能力。

A. 45°   B. 55°   C. 35°   D. 40°

92. 扣件式钢管脚手架所用的钢管规格尺寸<u>A</u>。

A. $\phi 48 \times 3.5$ 或 $\phi 51 \times 1.5$ B. $\phi 38 \times 2.5$

C. $\phi 50 \times 1.5$ D. $\phi 48 \times 1.5$

93. 横向水平杆的长度宜为<u>A</u>

A. 2200mm   B. 3000mm   C. 3500mm   D. 4000mm

94. 纵向水平杆的最长度应为<u>A</u>。

A. 6500mm   B. 5000mm   C. 4500mm   D. 4000mm

95. 扣件式钢管脚手架所用的扣件应采用<u>D</u>。

A. 钢板式压制扣件

B. 可铸铁扣件

C. 抗氧化金属扣件

D. 材质符合国标钢管脚手架扣件 GB15831 规定的可锻铸铁制作的扣件

96. 在脚手架主节点处必须设置一根小横杆，用三角扣件扣紧，且严禁拆除，这是因为<u>B</u>。

A. 横向水平杆是构成脚手架整体刚度的必不可少的杆件

B. 横向水平杆是承受竖向荷载的重要受力构件，又是保证

脚手架的整体刚度的不可缺少的杆件

C. 横向水平杆是承受竖向荷载的重要受力构件

D. 横向水平杆能防止脚手架横向侧移

97. 为计算简便，并确保安全，对脚手架立杆要求B。

A. 仅按压弯杆计算

B. 既按轴心压杆又按压弯杆计算

C. 仅按压弯杆计算

D. 既不按轴心压杆又不按压弯杆计算

98. 计算纵向或横向水平杆与立杆的连接扣件抗滑载力时，应采用扣件抗滑承载力的设计值。其值为C。

A. 3.2kN   B. 6kN   C. 8kN   D. 10kN

99. 计算纵向水平杆的内力和拱度时，应按C。

A. 两端固接的单跨梁计算   B. 两跨直接梁计算

C. 三跨连续梁计算   D. 三跨直接梁计算

100. 已知双排架连墙件间距竖向为 H_1，水平向为 L_1，风荷载标准值 W_K，则此脚手架连墙件所受水平力设计值为C。

A. $H_1 \times L_1 \times W_K \times 3kN$ B. $1.4H_1 \times L_1 \times W_K \times 8kN$

C. $1.4H_1 \times L_1 \times W_K \times 5kN$ D. $1.4H_1 \times L_1 \times W_K \times 3kN$

101. 当脚手架采用竹笆板时，纵向水平的间距应满足以下要求A。

A. 等间距设置，间距不大于 400mm

B. 间距不大于 400mm

C. 间距不大于 500mm

D. 间距不小于于 200mm

102. 脚手架作业层上非主节点处横向水平设置应满足要求B。

A. 宜等间距设置，间距不大于纵距离的 1/3

B. 宜等间距设置，间距不大于纵向间距的 1/2

C. 宜等间距设置，间距不于 1 倍

D. 宜等间距设置，间距不大于纵向间距的 1/3

103. 单排脚手架的横向水平杆的设置应满足要求D。

A. 一端应用直角扣件固定在纵向水平杆上，另一端应插入墙内，插入长度不小于150mm

B. 一端插入墙内长度不小于180mm

C. 一端插入墙内长度不小于150mm

D. 一端应用直角扣件固定在纵向水平杆上，另一端应插入墙内，插入长度不小于180mm

104. 脚手架作业层的脚手板铺设B。

A. 可以不满铺　　　B. 应满铺铺稳

C. 可以不铺稳　　　D. 必须满铺铺稳

105. 冲压钢脚手板对接平铺时，接头处构造应满足D要求。

A. 接头处必须设一根横向水平杆

B. 接头处可以不设横向水平杆

C. 接头处必须设两根横向水平杆，脚手板处伸长度应取130～150mm，且两块脚手板处伸长度之和不大于250mm

D. 接头处必须设两根横向水平杆，脚手板处伸长度应取130～150mm，且两块脚手板处伸长度之和不大于300mm

106. 脚手板搭接铺设时，接头必须支在横向水平杆上，搭接长度和伸出横向水平杆的长度，应分别为A。

A. 大于200mm 和不小于100mm

B. 大于80mm 和不小于50mm

C. 大于200mm 和不小于200mm

D. 大于250mm 和不小于300mm

107. 脚手架底层步距不应A。

A. 大于1m　　B. 大于2m　　C. 大于3m　　D. 大于4m

108. 有一双排脚手架，搭设高度为48m，步距 $K = 1.5$m，跨距 $T_a = 1.8$m，此脚手架连墙件布置最大竖向间距和最大水平间距还应不大于C。

A. 竖向6m，水平向4m

B. 竖向4m，水平向4m

C. 竖向 4.5m，水平向 5.4m

D. 竖向 5.4m，水平向 4.5m

109. 连墙件应靠近主节点设置，这是为了 <u>A</u>。

A. 保证连墙件对脚手架起到约束作用

B. 保证连墙件对脚手架起到安全作用

C. 便于立杆接头

D. 便于施工

110. 连墙件设置要求是 <u>B</u>。

A. 应靠近主节点，偏离主节点的距离不应大于 600mm

B. 应靠近主节点，偏离主节点的距离不应大于 300mm

C. 应远离主节点，偏离主节点的距离不应大于 600mm

D. 应远离主节点，偏离主节点的距离不应大于 300mm

111. 对一口型、开口型脚手架连墙件的设置规定 <u>B</u>。

A. 是相同的   B. 更为严格有专条规定

C. 要求较低   D. 没有具体要求

112. 高度 24m 上的双排脚手架连墙件构造规定为 <u>B</u>。

A. 可以采用刚性连墙件与建筑物可靠连接和固定

B. 必须采用刚性连墙件与建筑物可靠连接和固定

C. 可以采用仅有拉筋的柔性连墙件

D. 必须采用仅有拉筋的柔性连墙件

113. 连墙件必须 <u>D</u>。

A. 采用能承受压力的构件

B. 采用可承受拉力的构件

C. 采用可承受压力或拉力之一的构件

D. 采用可承受压力和拉力的构件

114. 剪刀撑的设置宽度 <u>A</u>。

A. 不应于小 4 跨，且不应小于 6m

B. 不应小于 2 跨，且不应小于 5m

C. 不应小于 6 跨，且不应小于 8m

D. 不应小于 6 跨，且不应小于 7m

115. 剪刀撑斜杆与地面的倾角宜D。

A. 0°~15°之间　　　　B. 15°~25°之间

C. 30°~45°之间　　　D. 45°~60°之间

116. 剪刀撑斜杆用旋转扣件固定在与其相交的横向水平杆伸出端或立杆上，旋转扣件中心线至主节点的距离不应B。

A. 小于100mm　　B. 大于150mm

C. 大于200mm　　D. 大于300mm

117. 运料斜道的宽度和坡度的规定是B。

A. 不宜小于0.8m和宜采用1:6

B. 不宜小于1.5m和宜采用1:6

C. 不宜小于0.5和宜采用1:1.5

D. 不宜小于1.0和宜采用1:1.5

118. 双排脚手架横向水平杆靠墙一端至墙饰面的距离不宜D。

A. 大于50mm　　　　B. 大于100mm

C. 大于200mm　　　D. 大于400mm

119. 脚手架施工荷载按均荷载计算取值共分为A。

A. 承重架 $3kN/m^2$，装修架 $2kN/m^2$

B. 承重架 $1kN/m^2$，装修架 $1kN/m^2$

C. 承重架 $5kN/m^2$，装修架 $4kN/m^2$

D. 承重架 $4kN/m^2$，装修架 $4kN/m^2$

120. 当脚手架基础下有设备基础、管沟时，在脚手架使用过程中不应开挖，否则A。

A. 必须采取架固措施

B. 开挖基础易悬空

C. 可以开挖，不采取加固措施

D. 可以开挖，是否采取加固措施视情况而定

121. 脚手架搭设时，应遵守B。

A. 一次搭设高度不应超过相邻连墙件以上一步

B. 一次搭设高度不应超过相邻连墙件以上两步

C. 一次搭设高度超过相邻连墙件以上四步

D. 一次搭设高度不受限制

122. 开始搭设立杆时，应遵守下列规定<u>A</u>。

A. 每隔六跨设置一根抛撑，直至连墙件安装稳定后，方可拆除

B. 搭设主杆时，不必设置抛撑，可以一直搭到顶

C. 待立杆搭设完后，再安装连墙件

D. 搭设立杆时，不必设置抛撑，可以一直搭到顶

123. 纵向水平杆的对接扣件应符合下列规定<u>A</u>。

A. 应交错布置，两根相邻杆的接头，在不同步或不同跨的水平水向错开距离应不小于500mm，各接头中心距最近的主节点距离不大于纵距的1/3

B. 两根相邻的接头，应在同一步和同一跨内布置

C. 两根相邻的接头，可在同一竖向平面内

D. 两根相邻的接头，可在同一水平向平面内

124. 各类杆件端头伸出扣件盖板边缘的长度，应为<u>B</u>。

A. 80mm   B. 100mm   C. 150mm   D. 200mm

125. 脚手架拆除时，必须是<u>D</u>。

A. 可以上下同时拆除

B. 应先全部拆除连墙件

C. 可以自下而上逐层进行

D. 必须由上而下逐层进行，严禁上下同时作业

126. 当脚手架采用分段，分立面拆除时，对不拆除的脚手架应<u>A</u>。

A. 应在两端按规定设置连墙件和横向斜撑加固

B. 不必设连墙件

C. 设置卸荷措施

D. 不作处理

127. 扣件拧紧抽样检查的数目及质量制定标准为<u>A</u>。

A. 连接横向水平杆与纵向水平杆的扣件，每51～90个应抽

检 5 个允许 1 个不合格

B. 1000 个扣件以内，不必抽检

C. 每抽查时，允许有 30% 不合格

D. 每抽查时，允许有 10% 不合格

128. 脚手架上各构配件拆除时<u>A</u>。

A. 严禁抛掷至地面   B. 可以抛掷在地面

C. 可以捆绑后抛掷到地面 D. 任意处理

129. 双排脚手架应设置<u>A</u>。

A. 剪刀撑与横向斜撑 B. 剪刀撑

C. 横向斜撑   D. 都不需要

130. 脚手架上门洞桁架下的两侧立杆应<u>D</u>。

A. 为双立杆

B. 为单杆

C. 为双立杆，但副立杆只需搭设一步架的高度

D. 为双管立杆，副立杆应高于门洞口的 1~2 步

131. 高度在 24m 以上的单、双排脚手架，均应在外侧立面设剪刀撑其规定为<u>D</u>。

A. 剪刀撑不要从底至上连续设置

B. 剪刀撑的设置没有规定，可随便设置

C. 两端各设一道，并从底到上连续设置，中间每道剪刀撑净距不应大于 10m

D. 两端各设一道，并从底到上连续设置，中间每道剪刀撑净距不应大于 15m

132. 脚手架的人行斜道和运料斜道应设防滑条，其距离为<u>C</u>。

A. 50~100mm B. 100~200mm

C. 205~300mm D. 300~400mm

133. 遇有<u>D</u>以上强风，不得进行露天攀登与悬空高处作业。

A. 3 级 B. 4 级 C. 5 级 D. 6 级

134. 移动式操作平台的面积不应超过<u>B</u>。

A. 5m²   B. 10m²   C. 15m²   D. 20m²

135. 钢平台安装时，钢丝绳应采用专用的挂钩挂牢，采用其他方式时卡头的卡子不得少于<u>B</u>。

A. 1 个   B. 3 个   C. 5 个   D. 7 个

136. 建筑工程外脚手架外侧采用全封闭立网，其密度不应低于<u>C</u>。

A. 800 目/100cm²   B. 1000 目/100cm²

C. 2000 目/100cm²   D. 3000 目/100cm²

137. 钢模板部件拆除时，临时堆放处与楼层边沿的距离不应小于<u>B</u>。

A. 0.8m   B. 1m   C. 1.5m   D. 2m

138. 高度超过<u>B</u>的层次以上的交叉作业，凡人员进出的通道口应设双层安全防护棚。

A. 18m   B. 24m   C. 28m   D. 32m

139. 建筑施工进行高处作业之前，应进行安全防护设施的<u>B</u>和验收。

A. 局部检查   B. 逐项检查   C. 总体检查   D. 抽样检查

140. 悬挑式钢平台的搁支点与上部拉结点，必须位于<u>B</u>。

A. 脚手架   B. 建筑物   C. 施工设备   D. 连体墙

141. 悬挑钢平台左右两侧必须装置<u>B</u>的防护栏杆。

A. 临时   B. 固定   C. 活动   D. 永久

142. 支模、粉刷砌墙等各工种进行立体交叉作业时，不得在<u>A</u>方向上操作。

A. 同一垂直   B. 同一横面   C. 不同垂直   D. 同一水平

143. 由于上方施工可能坠落物件或处于起重机把杆回转范围之内的通道，在其要影响的范围内，必须搭设<u>D</u>。

A. 单层防护网

B. 双层防护网

C. 顶部能防止穿透的单层防护廊

D. 顶部能防止穿透的双层防护廊

144. 装设轮子的移动操作平台，轮子与平台的接合处应牢固可靠，立杆底端与地面的距离不得超过C。

A. 40mm　　B. 60mm　　　C. 80mm　　D. 100mm

145. 雨天和雪天进行高处作业时，必须采取可靠的防滑、防寒和C措施。

A. 防水　　B. 防尘　　　C. 防冻　　　D. 防摔

146. 防护棚搭设与拆除时，应设警戒区和派专人监护，严禁D拆除。

A. 由木工　B. 由非架子工　C. 从上而下　D. 上下同时

147. 坡度大于1∶2.2的层面，防护栏杆应设置C高。

A. 0.5m　　B. 1m　　　C. 1.5m　　D. 2m

148. 当在基坑四周固定时，栏杆柱可采用钢管并打入地面C。

A. 40~60cm　B. 60~80cm　C. 50~70cm　D. 70~90cm

149. 栏杆柱的固定及其横杆的连接，其整体构造应防护栏杆在上杆任何处，能经受住任何方向的B的外力。

A. 800N　　B. 1000N　　C. 1200N　　D. 1500N

150. 防护栏杆以必须自上而下用安全立网封闭，或在栏杆下边设置严密固定的高度不低于B的挡脚板。

A. 16cm　　B. 18cm　　C. 20cm　　　D. 22cm

151. 电梯井口必须设防护栏杆或固定栅门，电梯井内应每隔两层并最多隔B设一道安全网。

A. 8m　　B. 10m　　　C. 12m　　　D. 15m

152. 楼板、屋面和平台等面上短边尺寸小于B，但大于2.5cm的孔口必须用坚实的盖板盖设。

A. 20cm　　B. 25cm　　　C. 30cm　　　D. 35cm

153. 边长为A洞口，必须设置以扣件扣接钢管而成的网格，并在其上满铺竹笆或脚手板。

A. 50~150cm　　　B. 40~100cm

C. 80~200cm　　　D. 100~200cm

154. 墙面等处的竖向洞口，凡落地的洞口应加装固定式的防护门，门栅格的间距不应大于C。

A. 13cm　　B. 14cm　　C. 15cm　　D. 16cm

155. 下边沿至楼板或底面低于 80cm 的窗台竖向洞口，如侧边落差大于 2m 时，应加设多高的临时护栏C。

A. 0.8m　　B. 1.0m　　C. 1.2m　　D. 1.5m

156. 位于车辆行驶道旁的洞、深沟与管道坑、槽，所加盖板应能承受不小于当地额定卡车后轮有效承载力B 位的荷载。

A. 1　　B. 2　　C. 3　　D. 4

157. 攀登的用具结构构造上必须牢固可靠，供人上下的踏板其使用荷载不应大于B。

A. 1000N　　B. 1100N　　C. 1200N　　D. 1300N

158. 梯脚底部应坚实，不得垫高使用，立梯工作角度以B 为宜。

A. 60°±5°　B. 75°±5°　C. 80°±5°　D. 45°±5°

159. 拆梯使用时上部夹角以B 为宜，并应有可靠的拉撑措施。

A. 30°~40°　B. 35°~45°　C. 40°~50°　D. 45°~55°

160. 使用直爬梯进行攀登进行作业时，攀登高度为B 高为宜。

A. 4m　　B. 5m　　C. 6m　　D. 7m

161. 支设高度在B 以上的柱模板，四周应设斜撑，并应设立操作平台。

A. 2m　　B. 3m　　C. 4m　　D. 5m

162. 张拉钢筋的两端必须设置挡板，挡板应距所张拉钢筋的端部C。

A. 0.5~1.0m　　　B. 1.0~1.5m

C. 1.5~2.0m　　　D. 2.0~2.5m

163. 进行各项窗口作业时，操作人员的重心应位于C。

A. 室内　B. 室外　C. 必须在窗口　D. 室内室外均可

164. 混凝土浇筑的高空作业，如不可靠的安全措施，必须系好安全带并<u>B</u>，或设安全网。

A. 戴安全帽　　　B. 扣好保险钩

C. 穿防滑鞋　　　D. 戴防滑手套

165. 安装管道时必须有已完的结构或操作平台为立足点，严禁在安装中的管道上<u>B</u>。

A. 站立　　　B. 站立和行走　　　C. 行走　　　D. 站立或行走

166. 各种垂直运输接料平台，除两侧设防护栏杆外，平台口还应设置<u>B</u>或活动防护栏杆。

A. 竹笆　　　　　　B. 牢固的安全门

C. 安全门与围栏　　D. 竹笆与围栏

167. 分层施工楼梯口，必须安装临时护栏，顶层楼梯口应随工程的结构进度必须安装<u>A</u>。

A. 正式防护栏杆　　B. 安全立网

C. 临时护栏　　　　D. 安全门

168. 临边防护栏杆采用钢筋作杆件时，上杆直径不应小于16mm，下杆直径不应小于14mm，栏杆柱直径不应小于<u>C</u>。

A. 14mm　　B. 16mm　　　C. 18mm　　　D. 20mm

169. 梯子如需接长使用，必须有可靠的连接措施，连接后梯梁的强度，不应低于<u>B</u>。

A. 单梯梁强度90%　　　　　B. 单梯梁强度的100%

C. 单梯梁强度的110%　　　　D. 单梯梁强度的120%

170. 上下梯子时，必须<u>B</u>梯子，且不得持器物。

A. 背向　　　B. 正面面向　　　C. 左侧向　　　D. 右侧向

171. 密目式安全网每 10mm × 10mm = 100mm² 面积上有<u>C</u>个以上的网目。

A. 1000　　　B. 1500　　　C. 2000　　　D. 2500

172. 安全帽耐冲击试验，传递到头模上的力不应超过<u>B</u>。

A. 400kg　　B. 500kg　　　C. 600kg　　　D. 700kg

173. 安全带的极度年限为<u>C</u>。

A. 1~2 年　　B. 2~3 年　　　C. 3~4 年　　　D. 3~5 年

174. 对接扣件的抗滑承载力设计值为B。

A. 2.8kN　　B. 3.2kN　　C. 3.8kN　　D. 4.2kN

175. 直角扣件，旋转扣件的抗滑承载能力设计值为C。

A. 30kN　　B. 40kN　　C. 50kN　　D. 60kN

176. 扣件式钢管的底座，其抗力承载力设计值为A。

A. 10kN　　B. 30kN　　C. 50kN　　D. 70kN

177. 楼板模板及其支架定型组合钢模板自重标准值为C。

A. 0.5kN/m² B. 1.1kN/m² C. 1.5kN/m² D. 2.0kN/m²

178. 钢模板及其支架的荷载设计值可乘以系数B。

A. 0.75　　B. 0.95　　C. 1.05　　D. 1.15

179. 当验算模板及其支架的刚度时，结构表面外露的模板，为模板构件计算跨度的B。

A. 1/200　　B. 1/250　　C. 1/300　　D. 1/350

180. 木支架要压杆除满足计算需要外，直梢直径不得小于C。

A. 40mm　　B. 50mm　　C. 60mm　　D. 70mm

181. 模板结构受压构件长细比：支架立柱及木行架不应大于D。

A. 80　　B. 100　　C. 120　　D. 150

182. 受拉构件长细比：钢、木杆件分别不应大于B。

A. 450、300 B. 350、250 C. 250、150 D. 350、200

183. 支架立柱为群柱架时，高宽比不应大于B。

A. 4　　B. 5　　C. 6　　D. 7

184. 门架使用可调支座时，调节螺杆伸缩长度不得大于C。

A. 100mm　　B. 150mm　　C. 200mm　　D. 250mm

185. 现浇钢筋混凝土梁板，起拱时的跨度不应大于B。

A. 2m　　B. 3m　　C. 4m　　D. 5m

186. 横板及其支架在安装过程中，必须设置B。

A. 保证工程质量措施　　B. 有效防倾覆的临时固定设施

C. 保证节约材料计划　　D. 保证施工安全的临时固定设施

187. 当设计无具体要求时，起拱高度可为全跨度的A。

A. 1/1000～3/1000　　　B. 1/9000～3/9000

C. 1/1200～3/1200　　　D. 1/3000～3/3000

188. 模板安装作业必须搭设脚手架的最低高度为B。

A. 1. 8m　　B. 2. 0m　　C. 2. 5m　　D. 3. 0m

189. 吊运大块或整体模板时，竖向吊运不少于B。

A. 一个点　　B. 两个点　　C. 三个点　　D. 四个点

190. 水平吊运整体模板不少于B。

A. 两个点　　B. 四个点　　C. 六个点　　D. 八个点

191. 垂直支架柱应保证其垂直，其垂直允许偏差，当层高不大于 5m 时为B。

A. 5mm　　B. 6mm　　C. 7mm　　D. 8mm

192. 模板支架采用伸缩式桁架时，其搭接长度不得少于B。

A. 400mm　　B. 500mm　　C. 600mm　　D. 700mm

193. 采用扣件式钢管脚手架作立柱支撑时，立柱必须设置纵横向扫地杆，纵上横下，使直角扣件与立杆扣牢须在离地B。

A. 150mm 处　　B. 200mm 处　　C. 250mm 处　　D. 300mm 处

194. 扣件钢管脚手架作组合式构柱使用时，立柱间距不得大于B。

A. 0. 5m　　B. 1. 0m　　C. 1. 5m　　D. 2. 0m

195. 支架立柱及桁架的受压物体，其长细比不应大于B。

A. 130　　B. 140　　C. 150　　D. 160

196. 用木杆作受压立杆时，除满足构造和计算需要外，其梢径不得小于B。

A. 50mm　　B. 60mm　　C. 70mm　　D. 80mm

197. 木料应堆放于下风向，离火源不得小于B。

A. 25m　　B. 30m　　C. 35m　　D. 40m

198. 钢管的支架立柱为群柱架时，其高宽比若大于C 时，就应架设抛撑或缆风绳来保证该方向的稳定。

A. 4　　B. 4.5　　C. 5　　D. 5.5

199. 露天模板结构，弹性模量应乘以折减系数<u>A</u>。

A. 0.8　　B. 0.9　　C. 1.0　　D. 1.1

200. 木材含水率小于25%时，强度设计值乘以提系数<u>C</u>。

A. 4.10　　B. 5.10　　C. 6.10　　D. 7.10

201. 在悬空部位作业时，操作人员应<u>B</u>。

A. 遵守规范　　B. 系好安全带　　C. 戴安全帽　　D. 穿防滑鞋

202. 滑动模板支承杆一般用直径<u>B</u>的圆钢或螺纹钢制成。

A. φ20　　B. φ25　　C. φ30　　D. φ35

203. 麻绳的许用拉力是正常使用的允许承受的<u>A</u>。

A. 最大拉力　　B. 拉力　　C. 拉断力　　D. 极限拉力

204. 扣件钢管脚手架作组合式结构柱使用时，主立杆间距不得大于1m，纵横杆间距不得大于1m，纵横杆间距不应大于<u>C</u>。

A. 0.8m　　B. 1.0m　　C. 1.2m　　D. 1.5m

205. 门架的跨度和间距应按设计规定布置，但间距空不小于<u>C</u>。

A. 0.8m　　B. 1.0m　　C. 1.2m　　D. 1.5m

206. 斜支撑与侧模的夹角不小于<u>D</u>。

A. 30°　　B. 35°　　C. 40°　　D. 45°

207. 安装电梯井内墙模前，满铺一层脚手板，必须于板底下<u>C</u>。

A. 10mm　　B. 15mm　　C. 20mm　　D. 25mm

208. 麻绳安全使用的主要参数是<u>C</u>。

A. 最大拉力　B. 最小拉力　C. 许用的拉力　D. 极限拉力

209. 吊篮和捆御用的钢丝绳的安全系数是<u>B</u>。

A. 6　　B. 8　　C. 10　　D. 12

210. 钢丝绳的安全系数是<u>D</u>。

A. 钢丝绳破断拉力与最小拉力的比

B. 钢丝绳拉力与破断拉力的比

C. 随意确定

D. 钢丝绳破断拉力与允许拉力的比

211. 吊装中的主要绳索是A。

A. 钢丝绳　　B. 麻绳　　C. 链条　　D. 化学纤维绳

212. 吸水率低时对温度的变化较敏感的绳，是D。

A. 钢丝绳　　B. 麻绳　　C. 链条　　D. 化学纤维绳

213. 多次弯曲造成C是钢丝绳破坏的主要原因之一。

A. 拉伸　　B. 扭转　　C. 弯曲疲劳　　D. 疲劳破坏

214. 连接力强的标准绳夹是C。

A. U形绳夹　B. L形绳夹　C. 骑马式绳夹　D. 普通绳夹

215. 起重桅杆拉索与地面的夹角一般为C。

A. 0°~15°　B. 15°~30°　C. 30°~45°　D. 45°~60°

216. 起重作业中除了C外均可地锚来固定。

A. 缆风绳　　B. 卷扬机　　C. 多用动滑轮　　D. 吊车

217. 使用滑轮的直径，通常不得小于钢丝绳直径的D倍。

A. 8　　B. 10　　C. 15　　D. 16

218. 在桅杆起重吊装过程中，工作绝对禁止碰撞C。

A. 索具　　B. 吊具　　C. 起重桅杆　　D. 卷扬机

219. 建筑拆除工程的施工方法有人工拆除、机械拆除和C三种。

A. 爆炸拆除　B. 工具拆除　C. 爆破拆除　D. 静力拆除

220. 拆除施工采用的脚手架，C必须由专人搭设，要等有关人员验收合格后，方可作业。

A. 工具　　B. 索具　　C. 安全网　　D. 横杆与立杆

221. 拆除施工严禁主体C，水平作业时，各工种间应有一定的安全距离。

A. 混合　　B. 多工种　　C. 交叉作业　　D. 流水作业

222. 作业人员必须配备相应的C用品并正确使用。

A. 安全帽　B. 个人劳动保护　C. 安全带　D. 安全网

223. 高架作业人员基本职业道德是B。

A. 爱岗尽责，文明守则　　　B. 干一行，爱一行

C. 爱护公共财物　　　　　　D. 兢兢业业

224. 凡在坠落高度基准面A 以上有可能坠落的高处进行的作业均称为高处作业。

A. 1. 0m　　B. 1. 5m　　C. 2. 0m　　D. 2. 5m

225. 高处作业中，高度在大于C 时，为特级高处作业。

A. 20m　　B. 25m　　C. 30m　　D. 35m

226. 高处作业局部照明的电源电压不大于C。

A. 12V　　B. 24V　　C. 36V　　D. 220V

227. B 应对拆除工程的安全技术管理负直接责任。

A. 建设单位　B. 施工单位　C. 监理单位　D. 设计单位

228. A 应对拆除作业的人员依法办理意外伤害保险。

A. 施工单位　B. 建设单位　C. 监理单位　D. 设计单位

229. 根据起重作业中的"十不吊"要求，下列不正确的选项是B 项。

A. 起吊吨位不明　　　B. 六级以下大风

C. 工件埋在地下　　　D. 指挥不明

230. 附着升降脚手架架体水平支承跨度 L 采用直线布置时，L 应不大于Dm；采用折线或曲线布置时，L 应不大于Dm。

A. 5，2. 4　　B. 6，3. 4　　C. 7，4. 4　　D. 8，5. 4

231. 附着升降脚手架在使用过程中，架体的悬臂高度 A 应不大于架体高度的D。

A. 1/5　　B. 2/5　　C. 3/5　　D. 4/5

232. 附着升降脚手架架体高度 U 与水平支承宽度 L 的乘积应不大于Bm^2。

A. 90　　　B. 100　　　C. 110　　　D. 120

233. 附着升降脚手架架体结构的外立面必须沿架体全高搭设剪刀撑，剪刀撑跨度不大于Cm，其水平夹角为C。

A. 8，65～80°　　　B. 7，55～70°

C. 6，45～60°　　　D. 5，35～50°

234. 附着升降脚手架架体外侧的剪刀撑接长应采用搭接，搭接长度不小于<u>C</u>m，搭接处应采用<u>C</u>个旋转扣件扣紧。

A. 0. 5，1　　B. 0. 8，2　　C. 1，3　　D. 1. 5，4

235. 附着升降脚手架架体的悬挑端及架体平面的转角处，其悬挑长度超过<u>C</u>时，应以竖向主框架为中心成对设置对称斜拉杆。

A. 1/2　　B. 1/3　　C. 1/4　　D. 1/5

236. 两根截面积、长度及承受的轴向拉力均相等的直杆，只是构成的材料不同，那么对它们的强度分析正确的是<u>A</u>。

A. 材料不同，则强度不同

B. 应力相同，则强度相同

C. 截面积相同，则强度相同

D. 轴向拉力相同，则强度相同

237. 起重作业中的安全电压下列正确的选项是<u>D</u>项。

A. 1500V、380V　　　　B. 6000V、380V

C. 380V、220V　　　　D. 36V、12V

238. 在平面中，力矩为零的条件是<u>D</u>。

A. 作用力为零　　　　　　B. 力臂为零

C. 作用力和力臂均不为零　　D. 作用力和力臂均为零

239. 当层高大于 5m 时，宜采用<u>A</u>、钢管立柱模板支架系统。

A. 桁架支撑　　B. 竹立柱　　C. 木立柱　　D. 塑钢支架

240. 机动车在铁路沿线作业时，必须在铁路外方<u>B</u>以外，方可进行作业。

A. 1m　　B. 1. 5m　　C. 2m　　D. 2. 5m

241. 单面梯子与地面夹角为<u>D</u>为宜，禁止两人同时在同一梯子上作业。底脚要有防滑措施。

A. 30～40°　　B. 40～50°　　C. 50～60°　　D. 60～70°

242. 凡气候条件恶劣，遇到大雨、大雪、大雾、<u>B</u>以上大风时，不准进行露天高处架设作业。

A. 5 级　　B. 6 级　　C. 7 级　　D. 8 级

243. 危险标志种类分C 种，有易燃，易爆，触电，车辆伤害，中毒，机械伤害，腐蚀，烧烫，坠落，辐射，皮带卷入和挤擅。

A. 10　　　B. 11　　　C. 12　　　D. 13

244. 氧气瓶（乙炔瓶）与明火应保持在Cm 以上距离。

A. 20　　B. 15　　C. 10　　D. 5

245. 安全带一般应A。

A. 高挂低用　B. 高用低挂　C. 高挂高用　D. 低挂低用

246. 搭设高层建筑扣件式钢管挑脚手架时，其离墙面的距离为A。

A. 2m　　B. 0. 2m　　C. 0. 25m　　D. 0. 3m

247. 高层建筑扣件式钢管脚手架悬挑时，对保持脚手架的稳定性十分重要，根据建筑物的轴线尺寸，在水平方向每隔A与建筑物连接牢固。

A. 6m　　B. 7m　　C. 8m　　D. 9m

248. 挑脚手架的使用荷载每平方米不得超过A。

A. 1kN　　B. 1. 5kN　　C. 2kN　　D. 2. 5kN

249. 采用手拉葫芦作为升降机构，可用于C 附着升降脚手架。

A. 多跨式　　B. 整体式　　C. 互爬式　　D. 吊拉式

250. 由于多跨附着升降脚手架不能形成整体结构，因此在架体升降过程中，对架体的D 安装和使用要求较高。

A. 升降机构　　　　B. 附着支承结构

C. 防坠落装置　　　D. 防倾覆装置

251. 由于整体附着升降脚手架在升降过程中有多套同时工作，因此，对控制B 的同步性能要求较高。

A. 附着支承结构　　B. 架体结构

C. 安全保护系统　　D. 升降机构

252. 导轨式附着升降脚手架在提升过程中，架体外倾力矩

<u>D</u>，导轨及其固定处的竖向主框架受力状态<u>D</u>。

A. 较大，较好　　B. 较大，较差

C. 较小，较差　　D. 较小，较好

253. 附着升降脚手架架体结构的搭设高度一般不应大于楼层高度的<u>C</u>倍。

A. 2　　B. 3　　C. 4　　D. 5

254. 当碗扣式脚手架搭设长度为 L 时，底层水平框架的纵向直线应<u>A</u>。横杆间水平度应<u>A</u>。

A. $\leqslant L/200$，$\leqslant L/400$　　B. $\leqslant L/400$，$\leqslant L/1200$

C. $\leqslant L/200$，$\leqslant L/300$　　D. $\leqslant L/300$，$\leqslant L/200$

255. 模板工程，是<u>A</u>施工的重要组成部分。

A. 混凝土结构　　B. 框架和框剪结构

C. 板墙结构　　　D. 框筒结构

256. 模板支架立柱间距通常为<u>B</u>。

A. 0. 4 ~ 0. 8　　B. 0. 8 ~ 1. 2　　C. 1. 0 ~ 1. 4　　D. 0. 5 ~ 0. 8

257. 主楞直接将力传递给立柱的结构形式，力的传递路径为<u>A</u>。

A. 混凝土、钢筋、施工荷载等荷载传递给模板面层板→次楞→主楞→顶托→<u>立柱</u>→底座→垫板→基础

B. 混凝土、钢筋、施工荷载等荷载传递给模板面层板→次楞→横杆→扣件→<u>立柱</u>→底座→垫板→基础

C. 混凝土、钢筋、施工荷载等荷载传递给模板面层板→主楞→顶托→立柱→垫板→底座→基础

D. 混凝土、钢筋、施工荷载等荷载传递给模板面层板→主楞→顶托→立柱→扣件→底座→垫板→基础

258. 门式架的主立柱采用<u>C</u>薄壁钢管。

A. $\phi32. 8mm \times 2. 2mm$　　B. $\phi27. 2mm \times 1. 9mm$

C. $\phi42. 7mm \times 2. 4mm$　　D. $\phi36. 2mm \times 2. 6mm$

259. 当建筑层高度小于 8m 时，在模板支架外侧周圈应设由下至上的竖向<u>A</u>。

A. 连续式剪刀撑　B. 可调托撑　C. 三字斜撑　D. 剪刀撑

260. <u>D</u> 的作用是直接支撑楞式托撑的受压杆件。

A. 可调托撑　　B. 底座　　C. 垫板　　D. 立杆

261. 桁架梁的高度宜为桁架跨越的<u>A</u>。

A. 1/4 ~ 1/6　B. 1/2 ~ 1/4　C. 1/3 ~ 1/5　D. 1/6 ~ 1/8

262. 模板支架系统的受力主要分为<u>B</u>形式。

A. 一种　　B. 两种　　C. 三种　　D. 四种

263. 木立柱宜选用直料，当长度不足选用方木时，<u>A</u>。

A. 接头不宜超过一个，并用对接夹板接头方式

B. 接头不宜超过两个，并采用扣件于立柱扣牢方式

C. 接头不宜超过三个，并采用对接夹板接头方式

D. 接头不宜超过四个，并采用扣件与立柱扣牢

264. 脚手架或操作平台上临时堆放的模板不宜超过<u>C</u>。

A. 一层　　B. 两层　　C. 三层　　D. 四层

265. 脚手架必须配合施工进度搭设，一次搭设高度不应超过相邻连墙件以上<u>B</u>。

A. 一步　　B. 两步　　C. 三步　　D. 四步

266. 单排扣件式钢管脚手架用于砌筑工程搭设中，操作层小横杆间距应≤<u>B</u>mm。

A. 600　　B. 1000　　C. 1500　　D. 1200

267. 脚手板搭接铺设时，接头必须支在横向水平杆上，搭接长度和伸出横向水平杆的长度应分别为<u>A</u>。

A. 大于 200mm 和不小于 100mm

B. 大于 80mm 和不小于 50mm

C. 大于 40mm 和不小于 200mm

D. 大于 10mm 和不小于 50mm

268. 连墙件必须<u>C</u>。

A. 采用可承受压力的构造

B. 采用可承受拉力的构造

C. 采用可承受压力和拉力的构造

D. 采用仅有拉筋或仅有顶撑的构造

269. 人行斜道的宽度和坡度的规定是C。

A. 不宜小于 1m 和宜采用 1:8

B. 不宜小于 0.8m 和宜采用 1:6

C. 不宜小于 1m 和宜采用 1:3

D. 不宜小于 1.5m 和宜采用 1:7

270. 单排脚手架A。

A. 应设剪刀撑　　　　　　　B. 应设横向斜撑

C. 应设剪刀撑和横向斜撑　　D. 可以不设任何斜撑

271. 脚手架底层步距不应A。

A. 大于 2m　　B. 大于 3m　　C. 大于 3m　　D. 大于 4.5m

272. 高度 24m 以上的双排脚手架，连墙件构造规定为A。

A. 可以采用拉筋和顶撑配合的连墙件

B. 可以采用仅有拉筋的柔性连墙件

C. 可以采用顶撑顶在建筑物上的连墙件

D. 可以采用刚性连墙件与建筑物可靠连接

273. 高处作业分为D 级。

A. 一级　　　　B. 二级　　　　C. 三级　　　　D. 四级

274. 凡经医生诊断患有D 以及其他不宜从事高处作业病症的人员，不得从事高处作业。

A. 高血压　　B. 心脏病　　　C. 严重贫血　　　D. 全有

275. C 对提高其稳定承载能力和避免出现倾倒或重大坍塌等重大事故具有很大作用。

A. 大横杆　　　B. 小横杆　　　C. 连墙杆　　　D. 十字撑

276. 当架设高度超过 24m 时，应采用B。

A. 柔性连接

B. 刚性连接

C. 随便，只要强度足够即可

D. 必须同时采用柔性和刚性连接

277. 脚手架的外侧应按规定设置密目安全网，安全网设置在外排立杆的A。

A. 里侧 　　B. 外侧 　　C. 都可以 　　D. 同时

278. 挂脚手板必须使用Dmm的木板，不得使用竹脚手板。

A. 200 　　B. 300 　　C. 400 　　D. 500

279. 建筑脚手架使用的金属材料大致分为D。

A. 1级钢 　　B. 铸钢 　　C. 高强钢 　　D. 全有

280. 高度在D以上的双排脚手架应在外侧立面整个长度和高度上连续设置剪刀撑。

A. 21m 　　B. 22m 　　C. 23m 　　D. 24m

281. 凡脚手板伸出小横杆以外大于A的称为探头板。

A. 200mm 　　B. 210mm 　　C. 220mm 　　D. 230mm

282. 脚手板对接平铺时，接头处必须设两根横向水平杆，脚手板外伸长应取130~150mm，两块脚手板外伸长度的和不应大于B。

A. 200mm 　　B. 300mm 　　C. 400mm 　　D. 500mm

283. 脚手架立杆上部应始终高出操作层D并进行安全防护。

A. 1.2m 　　B. 1.3m 　　C. 1.4m 　　D. 1.5m

284. 木脚手架：采用A件搭设的脚手架。

A. 木杆 　　B. 竹竿 　　C. 钢管 　　D. 木方

285. 力对物体的作用效果取决于力的大小、力的方向、C。

A. 力矩 　　B. 力偶 　　C. 力的作用点 　　D. 力臂

286. B、监理单位应当组织有关人员对脚手架和模板工程进行验收。

A. 建设单位 　　B. 施工单位 　　C. 中介机构 　　D. 建设局

287. 碗扣式钢管脚手架的挑梁分为宽挑梁和C。

A. 上挑梁 　　B. 悬挑梁 　　C. 窄挑梁 　　D. 下挑梁

288. 实行施工总承包的工程，专项方案应当由总承包单位技术负责人B签字。

A. 建设局技术负责人

B. 相关专业承包单位技术负责人

C. 建设单位技术负责人

D. 监理单位技术负责人

289. 框架结构由梁、楼板、<u>B</u>等构成。

A. 楼梯　　B. 柱　　　C. 砖　　D. 墙体

290. 旧钢管的检查应符合下列规定锈蚀检查应每年一次检查时，应在锈蚀严重的钢管中抽取三根<u>A</u>。

A. 表面锈蚀深度应不大于 0.8mm

B. 钢管长度不小于 4m

C. 钢管的油漆

D. 钢管上严禁打孔，钢管有孔时不得使用

291. 搭设脚手架的场地应满足下列哪些要求回填土场地必须分层回填，逐层夯实，场地排水应顺畅，场地必须平整坚实<u>D</u>。

A. 回填土硬化处理

B. 回填土铺设碎石子

C. 搭设脚手架的地面标高宜高于自然地坪标高 30～50mm

D. 不应有积水

292. 当层高大于 5m 时，宜采用<u>A</u>、钢管立柱模板支架系统。

A. 桁架支撑　　B. 竹立柱　　C. 木立柱　　D. 塑钢支架

293. 门式钢管模板支架的主要结构构件有十字撑、<u>B</u>等。

A. 竖向剪刀撑　B. 门架　C. 水平剪刀撑　D. 底座

294. 高度在<u>B</u>以下的封闭型双排脚手架可不设横向斜撑。

A. 23m　　B. 24m　　C. 25m　　D. 26m

295. 锻铸铁扣件的形式有<u>A</u>，旋转扣件，对接扣件三种。

A. 直角扣件　　B. 十字扣件　　C. 钢扣件　　D. 木扣件

296. 扣件螺栓拧紧扭力矩不应<u>A</u>40N·m，并不大于65N·m。

A. 小于　　B. 大于　　C. 等于　　D. 不等于

297. 所有碗扣式脚手架的碗扣接头<u>D</u>锁紧。

A. 需要　　B. 不必　　C. 可以　　D. 必须

298. 承受挑梁拉力的预埋环，应用直径不小于<u>C</u> 以上的圆钢。

A. 14　　B. 15　　C. 16　　D. 17

299. 碗扣式脚手架整架垂直度应小于 $L/500$，但最大应小于<u>A</u>。

A. 100mm　B. 110mm　C. 120mm　D. 120mm

300. 用于杆件对接连接的扣件，是<u>C</u> 扣件。

A. 直角扣件　B. 旋转扣件　C. 对接扣件　D. 防滑扣件

301. 当剪刀撑斜杆与地面倾角为45°时，剪刀撑跨越立杆的最多根数应是<u>C</u>。

A. 5　　B. 6　　C. 7　　D. 8

302. 脚手架必须配合施工进度搭设，一次搭设高度不应超过相邻连墙件以上<u>B</u> 步。

A. 一　　B. 两　　C. 三　　D. 四

303. 开始搭设立杆时，应每隔<u>A</u> 跨设置一根抛撑，直至连墙件安装稳定后，方可根据情况拆除。

A. 四　　B. 五　　C. 六　　D. 七

304. 立杆顶端宜高出女儿墙上皮<u>B</u>m，高出檐口上皮<u>B</u>m。

A. 0.5，1　　B. 1，1.5　　C. 1.2，1.5　　D. 1.5，2

305. 扣件安装时，螺栓拧紧扭力矩不应<u>C</u>。

A. <30N·m，>55N·m　　B. <35N·m，>60N·m

C. <40N·m，>65N·m　　D. <45N·m，>70N·m

306. 当有<u>C</u> 以上大风和雾雨天气，应停止脚手架搭设与拆除工作。

A. 四级　　B. 五级　　C. 六级　　D. 七级

307. 砌筑脚手架均布荷载一般不超过<u>B</u>。

A. 4000N　　B. 3000N　　C. 2000N　　D. 1000N

308. 人行斜道的宽度不得小于<u>B</u>，坡度<u>B</u>。

A. 1m，1:1.2　B. 1m，1:3　C. 1.5m，1:3　D. 1.5m，1:6

309. 离地<u>A</u> 以上为高处作业。为了防止高处坠落，操作人员在高处作业时，必须正确使用安全带。

A. 2m　　B. 3m　　C. 4m　　D. 6m

310. 龙门架是由<u>B</u>及天轮架构成的门式架。

A. 多根立杆　　　B. 两根立杆

C. 滑轮、导轨　　D. 吊盘、起重索

311. 独立马道搭设时立杆和顺水杆间距不得大于<u>C</u>。

A. 1. 6m　　B. 1. 7m　　C. 1. 75m　　D. 1. 8m

312. 卷扬机安装时，其卷筒中心与导向滑轮的轴线要在一条直线上，卷筒与导向滑轮之间的距离一般应大于<u>B</u>。

A. 10m　　B. 15m　　C. 20m　　D. 25m

313. 搭设钢管井架用的回转扣件是用于<u>A</u>。

A. 连接扣紧两根呈任意角度相交的杆件

B. 连接扣紧两根垂直相交的杆件

C. 连接两根杆件的对接接长

D. 连接扣紧两根水平相交的杆件

314. 铺设搭接脚手板时，要求两块脚手板端头的搭接长度应不小于<u>D</u>。

A. 20cm　　B. 30cm　　C. 35cm　　D. 40cm

315. 单块大模板存放时，要将大模板后面的两个地脚螺栓提起一些，按<u>D</u>的自稳角使板面仰斜，并使大模板面对面堆放，再用 8 号铁丝互相系牢。

A. 45°～60°　B. 60°～70°　C. 70°～75°　D. 75°～80°

316. 在露天吊装的设备重量超过<u>C</u>，高度在 12m 以上时，必须在天气晴朗，风力小于 5 级的条件下作业。

A. 5t　　B. 7t　　C. 10t　　D. 8t

317. 井字架中的天轮点高度至少高于建筑物<u>C</u>处加装卷扬限位器。

A. 4m　　B. 5m　　C. 6m　　D. 7m

318. 搭设里脚手架，其双排架的纵向间距不大于<u>D</u>，横向间距不大于 1. 5m。

A. 2. 0m　　　B. 2. 2m　　　C. 2. 3m　　　D. 1. 8m

319. 马道两侧及拐弯平台外围，应设不低于C的护身栏。

A. 0. 8m　　　B. 0. 9m　　　C. 1. 0m　　　D. 0. 7m

320. 遇到D以上大风和雾天、雨雪时，架子的拆除工作应暂时停止操作。

A. 三级　　　B. 四级　　　C. 五级　　　D 六级

321. 在雷雨季节使用的，高度超过30m的龙门架，应装设C，否则应暂停使用。

A. 天线　　　B. 接地线　　　C. 避雷电装置　　　D. 接零线

322. 钢管脚手架压栏子之间的间距不得超过C立杆。与地面的夹角为45°，并在下脚处垫木板或金属板墩。

A. 9 根　　　B. 8 根　　　C. 6 根　　　D. 7 根

323. 扣件式钢管脚手架在搭设封顶时，其外排立杆顶端，平屋顶必须超过女儿墙顶D。并绑扎两道护身栏，一道挡脚板，立挂安全网。

A. 0. 7m　　　B. 0. 8m　　　C. 0. 9m　　　D. 1. 0m

324. 对于较大的挑檐、阳台和其他凸出部分架进行施工，挑出部分宽度不得大于D。

A. 2. 2m　　　B. 2. 3m　　　C. 2. 4m　　　D. 1. 5m

325. 扣件式钢管脚手架在B架上无法支撑压栏子时，必须设连墙杆，要求每隔设一道连墙杆，而且上下必须错开，以加强脚手架的稳定性。

A. 两步　　　B. 三步　　　C. 四步　　　D. 五步

326. 里侧不能绑防护栏的吊篮，必须与建筑物拉牢固定，吊篮里侧与建筑物的间距不得大于A。

A. 20cm　　　B. 25cm　　　C. 28cm　　　D. 30cm

327. 搭设双撑扣件式钢管脚手架高度30m，立杆要求垂直，立杆对垂直线的容许偏差应不大于其高度的1/200，其垂直容许偏差为B。

A. 10cm　　　B. 15cm　　　C. 20cm　　　D. 25cm

328. 附着升降脚手架架体竖向主框架有多种结构形式，其中安装时需要塔式起重机等起重设备配合的有B。

A. 分片组装型片式框架结构

B. 分段组装型格构式框架结构

C. 分片组装型格构式框架结构

D. 工具式框架结构

329. 套框式附着升降脚手架的升降过程是通过架体结构中D 交替固定和升降来实现的。

A. 斜拉杆和支撑管　　　B. 上拉杆和下拉杆

C. 导轨和定位销　　　　D. 主框架和套框架

330. 吊拉式附着升降脚手架和套框式附着升降脚手架的升降都属于C 提升，升降过程中架体的外倾力矩C。

A. 中心，较大　　B. 偏心，较小

C. 中心，较小　　D. 偏心，较大

331. 附着升降脚手架架体安装过程中应注意调整架体竖向主框架的垂直偏差，不大于B 和Bmm，并及时将搭好的架体与楼面预埋管连接。

A. 0.4%，50　　　B. 0.5%，60

C. 0.6%，70　　　D. 0.7%，80

332. 附着升降脚手架架体搭设完毕，应由D 组织技术、质量、安全人员对架体搭设质量进行自检验收，并上报当地有关管理部门备案或复检验收。

A. 建设施工单位　　　B. 项目投资单位

C. 监理单位　　　　　D. 脚手架施工单位

333. 附着升降脚手架在使用过程中，应C 对架体进行一次全面安全状况检查，不合格部位应立即改正。

A. 每天　　B. 每周　　C. 每月　　D. 每年

334. 附着升降脚手架拆除工作多数在B 完成，人、物坠落的可能性大。

A. 地面　　B. 高空　　C. 室内　　D. 室外

335. 满堂模板支撑架高度为C以下时，可以铺花板，但间隙不得大于20cm，板头要绑牢。

A. 8m   B. 9m   C. 6m   D. 7m

336. 一般装修用的满堂落地脚手架的立杆纵横间距是D。

A. 1. 5m   B. 1. 7m   C. 1. 8m   D. 2. 0m

337. 碗扣式钢管支撑脚手架横托座应设置在横杆层，主要作支撑横向支托用，以增强框架的B。

A. 强度   B. 稳定性   C. 刚度   D. 垂直度

338. 扣件式钢管支撑脚手架立杆间距一般应通过计算确定。通常取1. 2～1. 5m，不得大于A。

A. 1. 8m   B. 2. 0m   C. 2. 5m   D. 3. 0m

339. 为加强扣件式模板支撑脚手架的整体稳定性，在模板支撑架立杆之间纵、横两个方向均必须设置B和水平拉结杆。

A. 剪刀撑   B. 扫地杆   C. 立杆   D. 斜撑

340. 满堂脚手架高度超过D时，上下层门架间应设置锁臂，外侧应设置抛撑或缆风绳与地面拉结牢固。

A. 6m   B. 8m   C. 9m   D. 10m

341. 模板支撑高度超过宽度D。

A. 2倍   B. 3倍   C. 4倍   D. 5倍

342. 手板葫芦升降吊篮时，必须拉设一根直径为12. 5mm的保险钢丝绳以保证手板葫芦发生打滑或C时的安全。

A. 断裂   B. 断绳   C. 开口   D. 扭转

343. 固定卷扬机的锚碇主要是防止卷扬机C。

A. 滑动   B. 倾覆   C. 滑动与倾覆   D. 振动

344. 卷扬机就位时，机架下面要铺设C，并要保持纵、横两个方向的水平。

A. 钢梁   B. 方木   C. 砖块   D. 混凝土块

345. 地锚埋设时要选择好其埋设位置，如在地锚坑的前方约为坑深D的范围内，不得有地沟、电缆、地下管道等。

A. 1. 5倍   B. 2倍   C. 2. 5倍   D. 3倍

346. 布置卷扬机时，应使钢丝绳绕入卷扬机卷筒的方向与卷筒轴线成C。

A. 45° B. 60° C. 75° D. 90°

347. 地锚的拉绳与地面的水平夹角为B 左右，否则会使地锚承受过大的竖向拉力而发生事故。

A. 20° B. 25° C. 30° D. 45°

348. 安装卷扬机时，其卷筒轴与导向滑轮中心应保持一定的距离，钢丝绳的偏斜角不大于C。

A. 2.5° B. 3° C. 1.5° D. 3.5°

349. 安装卷扬机采用压重锚固法时，其压重应比其所受拉力大D 倍。

A. 4~5 B. 3~4 C. 2~2.5 D. 1~1.5

350. 卷扬机使用中，其卷筒上的钢丝绳至少要保留A。

A. 1~2 圈 B. 2~3 圈 C. 3~4 圈 D. 4~5 圈

351. 应选用与自己头型合适的安全帽，帽衬顶端与帽壳内顶必须保持A 的空间。

A. 25~50mm B. 30~60mm C. 25~60mm D. 35~60mm

352. 对于安全帽的使用期限：藤条的不超过B 年；塑料的不超过B 年；玻璃钢的不超过B 年。

A. 2、2.5、3.5   B. 2、3、3.5
C. 2、2.5、4   D. 3、2.5、4

353. 安全带在使用中应经常检查外观，当发现有异常时，应立即更换，换新绳时要加绳套。使用D 年后，按批量抽检。

A. 1 B. 2 C. 3 D. 4

354. 对于密目式立网，网目密度不得低于A。

A. 800 目/100cm^2 B. 1000 目/100cm^2
C. 1500 目/100cm^2 D. 2000 目/100cm^2

355. 平网安装时不宜绷紧，安装后其宽度水平投影比网宽少B 左右。

A. 3cm B. 0.5cm C. 0.7cm D. 0.9cm

356. 平网安装时应与水平面平行或外高里低，一般以 <u>A</u> 为宜。

A. 15°　　B. 20°　　C. 25°　　D. 30°

357. 对于非封闭立网，网的上口应高出施工作业面<u>C</u>以上。

A. 1. 0cm　　B. 1. 1cm　　C. 1. 2cm　　D. 1. 3cm

358. 在围挡措施中，围挡高度应满足安全要求，且作业面围挡应不低于<u>A</u>，围墙应不低于<u>A</u>。

A. 1. 1m，2. 0m　　B. 1. 1m，2. 2m

C. 1. 5m，2. 0m　　D. 1. 6m，2. 2m

359. 脚手架旁有开挖的沟槽时，应控制外立杆距沟槽边的距离，当架高在 30m 以内时，不小于<u>D</u>。

A. 1. 1m　　B. 1. 2m　　C. 1. 3m　　D. 1. 5m

360. 桥式脚手架组装完成后，立柱的总的垂直偏差不得大于柱的<u>A</u>。

A. 1/650　　B. 1/550　　C. 1/450　　D. 1/400

361. 对高层建筑桥式脚手架，立柱与建筑物之间应每隔<u>B</u>设置一道牢固的拉结。

A. 两步　　B. 三步　　C. 四步　　D. 五步

362. 桥式脚手架各立柱基础标高应一致，最大偏差不得大于<u>A</u>。

A. 20mm　　B. 25mm　　C. 30mm　　D. 35mm

363. 在高层建筑中，采用双层桥式脚手架施工时，一般可借助塔式起重机一次提升两个桥架。上桥架吊挂点位置应选择在两端距立柱净跨度<u>C</u>处，吊钩中心应对准桥架中心，平稳提升，避免起吊过程重桥架的摆动。

A. 1/2　　B. 1/3　　C. 1/4　　D. 1/5

364. 桥式脚手架搁置桥架的钢销应贴着立柱角钢的里皮，探出长度不小于<u>D</u>，并临时用钢丝绑扎固定，以防止钢销滑动。

A. 120mm　　B. 130mm　　C. 140mm　　D. 150mm

365. 桥式脚手架的桥架安装就位后，必须立即固定牢固。

166

桥架搁置在立柱上时，钢销一定要搁在立柱的A之上，不允许搁在其他位置上。

A. 水平杆　　　B. 斜杆　　　C. 立杆　　　D. 脚手板

366. 桥式脚手架安装前，应按施工方案要求和施工总平面图的规定，放线确定出桥架与建筑物之间的间距。立柱按平面图尺寸精确定位，中线位置偏差应不大于A。

A. 10mm　　　B. 15mm　　　C. 20mm　　　D. 25mm

367. 桥式脚手架当桥面宽度不能够满足需要时，可通过增设挑台来加宽，悬挑长度应根据具体需要确定，但不得超过A。

A. 1m　　　B. 1.5m　　　C. 2m　　　D. 2.5m

368. 门式脚手架搭设时，必须调整好脚手架的C和水平度，这对于确保脚手架的承载性能至关重要。

A. 基底夯实抄平　　　　B. 第一步门架顶面标高

C. 垂直度　　　　　　　D. 上下门架竖杆之间

369. 门式钢管脚手架纵向斜度不得超过总高度的C，横向斜度不得超过总高度的1/200。

A. 1/300　　　B. 1/350　　　C. 1/400　　　D. 1/450

370. 门形框架一取用直径为A，壁厚为3mm的钢管焊接而成。

A. 38～45mm　　B. 27～45mm　　C. 35～45mm　　D. 45～57mm

371. 搭设门形刚架装配式外脚手架时，其下部内外侧要加设通长的顺水杆，应不少于B，且内外侧均需要设置。

A. 两步　　　B. 三步　　　C. 四步　　　D. 五步

372. 当门式脚手架高度小于或等于45m时，每A架设一道水平架。

A. 两步　　　B. 三步　　　C. 四步　　　D. 五步

373. 门式脚手架的使用荷载用于结构工程时为C。

A. 1kN/m²　　B. 2kN/m²　　C. 3kN/m²　　D. 4kN/m²

374. 承插式钢管脚手架立杆横向间距规定为D。

A. 0.8m　　　B. 1m　　　C. 1.5m　　　D. 1.25m

375. 甲型承插式钢管脚手架里立杆在三个方向上每间隔D距离焊一个 25mm×3.5mm 长度为 80mm 的承插管。

　　A. 1.2m　　B. 0.9m　　C. 1.5m　　D. 1.8m

376. 甲型承插式钢管脚手架大横杆长度为C。

　　A. 0.9m　　B. 1.5m　　C. 1.74m　　D. 1.8m

377. 乙型承插式钢管脚手架小横杆采取挑出式，每根长度为C。

　　A. 0.9m　　B. 1.2m　　C. 1.8m　　D. 2.1m

378. 斜撑式挑梁在撑杆支点外面的悬挑长度一般控制在D以内。

　　A. 2m　　B. 1m　　C. 1.5m　　D. 0.5m

379. 当吊篮长超过D时，桁架梁的杆件应通过设计确定。

　　A. 3m　　B. 4m　　C. 5m　　D. 6m

380. 吊篮若用钢筋链杆，其直径不小于 16mm，每节链杆长为C。

　　A. 300mm　　B. 500mm　　C. 800mm　　D. 1000mm

381. 新购电动吊篮总装完毕后，应进行空载试运行C，待一切正常，即可开始负载运行。

　　A. 1h　　B. 2h　　C. 3h　　D. 6h

382. 吊篮有雷雨天气或风力超过A级时，不得登吊篮操作。

　　A. 5　　B. 3　　C. 4　　D. 6

383. 挑脚手架中的斜杆与墙面之间的夹角应不大于B。

　　A. 75°　　B. 30°　　C. 45°　　D. 60°

384. 如墙上无窗口时，在砌筑墙时预留孔洞或预埋钢筋环，使搭设时斜杆的底端能支承住，挑脚手架的挑出宽度不大于D。

　　A. 1.6m　　B. 1.7m　　C. 1.8m　　D. 1.5m

385. 挑脚手架中的护身栏杆距离檐口外缘不小于C。

　　A. 30cm　　B. 40cm　　C. 50cm　　D. 20cm

386. 悬挑平台的关键部位是A符合要求。

　　A. 主梁　　B. 吊索　　C. 钩挂吊的吊环　　D. 底板

387. 在高层建筑施工中，分段搭设扣件式钢管悬挑脚手架时，第二段的垂直偏差不超过<u>A</u>。

A. 1/200　　B. 1/250　　C. 1/300　　D. 1/350

388. 高层建筑扣件式钢管脚手架悬挑时，对保持脚手架的稳定性十分重要，应根据建筑物的轴线尺寸，在竖直方向每隔<u>B</u>设置一个拉结点，各点呈梅花形错开布置。

A. 2~3m　　B. 3~4m　　C. 4~5m　　D. 5~6m

389. 高层建筑扣件式钢管脚手架悬挑时，可分段搭设，分段搭设的垂直偏差，第一段不超过全长的<u>D</u>。

A. 1/200　　B. 1/250　　C. 1/300　　D. 1/400

2.3　多项选择题

1. 脚手架所用钢管使用应注意<u>A、D</u>。

A. $\phi48 \times 3.5$ 与外径 $\phi51 \times 3$ 的不能混用

B. $\phi51 \times 3$ 与 $\phi51 \times 3$ 与 $\phi48 \times 3.5$ 的应混用

C. 钢管上可以打孔

D. 钢管上严禁打孔

2. 纵横向水平杆的计算内容应有<u>A、D</u>。

A. 抗弯强度和挠度　　B. 抗剪强度

C. 地基承载力　　　　D. 与主杆的连接扣件抗滑承载力

3. 为保证脚手架立杆的安全使用，规范规定对其计算内容应有<u>B、C</u>。

A. 抗压强度　　B. 稳定　　C. 容许长细比　　D. 抗弯强度

4. 计算脚手架立杆稳定时，应实行不同的荷载效应组合，他们是<u>A、D</u>。

A. 永久荷载 + 施工荷载　　　B. 永久荷载

C. 施工荷载　　　　　　　　D. 施工荷载 + 风荷载

5. 双排脚手架连墙件的间距除应满足要求外，还应<u>A、C</u>。

A. 脚手架高度不大于 50m 时，竖向不大于三步距，横向不

大于三跨距

B. 竖向不大于四步距，横向不大于四跨步距

C. 脚手架高度大于50m时，竖向不大于两步距，横向不大于三步距

D. 脚手架高度大于50m时，横向不大于五跨距

6. 双排脚手架每一连墙件的覆盖面积应<u>A、D</u>。

A. 架高不大于50m时，不大于40m²

B. 不大于50m²

C. 架高不限，不大于60m²

D. 架高大于50m时，不大于27m²

7. 使用旧扣件时，应遵守下列有关规定<u>A、C、D</u>。

A. 有裂缝、变形的扣件严禁使用

B. 有裂缝但不变形可用

C. 出现滑丝的扣件严禁使用

D. 出现滑丝的扣件必须更换

8. 立杆钢管的表面质量和外形应是<u>A、B、C</u>。

A. 平直光滑，无锈蚀、裂缝、结疤、分层、硬弯、毛刺、深的划痕

B. 钢管如有锈蚀则锈蚀深度应不大于0.5mm

C. 钢管如有弯曲，则6.5m长的钢管弯曲挠度不应大于20mm

D. 钢管锈蚀深度大于1.5mm

9. 脚手架底部的构造要求是<u>A、B、D</u>。

A. 每根立杆底端应设底座或垫板，且应设纵向、横向扫地杆

B. 纵向扫地杆距底座上皮不大于200mm，并采用直角扣件与立杆固定

C. 横向扫地杆设在距底面上0.8m处

D. 横向扫地杆应采用直角扣件固定在紧靠纵向扫地杆下方的立杆上

10. 连墙件设置位置要求有A、B、C。

A. 偏离主节点的距离不应大于300mm

B. 宜靠近主节点设置

C. 应从脚手架底层第一步纵向水平杆处开始设置

D. 不受条件限制

11. 大横杆的接头可以搭接或对接，搭接时有以下具体要求A、B、D。

A. 接搭长度不应小于1m

B. 等间距设置三个旋转扣件固定

C. 搭接长度0.5m

D. 端部扣件盖板边缘至搭接杆端的距离不应小于100mm

12. 横向斜撑设置有如下规定A、B、C。

A. 一字型、开口型双排脚手架的两端必须设置

B. 高度在24m以上的封圈型双排架，中间应每隔六跨设置一道

C. 高度在24m以下的封圈双排架可不设置

D. 不受限制，均不设置

13. 连墙件的数量，间距设置应满足下要求A、B、C。

A. 计算要求

B. 最大竖向，水平向间距要求

C. 不考虑覆盖面积的要求

D. 不按计算要求

14. 纵向水平杆的对接接头应交错布置，具体要求是A、B、D。

A. 两个相邻接头不宜设在同步、同跨内

B. 各接头中心至最近主节点的距离不宜大于纵距的1/3

C. 没有明确要求

D. 不同步，不同跨的两相邻接头不平向错开距离不应小于500mm

15. 脚手架作业层上的栏杆及挡脚板的设置要求为A、

<u>B、D</u>。

A. 栏杆和挡脚板应搭在外立杆的内侧

B. 上栏杆上皮高度应为 1.2m

C. 不设挡脚板

D. 挡脚板高度不应小于 180mm

16. 临边防护栏杆的上杆应符合下列哪些规定<u>A、B、C</u>。

A. 离地高 1.0~1.2m　　　B. 承受力 1000M

C. 符合设计规范　　　　　D. 没有要求

17. 雨天和雪天进行高处作业时，必须采取什么措施<u>A、B、D</u>。

A. 必须防寒　B. 必须防风　C. 防滑　D. 必须防冻

18. 防护棚搭设与拆除应符合<u>A、C、D</u>的规定。

A. 严禁上下同时拆除　　　B. 立告示牌

C. 设置安全警戒区　　　　D. 派专人负责监护

19. 垂直运输接料平台应设置<u>A、B、D</u>设施。

A. 两侧设置防护栏杆

B. 平台口设置活动防护栏杆

C. 设置安全网

D. 平台口设置安全门

20. 下列关于临边防护栏杆的规定<u>A、C、D</u>是正确的。

A. 防护栏杆应由上，下两道横杆及栏杆组成

B. 上杆高度为 1.5m

C. 下栏杆离地面高度为 0.4~0.6m

D. 上栏杆离地面高度为 1.0~1.2m

21. 下列关于坡度大于 1:2.2 的屋面临边防护栏杆的设置，<u>A、B、C</u> 是正确的。

A. 自上而下使用，密目式安全网封闭

B. 上杆栏离地面高度为 1.5m

C. 下栏杆离地面高度为 0.6~0.8m

D. 下栏杆不限

172

22. 进行交叉作业，B、C、D 严禁堆放任何拆下物件。

A. 基坑内　　　　　　　B. 楼层边口处

C. 脚手架的边缘处　　　D. 通道口处

23. 进行模板支撑和拆除的悬空作业，下列 A、B、C 的规定是正确的。

A. 严禁在连接和支撑上攀登上下

B. 严禁在上下同一垂直面上装拆

C. 拆模的高处作业，应配置登高用具或搭设支架

D. 设计没有具体限制

24. 板与墙的洞口必须设置下列 B、C、D 的防护设施。

A. 警戒区　　B. 牢固的盖板　　C. 防护栏杆　　D. 设置安全网

25. 下列 A、C、D 是密目式安全网进行贯穿实验的要点。

A. 将密目式安全网张好绑扎在实验架上与地面成 30° 的夹角

B. 密目网平铺地面

C. 使钢管自密目网上方垂直自由落下

D. 将 5kg 重的 $\phi 48 \times 3.5$ 的钢管置在其中心点上方 3m 处

26. 建筑工地"四口"防护指的是 A、B、C、D。

A. 在建工程的预留洞口　　　　B. 电梯井口

C. 通道口　　　　　　　　　　D. 楼梯口

27. 架空线路可以架设在 A、B 上。

A. 干燥木杆　　B. 钢筋混凝土杆　　C. 脚手架　　D. 支架

28. 电缆线路可以敷设 B、C、D。

A. 沿地　　B. 埋在地面　　C. 沿围墙上　　D. 脚手架上

29. 一般模板的组成部分为 A、B、C。

A. 模板面　　B. 支撑结构　　C. 连接配件　　D. 螺栓

30. 模板工程的实施必须通过 A、B、C、D。

A. 支撑杆的设计计算

B. 绘制模板施工图

C. 施工组织设计

D. 制订相应的施工安全技术措施

31. 模板按其功能分类，常用的模板主要有A、B、C、D。

A. 定型组合模板　　　　B. 墙体大模板

C. 滑动模板，正模　　D. 一般木模板

32. 模板工程所使用的材料可以是A、B、C、D。

A. 钢材　　B. 木材　　C. 铝合金　　D. 竹材

33. 面板材料除采用钢木外可采用A、B、C。

A. 胶合板　B. 复合板　C. 竹排　D. 混凝土板

34. 设计模板及其支架时应根据A、B、C、D。

A. 工程结构形式　　B. 荷载大小及地基承载力

C. 施工设备　　　　D. 材料供应

35. 柱箍用于直接支承和夹紧住模板，应用A、B。

A. 扁钢、槽钢　　　B. 丁角钢　　C 木楞　　D. 竹竿

36. 扣件式钢管脚手架的钢管规格、间距、扣件应符合设计要求，每根立杆底部应设置A、B。

A. 底座　　B. 垫板　　C. 砖　　D. 水泥

37. 多层悬挑结构模板的主柱应A、C。

A. 连续的支撑　　B. 不少两层

C. 不少于三层　　D 一层

38. 采用对角楔木进行支撑高度调整时A、B、C。

A. 楔木应接触紧密　　B. 垫木应接触紧密

C. 用铁钉固定牢靠　　D. 用石块垫牢

39. 组合钢模板，大模板，滑升模板的安装应符合B、C、D。

A. 政府部门规定

B. 组合钢模板技术规范

C. 大模板多层住宅结构设计与施工规定

D. 液压滑动模板施工规范

40. 钢管不得使用的疵病有B、C、D。

A. 含碳大　B. 严重锈蚀　C. 严重弯曲　D. 压扁或裂纹

174

41. 建筑工程模板承受的恒载标准值的种类有A、B、C。

A. 模板及其支架自重

B. 新浇混凝土自重及其钢筋自重

C. 现浇筑的混凝土作用于模板的侧压力

D. 立柱自重

42. 安装模板时应做到B、C、D。

A. 不漏浆　　　　B. 上下应用人接应

C. 随装随运走　　D. 严禁抛掷模板

43. 安装独立梁模板时应设安全操作平台，严禁操作人员有下列行为A、B。

A. 站在独立梁底模操作、支柱架上操作

B. 站在立柱支架上操作或在底模，柱模支架上直行

C. 站在扶梯上操作

D. 戴好安全帽

44. 钢丝绳按捻制方向可分为A、B、C。

A. 同向捻制　　B. 交至捻制

C. 混合捻制　　D. 反向捻

45. 钢丝绳的破坏原因主要有A、B、D。

A. 截面积减少　　　B. 质量发生变化或突然损坏

C. 连接过长　　　　D. 截面积变形

46. 电动卷扬机主要由A、B、C等部件组成。

A. 卷筒，减速器　B. 电动机　C. 控制器　D. 地锚

47. 卡环可分为A、C。

A. 销子式　　B. C形　　C. 螺旋式　　D. U形

48. 下列属于特种作业的是A、B、C。

A. 电工作业　　　　B. 登高架设作业

C. 拖拉机驾驶　　　D. 泥瓦工

49. 下列属于特殊高处作业的是A、B、C。

A. 强风高处作业　　B. 悬空高处作业

C. 带电高处作业　　D. 电焊作业

50. 脚手架立杆排处分A、D。

A. 单排脚手架　　　　B. 双排脚手架

C. 装修架　　　　　　D. 多排脚手架

51. 扣件式脚手架的几何尺寸包括A、B、C。

A. 步距，横距　　　　　　B. 连墙件竖向间距及水平间距

C. 架平架的搭设高度　　D. 立杆

52. 脚手架几何尺寸应满足以下要求A、B、D。

A. 使用要求　　B. 安全要求　　C. 防塌　　D. 经济要求

53. 脚手架的具体要求是A、B、C。

A. 要有足够的强度和面积　　　　B. 要坚固，稳定

C. 构造合理，搭设拆除方便　　　D. 防倒塌

54. 在建设脚手架的外侧边缘与外电架空线路的边缘之间，必须保持安全距离，具体要求错误的是A、B、D。

A. 当外电线路电压在 kV 以下时，最小距离不小于 4m

B. 当电压为 1～10kV 时，应不小于 6m

C. 不考虑距离

D. 当电压为 35～110kV 时，不小于 8m

55. 当脚手架拆除之前，各节点处的B、C、D均不能拆除。

A. 大横杆，小横杆　　　　B. 立杆

C. 扫地杆　　　　　　　　D 连墙件

56. 扣件式钢管脚手架的主要特点是B、C、D。

A. 牢固　　B. 承载力大　　C. 比较经济　　D 装拆方便

57. 单排脚手架不适应于下列情况A、B、C。

A. 墙体厚度小于或等于 180mm

B. 空心砖墙加气块墙或砌筑砂浆 ≥M1.0 的墙砖

C. 建筑物高度超过 24m

D. 建筑高度小于 24m

58. 扣件式钢管脚手架主要组成构件是A、B、C、D。

A. 立杆纵向水平杆，横向水平杆

B. 连墙件、扣件、脚手板、底座

C. 剪刀撑、横向斜撑

D. 纵向扫地杆、横向挑地杆

59. 纵向水平杆构造要求是A、B。

A. 宜设置在立杆内侧

B. 细接长宜采用对接扣件连接，也可搭接

C. 拆卸方便

D. 长度不宜小于三跨

60. 立杆构造的规定是A、B、C。

A. 立杆构造底部应设底座和垫板

B. 脚手架必须设置纵横向扫地杆

C. 脚手架底层步距不应大于2m

D. 立杆选新钢管

61. 连墙件的构造应符合A、C、D规定。

A. 连墙杆宜水平设置

B. 不宜采用木材

C. 连墙件采用可承受拉力和压力的构造

D. 拉筋宜水平设置

62. 脚手架底座安放应符合A、B、D规定。

A. 底座，垫板均应准确地放在定位线上

B. 垫板宜采用长度不少于两跨

C. 底座安放同地平线

D. 厚度不小于50mm的木垫板，也可用槽钢

63. 吊篮的升降方式样主要有A、B、C。

A. 手板葫芦升降　B. 卷扬升降　C. 爬升升降　D. 索具

64. 攀登和悬空高处作业人员必须经过A、C、D合格，持证上岗。

A. 专业考试合格　　B. 思想教育

C. 专业技术培训　　D. 安全培训

65. 高处作业中的中哪些工具和设施，必须在施工前进行检查A、B、C。

A. 安全标志、工具　　B. 电器设备和仪表

C. 各种设备　　　　　D. 安全带

66. 安全防护设施验收应具备A、B、C资料。

A. 施工组织设计及有关验算数据

B. 安全防护设施验收记录

C. 技术交底记录

D. 安全防护设施变更记录及签证

67. 可能发生尘肺的工程有A、B、D。

A. 石工　　B. 电焊工　　C. 电工　　D 水泥工

68. 在建筑施工中可能发生苯中毒的工种有A、B、C。

A. 油漆工　　B. 喷漆工　　C. 沥青　　D. 砖工

69. 按照火灾统计规定，下列A、C、D为重大火灾。

A. 死亡3人以上或受灾30户以上

B. 重伤20人以上

C. 死亡，重伤10人以上

D. 直接财产损失30万元以上

70. 能自燃的物质是A、C。

A. 塑料　　B. 植物产品　　C. 煤　　D. 油脂锯末

71. 焊接或切割的基本特点是A、C。

A. 高温，高压　　B. 易烫伤　　C. 易燃　　D. 易爆

72. 下列什么火灾不能用水扑救A、B、D。

A. 碱金属　　　B. 高压电气装置

C. 油毡　　　　D. 硫黄，熔化的钢水

73. 建筑工地常备的消防器材有A、C、D。

A. 砂子，水桶　　B. 水池　　C. 铁锹　　D 灭火器

74. 下列A、C、D设备是建筑施工中常垂直运输设备。

A. 塔式起重机　　B. 打桩机

C. 施工升降机　　D. 龙门架及井架物料提升机

75. 塔式起重机基本部件包括A、C、D。

A. 底架　　B. 卷扬机　　C. 平衡臂转台　　D. 塔身

76. 塔式起重机最基本的工作机构包括A、B。

A. 起升机构，回转机构　　B. 行走机构，变幅机构

C. 限位机构　　　　　　　D. 所有机构

77. 操作塔式起重机严禁的行为A、B、C。

A. 拔桩，斜拉，斜吊　　　B. 顶升时回转

C. 提升重物自由下降　　　D. 触电

78. 滑轮达到下列任意一个条件时即应报废A、B、D。

A. 轮缘破损，有裂纹

B. 槽底磨损量超过相应钢丝绳直径的25%

C. 转动不灵活

D. 槽底壁厚磨损达原壁厚的20%

79. 钢丝绳出现下列情况时必须报废和更新A、B、C。

A. 钢丝绳断丝严重或断丝的局部聚集

B. 钢丝绳失去正常状态，产生严重变形时

C. 当钢丝磨损或锈蚀严重，钢丝的直径减小达到其直径的40%时

D. 钢丝绳过长

80. 塔式起重机司机患下列A、B、C疾病不能做司机工作。

A. 色盲，癫痫　　　　　　B. 心脏病，断指

C. 矫正视力低于5.1　　　 D. 感冒

81. 吊钩禁止补焊，下列情况应予报废A、B、C。

A. 用20倍放大镜观察表面有裂纹及缺口

B. 挂绳处多个面磨损量超过原高的1%

C. 心轴磨损易超过直径的5%，开口度比原尺寸增加15%

D. 表面漆有缺损

82. 设计承重脚手架时，应根据使用过程中可能出现的荷载取其最不利组合进行计算，因此B、C。

A. 对立柱的稳定考虑荷载

B. 对纵横向水平杆强度，变形应考虑，永久荷载＋施工荷载的组合

C. 对立杆稳定考虑，永久荷载＋施工荷载和永久荷载＋0.85（施工荷载＋风荷载）的两种组合

D. 对立柱的稳定不考虑施工荷载

83. 施工中对高处作业和安全技术设施发现有缺陷和隐患时，应当如何处置B、C。

A. 追究原因　　　　　　B. 必须及时解决

C. 悬挂安全警告标志　　D. 不处理

84. 进行高处作业前，应逐级进行安全技术教育及交底，落实所有A、B。

A. 安全技术措施　　　　B. 人身防护用品

C. 技术交底　　　　　　D. 财务资料

85. 下列关于毛竹临边防护栏杆的规定哪些是正确的B、C、D。

A. 毛竹横杆直径小于80mm

B. 毛竹横杆小头有效直径不应小于70mm

C. 使用不小于16号的镀锌钢丝绑扎

D. 栏杆柱小头直径不应小于80mm

86. 下列对固定式直爬梯的设置哪些是正确的A、B、C。

A. 使用金属材料制作

B. 梯宽不大于50cm

C. 支撑采用不小于∟70×6的角钢

D. 底角度大于50°

87. 在下列哪些部位进行高处作业必须设置防护栏杆A、B、C。

A. 基坑周边，雨篷，挑檐边

B. 无外脚手的屋面与楼层周边

C. 料台与挑平台固边

D. 窗台两边

88. 架子工基本道德要求，A、C。

A. 爱岗，尽责　B. 安全　C. 文明，守则　D. 无要求

180

89. 杆件的基本变形形式有A、B、C、D。

A. 拉伸与压缩　　B. 剪切　　　C. 扭转　　D. 弯曲

90. 棚仓是利用脚手架杆件等其他材料搭设成棚房。一般做A、B、C之用。

A. 野外作业时的临时住所　　B. 施工现场的加工场地

C. 仓库　　　　　　　　　　D. 常住房

91. 防火制度中的"三会"指的是A、B、C。

A. 会报警　　　　　　B. 会扑初期火

C. 会使用灭火器材　　D. 会防火安全知识

92. 危险标志种类分12种，有A、B、C、D，中毒，机械伤害，腐蚀，烧烫，坠落，辐射，皮带卷入和挤撞。

A. 易燃　　B. 易爆　　C. 触电　　D. 车辆伤害

93. 落地式脚手架也存在一些不足之处，例如A、B、C、D等。

A. 材料用量多　　　　B. 周转慢

C. 搭设高度有限制　　D. 费人工

94. 提高梁的抗弯能力应该注意以下几点：A、B、C。

A. 选择合理的截面形状　　B. 采用变截面梁

C. 设法改善梁的受力情况　　D. 合适材料

95. 为提高压杆稳定性，可以采取以下一些措施：A、B、C。

A. 选择合理的截面形状　　B. 减少压杆长度

C. 改变压杆的约束条件　　D. 加大压杆长度

96. 柱子吊装常用的绑扎方法有A、B、C、D。

A. 斜吊绑扎法　　B. 直吊绑扎法

C. 两点绑扎法　　D. 三面牛腿柱子的绑扎法（直吊法）

97. 平面体系几何不变的基本规则是三角形规则，它可以用A、B、C、D几种不同表示方法来表达。

A. 二元体规则　　B. 两刚片规则

C. 三刚片规则　　D. 四刚片规则

98. 梁的类型可分为A、B、C。

A. 简支梁　　　B. 悬臂梁　　　C. 外伸梁　　　D. 内伸梁

99. 严禁吊车超负荷吊装，满负荷吊装也要非常慎重，因为在A、B、D时，都有可能造成不利因素而发生事故。

A. 变幅　　　B. 回转　　　C. 升臂　　　D. 履带行走

100. 如果没有考虑物体重心的位置，在起吊过程中容易发生A、B、C、D危险。

A. 物体倾斜　　B. 吊索滑脱　　C. 钢丝绳断裂　　D. 重物坠落

101. 常用国标起重作业指挥信号有A、B、D等几种方式。

A. 手势信号　　B. 旗语信号　　C. 传递信号　　D. 音响信号

102. 起重指挥在起重吊装运输中，应站在适当的位置，既要A，又要B，同时C以防物体移动时碰撞致伤。

A. 看清起吊物体的运动情况

B. 使起重机司机看清自己的指挥信号

C. 留有充分的余地

D. 四处奔跑，观察吊重物

103. 预制混凝土屋架绑扎时应注意A、B、C、D。

A. 千斤绳必须绑扎牢固，对称布置

B. 千斤绳与屋架上弦夹角不宜小于40°

C. 控制每根千斤绳长度，确保在吊装时，所有千斤绳同时受力

D. 在吊点绑扎的同时，用同时系上拉绳，以使在吊装时稳定构件，防止构件过分摆动

104. 指挥人员发出"预备"信号时要目视B、C，司机接到信号在开始工作前应回答信号，当指挥人员听到回答信号后，方可进行指挥。

A. 四周　　　B. 司机　　　C. 明白　　　D. 注意

105. 对不规则形状建筑构件水平吊装，确定吊点时，均应考虑A、D。

A. 平衡　　　B. 三点吊装　　　C. 多点吊装　　　D. 对称

106. 用力矩平衡原理，可以计算<u>B、D</u>物件的重心位置。

A. 车床类　　B. 组合形状　　C. 机泵类　　D. 变径长轴

107. 根据设备的<u>A、B、C</u>等情况，正确选取吊点或绑点位置，并应优先选用设备原（指定）吊点。

A. 结构　　B. 重量　　C. 重心位置　　D. 盛装介质

108. 在常见的吊装作业中，吊装重物一般包括<u>A、B</u>。

A. 设备　　B. 构件　　C. 仪表　　D. 软件

109. 特殊种作业人员应当遵守的职业道德<u>B、C、D</u>。

A. 不发生事故　　　　B. 安全为公的道德观念

C. 精益求精的道德观念　　D. 好学上进的道德观念

110. 下列关于扣件连接的表述中，错误的是<u>B、D</u>。

A. 对接扣件的开口应朝上或朝内

B. 直角扣件的螺帽应朝内，开口朝下

C. 螺栓拧紧的力矩不应小于 $40N \cdot m$，也不应大于 $65N \cdot m$

D. 在主节点处固定各杆的扣件中心点的相互距离不应大于 200mm

111. 钢管脚手架按搭设材料可分为<u>A、B、C</u>。

A. 扣件式钢管脚手架　　B. 工具式脚手架

C. 碗扣式钢管脚手架　　D. 落地式钢管脚手架

112. 按落地的形式可分为<u>A、B</u>手架。

A. 落地式脚手架　　　　B. 悬挑式脚手架

C. 碗扣式钢管脚手架　　D. 附着式整体脚手架

113. 下列哪些脚手架是按脚手架功能类型划分的功能脚手架<u>A、B、C</u>。

A. 结构工程作业脚手架　　B. 装修工程作业脚手架

C. 模板支撑脚手架　　　　D. 落地式脚手架

114. 扣件式钢管脚手架的钢管规格、间距、扣件应符合设计要求，每根立杆底部应设置<u>A、B</u>。

A. 底座　　B. 垫板　　C. 砖块　　D. 石板

115. 脚手架所用钢管使用时，应注意：<u>A、D</u>。

A. $\phi48 \times 3.5$ 与外径 $\phi51 \times 3$ 的不得混用

B. $\phi51 \times 3$ 与 $\phi48 \times 3.5$ 的应混用

C. $\phi51 \times 3$ 与 $\phi32 \times 2$ 的管理可混用

D. 钢管上严禁打孔

116. 双排脚手架连墙件的间距除应满足计算要求外，还应 <u>A、C</u>。

A. 脚手架高度不大于 24m 时，竖向不大于三步距，横向不大于三跨距

B. 脚手架高度不大于 24m 时，竖向不大于四步距，横向不大于四跨距

C. 脚手架高度大于 24m 时，竖向不大于两步距，横向不大于三跨距

D. 脚手架高度不大于 24m 时，竖向不大于两步距，横向不大于四跨距

117. 双排脚手架每一连墙件的覆盖面积应 <u>A、D</u>。

A. 架高不大于 24m 时，不大于 40m²

B. 架高不大于 24m 时，不大于 50m²

C. 架高大于 24m 时，不大于 30m²

D. 架高大于 24m 时，不大于 27m²

118. 使用旧扣件时，应遵守下列有关规定 <u>A、D</u>。

A. 有裂缝、变形的严禁使用

B. 有裂缝但不变形的可以使用

C. 有变形但无裂缝的可以使用

D. 出现滑丝的必须更换

119. 纵向水平杆（大横杆）的接头可以搭接或对接。搭接时有以下具体要求 <u>A、B、D</u>。

A. 搭接长度不应小于 1m

B. 等间距设置三个旋转扣件固定

C. 端部扣件盖板边缘至搭接杆端的距离不应小于 500mm

D. 端部扣件盖板边缘至搭接杆端的距离不应小于 100mm

120. 在脚手架使用期间，严禁拆除A、C、D。

A. 主节点处的纵向横向水平杆

B. 非施工层上，非主节点处的横向水平杆

C. 连墙件

D. 纵横向扫地杆

121. 安全平网主要由哪几部分组成：A、B、C、D。

A. 网体　　B. 边绳　　　C. 系绳　　　D. 筋绳

122. 以下哪些构件是落地式钢管脚手架搭设时所使用的构件：A、B、C、D。

A. 钢管　　B. 扣件　　　C. 脚手板　　　D. 底座

123. 以下哪些建筑施工中使用的安全网：A、B。

A. 安全平网　B. 安全立网　C. 架间网　　D. 层间网

124. 脚手架搭设中使用的扣件形式有哪几种：A、B、C。

A. 直角扣件　B. 对接扣件　C. 旋转扣件　D. 蝴蝶扣件

125. 以下哪些是落地式钢管脚手架立杆接长的正确做法：A、B、C。

A. 立杆上的对接扣件应交错布置

B. 各接头中心至主节点的距离不大于步距的1/3

C. 相邻立杆的接头不应设置在同步内

D. 立杆接长依据所使用的钢管而定，无须考虑接头位置

126. 以下哪些是刚性连墙件的正确做法：A、B、C。

A. 连墙件与预埋件进行焊接

B. 用短钢管、扣件、预埋钢管与建筑结构进行连接

C. 用短钢管、扣件与建筑物承重墙体进行连接

D. 用钢丝与建筑物连接

127. 以下哪些杆件是碗扣式脚手架使用的标准立杆：A、B、C。

A. 3.0m 长立杆　　　B. 2.4m 长立杆

C. 1.8m 长立杆　　　D. 2.0m 长立杆

128. 剪刀撑的设置中以下哪些做法是错误的C、D。

A. 每道剪刀撑宽度不应小于四跨，且不应小于6m，斜杆与地面的倾角应在45°到60°之间。

B. 高度在24m以下的单、双排脚手架，均必须在外侧里面的顶端各设置一道剪刀撑，并应由底至顶连续设置；中间每道剪刀撑之间的间距不应大于15m。

C. 高度在24m以上的双排脚手架，均必须在外侧里面的顶端各设置一道剪刀撑，并应由底至顶连续设置；中间每道剪刀撑之间的间距不应大于15m。

D. 剪刀撑斜杆的接长应采用对接。

129. 以下哪些是横向斜撑的正确做法：A、B、C、D。

A. 横向斜撑应在同一节间，由底层至顶层呈之字形连续布置

B. 一字形、开口型双排脚手架的两端均必须设置横向斜撑，中间每隔六跨设置一道

C. 高度在24m以下的封闭形双排脚手架可不设置横向斜撑

D. 高度在24m以上的封闭脚手架，除拐角应设置横向斜撑外，中间每隔六跨设置一道

130. 竹脚手架广泛用于搭设高度A、B 25m的工业与民用建筑的砌筑工程和装饰工程施工。

A. 小于　　B. 等于　　C. 大于　　D. 不确定

131. 对于木脚手板：一般采用C、D，板厚不小于50mm，在距脚手板两端80mm处，用1号铁丝加两道紧箍，防止板端劈裂。

A. 柳木板　　B. 杨木板　　C. 杉木板　　D. 落叶松板

132. 影响木材使用强度的主要缺陷有A、B、C。

A. 腐朽　　B. 虫害　　C. 裂纹　　D. 翘曲

133. 竹蔑在存储、运输过程中保管不善，以致其A、B、D不得使用。

A. 霉烂　　B. 虫蛀　　C. 颜色发黄　　D. 失去韧性

134. 钢管脚手架材料质量要求及检验标准中，新钢管应符

合A、B、C要求。

　A. 有产品质量合格证　　B. 有质量检验报告

　C. 涂有防锈漆　　　　　D. 锈蚀检查

135. 新采购的扣件应具备B、C、D才能使用。

　A. 发货清单　　　　　B. 产品质量合格证

　C. 生产许可证　　　　D. 检测报告

136. 钢管脚手架的水平杆、斜杆弯曲度允许偏差可以为A、B、C。

　A. 10mm　　　B. 20mm　　　C. 30mm　　　D. 40mm

137. 门架及配件的质量可分为A，B，C，D四类，经保养修理后可继续使用的有B、C、D。

　A. D　　　B. C　　　C. B　　　D. A

138. 从剪刀撑搭设图可以看出，剪刀撑设置在脚手架外侧，与地面可以成B、C。

　A. 30°　　　B. 45°　　　C. 60°　　　D. 70°

139. 扣件式钢管脚手架立杆的接头除在顶层可采用搭接外，其余各接头必须采用对接扣件连接。对接扣件应交错布置，两个相邻立杆接头可以设在B、C、D内。

　A. 同步、同跨　　　B. 同步、不同跨

　C. 不同步、同跨　　D. 不同步、不同跨

140. 扣件式钢管脚手架纵向水平杆的接头采用对接扣件连接时，对接接头应交错布置，可以设置在B、C、D内。

　A. 同步、同跨　　　B. 同步、不同跨

　C. 不同步、同跨　　D. 不同步、不同跨

141. 常用钢丝绳的结构组成有B、C、D三种类型。

　A. 6×17+1钢丝绳　　　B. 6×19+1钢丝绳

　C. 6×37+1钢丝绳　　　D. 6×61+1钢丝绳

142. 钢丝绳按绕制方向分有A、B、D三种类型。

　A. 交绕绳　　B. 顺绕绳　　　C. 反绕绳　　　D. 混绕绳

143. 钢丝绳的连接有B、D方法。

A. 打结法　　　B. 插编法　　　C. 捆绑法　　　D. 绳卡连接

144. 卷扬机主要的技术参数是：<u>B、C、D</u>。

A. 整机重量　　B. 额定静拉力　　C. 绳速　　D. 容绳量

145. 电动卷扬机按速度可分为<u>A、C、D</u>三种。

A. 快速　　　B. 中速　　　C. 慢速　　　D. 调速

146. 电动卷扬机在使用中应可靠的固定，其固定方法有<u>A、B、C、D</u>。

A. 螺栓锚固法　　　B. 水平锚固法

C. 立桩锚固法　　　D. 压重锚固法

147. 安全帽在使用过程中会逐渐损坏，应经常进行外观检查。如果发现<u>A、B、C</u>，应予以报废。

A. 帽壳与帽衬有异常损伤

B. 帽壳与帽衬裂痕或缺衬带

C. 水平垂直间距达不到标准要求

D. 安全帽的颜色不是红色

148. 安全带的带体上应缝有商标、合格证和检验证。合格证上应注明<u>A、B、C、D</u>。

A. 产品名称　　　　　　　B. 生产年月

C. 拉力试验、冲击试验　　D. 制造厂名、检验员姓名

149. 安全网安装前必须对网和支撑物进行的检查<u>A、B、C、D</u>。

A. 网的标牌与选用相符

B. 网的外观质量无任何影响使用的弊病

C. 支撑物（架）有适合的强度、刚性和稳定性

D. 系网处无撑角和尖锐边缘

150. 其他安全围护设施按其实施保护的方式可分为<u>A、B、C</u>。

A. 围挡措施、遮盖措施　　B. 支护措施、加固措施

C. 解危措施、监护措施　　D. 防窃措施、警示措施

151. 脚手架地基的一般要求<u>A、B、C</u>。

A. 具有足够的承载力

B. 平整夯实

C. 可靠的排水措施，防止积水浸泡地基

D. 脚手架的钢立柱直接立于土地面上

152. 扣件钢管搭设的井式支承架搭设时的注意事项有A、B、C。

A. 在脚手架的尽端（建筑物拐角处）用双跨井架，中间用单跨井架

B. 支承井架的立杆间距为1.6m，横杆间距为1.2～1.4m

C. 支承架每隔三步设置两根连墙杆与建筑物连接牢固

D. 支承架与上料井架连接搭设时，支承架的立杆纵向间距可以自行选择，不受上料井架的限制

153. 定型钢排架组成的井式支承架搭设时的注意事项有A、B、D。

A. 必须做好场地平整，并认真进行底座抄平

B. 支承架横杆步距为1.2m，每隔三步设置两根连墙杆

C. 一般在施工高度为20m以上时采用

D. 支承架间每隔四步内外各设一道拉杆，同时必须在搁置桥架处增设一道临时拉杆，临时拉杆可随桥架的提升往上拆移

154. 门型框架搭设的井式支承架搭设时的注意事项有A、B、C、D。

A. 靠端头的支承架应采用"L"形方案，以确保在偏心荷载作用下的稳定

B. 沿高度方向每隔一步加设一对水平加固杆（用2m长脚手钢管）

C. 加密扣墙点。即沿水平方向设两点（拉着两边的门架），沿垂直方向每隔一步设一点

D. 在内外两面均加设长剪刀撑

155. 在双层桥式脚手架的构造中应采取的加强措施有A、B、C、D。

A. 在建筑物上每隔两层设置一道牢固的拉结点，以加强立柱与建筑物的连接

B. 对于角柱，应将相邻两个角柱之间可靠的拉结起来，以起到相互帮衬作用

C. 加强桥架立柱柱基的稳定性。一般应做可靠的混凝土垫层并加基座垫板，以防止沉陷

D. 必须按钢结构设计的有关规定对立柱进行稳定验算。其验算结果的安全系数应不低于2.0（允许应力法）

156. 通常情况下，桥式脚手架桥架的升降可采用A、B、C、D方法。

A. 捯链、手扳葫芦、手摇提升器、滑轮等手动工具

B. 提升机

C. 卷扬机

D. 塔式起重机或轮胎起重机

157. 桥式脚手架使用时A、B、C。

A. 每跨桥架上的人数不得超过5人，桥架上人员一律戴安全帽，禁止在桥架上跑跳嬉闹

B. 严禁在桥架上用灰斗或其他物品垫起后铺设脚手板进行操作。不准用塔式起重机直接向桥架平台上卸料

C. 桥架上不得任意悬挂垂直运输设备。动力线和照明线不得直接搭在架子上，防止漏电和触电

D. 操作人员应通过攀登桥架立柱上下

158. 门式钢管脚手架是由钢管制成的定型脚手架，由A、B、D、挂扣式脚手板或水平架、锁臂等组成基本结构。

A. 门架　　B. 交叉支撑　　C. 立杆　　D. 连接棒

159. 门架的水平度、垂直度要求较高，搭设时，要拉线、吊线找平找直，必要时可用B、C等仪器找平找直。

A. 尺子　　B. 水平仪　　C. 经纬仪　　D. 垂直仪

160. 门式钢管脚手架的拆除工作应在统一指挥下，按A、D的顺序进行。

A. 后装先拆　B. 后装后拆　C. 先装先拆　D. 先装后拆

161. 拆除门式钢管脚手架时，同一层的构配件和加固件应按C、D的顺序进行。

A. 先下后上　B. 先里后外　C. 先上后下　D. 先外后里

162. 连墙件必须能承受A、C，其承载力标准值不小于10kN。

A. 拉力　　　B. 剪力　　　C. 压力　　　D. 弯矩

163. 插接式钢管脚手架有A、B、C几种类型。

A. 甲型承插式钢管脚手架　　B. 乙型承插式钢管脚手架

C. 丙型承插式钢管脚手架　　D. 插接式角钢脚手架

164. 甲型承插式钢管脚手架立杆长度为A、B。

A. 3.75m　　B. 5.55m　　C. 3.55m　　D. 5.75m

165. 承插式角钢脚手架杆件常采用A、B几种类型。

A. ∟50mm×5mm角钢

B. ∟75mm×50mm×5mm角钢

C. ∟50mm×10mm角钢

D. ∟100mm×75mm×5mm角钢

166. 承插式角钢脚手架小横杆长度为A、C。

A. 950mm　　B. 1010mm　　C. 1150mm　　D. 1250mm

167. 甲型承插式钢管脚手架三角架通常用A、C材料制作。

A. φ16mm Ⅰ级钢筋　　　　B. 钢管

C. ∟25mm×3mm角钢　　　D. 不锈钢管

168. 承插式角钢脚手架立杆配套立杆长度为B、C。

A. 1.8m　　B. 2.03m　　C. 3.88m　　D. 4.08m

169. 小型吊篮由A、B、C、D部分组成。

A. 两个吊架　　B. 底盘　　C. 护栏　　D. 顶盖

170. 单梁式挑梁由型钢制作，其装设方式有A、B、C。

A. 固定在屋面结构上　　B. 与柱子或墙体拉结

C. 加设配重　　　　　　D. 固定在楼面结构上

171. 电动吊篮主要由A、B、C组成。

A. 工作吊篮　　B. 提升机构

C. 绳轮系统　　D. 屋面支承系统及安全锁

172. 吊脚手架的拆除顺序为A、B、C。

A. 将吊脚手架放至地面

B. 对电动吊篮应切断电源

C. 解开吊脚手架上的吊索

D. 拆除吊索，拆除挑架（或挑梁）

173. 组合吊篮架由A、B、C组成。

A. 吊篮片　　B. 扣件　　C. 钢管　　D. 角钢

174. 悬挑脚手架的关键是悬挑支承结构，它必须有足够的A、B、C，并能将脚手架的荷载传递给建筑结构。

A. 强度　　B. 刚度　　C. 稳定性　　D. 平整度

175. 悬挑脚手架承受拉力的预埋件，要待混凝土强度达到设计强度B、C、D以上时可以受力。

A. 60%　　B. 70%　　C. 80%　　D. 90%

176. 搭设高层建筑扣件式钢管挑脚手架时，其离墙面距离可以为A、C。

A. 0.1m　　B. 0.2m　　C. 0.15m　　D. 0.3m

177. 挑脚手架中的斜杆与墙面的夹角为A、B时可以满足要求。

A. 25°　　B. 30°　　C. 45°　　D. 60°

178. 附着升降脚手架是一种高层和超高层建筑物主体结构与外墙装饰施工使用的移动式外脚手架，其特点是A、B、C。

A. 节约人力物力　　B. 有利于安全施工

C. 专业性要求高　　D. 安全防护好

179. 附着升降脚手架涉及到B、C、D技术领域，是一项具有较高要求的综合型专业技术。

A. 施工管理　　B. 脚手架装拆

C. 机械施工　　D. 电气和自动控制

180. 附着升降脚手架按升降方式分类，主要有A、B、D几种形式。

  A. 单跨式   B. 多跨式   C. 导轨式   D. 整体附着式

  181. 采用手拉葫芦作为升降机构能用于<u>A、D</u>附着升降脚手架。

  A. 单跨式   B. 多跨式   C. 整体式   D. 互爬式

  182. 附着升降脚手架主要附着支承形式有<u>A、B、D</u>多种附着支承结构形式，其他附着支承形式基本上是这几种形式的改型和扩展。

  A. 吊拉式   B. 导轨式   C. 单跨式   D. 套框式

  183. 附着升降脚手架在升降工况中，提升吊点的位置处于升降脚手架的重心，架体属于中心提升的附着支承形式有<u>A、D</u>。

  A. 吊拉式   B. 导轨式   C. 导座式   D. 套框式

  184. 附着升降脚手架在升降过程中，架体的悬臂高度 h 可为架体高度 H 的<u>A、B</u>。

  A.1/5   B.2/5   C.3/5   D.4/5

  185. 附着升降脚手架架体高度 H 与水平支承跨度 L 的乘积可为<u>A、B、C</u>mm。

  A. 90   B. 100   C. 110   D. 120

  186. 附着升降脚手架架体结构的外立面必须沿架体全高搭设剪刀撑，剪刀撑跨度和其水平夹角可以为<u>A、B、D</u>。

  A.8，80°   B.7，70°   C.6，60°   D.5，50°

  187. 附着升降脚手架架体结构在<u>A、B、D</u>设置处，应采取可靠的加强构造措施。

  A. 升降机构   B. 防倾防坠装置   C. 安全防护   D. 悬挑端

  188. 附着升降脚手架的架体结构由<u>B、C、D</u>部分组成。

  A. 附着支承结构   B. 架体竖向主框架

  C. 架体构架   D. 架体水平梁架

  189. 附着升降脚手架架体竖向主框架垂直于建筑物外立面，一般采用<u>A、C、D</u>连接。

  A. 焊接   B. 扣件   C. 销   D. 螺栓

190. 附着升降脚手架架体竖向主框架有B、C形式，安装时需要塔式起重机等起重设备的配合。

A. 分片组装型片式框架结构

B. 整体结构型片式框架结构

C. 分段组装型格构式框架结构

D. 工具式框架结构

191. B、C、D属于附着升降脚手架架体竖向主框架中格构式框架结构。

A. 专业框架型片式框架结构　　B. 分段组装型框架结构

C. 分片组装型框架结构　　　　D. 工具式框架结构

192. 附着升降脚手架架体水平梁架应采用B、C、D连接形式，并能与其余架体连成整体。

A. 扣件　B. 焊接　　C. 螺栓　　D. 销

193. 附着升降脚手架架体构架所用材料，主要分类有A、D。

A. 扣件式钢管脚手架　　B. 碗扣式钢管脚手架

C. 门式脚手架　　　　　D. 双排式脚手架

194. 导轨式附着升降脚手架升降过程是靠C、D完成。

A. 钢丝绳　　B. 吊拉杆　　C. 导轨　　D. 导座

195. 附着升降脚手架架体安装前应做好B、C、D准备工作。

A. 编制工程进度计划　　B. 检查安装平台

C. 安全技术交底　　　　D. 编制专项施工方案

196. 附着升降脚手架架体安装前，安装单位技术负责人应向安装人员进行安全技术交底，安全技术交底的主要内容应包括A、C、D。

A. 工程概况　　　　　　B. 架体材料检查验收

C. 架体搭设特殊要求　　D. 搭设质量

197. 附着升降脚手架架体安装过程中，架体竖向主框架的垂直偏差可为A、B、C。

A. 0. 3%，40mm　　B. 0. 4%，50mm

C. 0. 5%，60mm　　D. 0. 6%，70mm

198. 附着升降脚手架架体安装完毕，应检查A、B、D 安装质量。

A. 架体构架　　B. 各节点连接件

C. 剪刀撑　　　D. 安全防护

199. 附着升降脚手架的搭设、安装和施工，由附着升降脚手架施工单位派出具有专业资质的A、B、D 完成。

A. 施工负责人　　B. 技术人员

C. 测量人员　　　D. 操作人员

200. 附着升降脚手架架体材料拆除后，应及时进行全面检修保养，出现B、C、D 情况必须予以报废。

A. 油漆脱落　　　　B. 焊接件锈蚀严重

C. 构件严重弯曲变形　　D. 钢丝绳磨损严重

201. 附着升降脚手架架体安装搭设过程中，应检查架体的A、C、D 并及时调整校正。

A. 立杆纵距　　B. 水平杆步距

C. 架体宽度　　D. 立杆的垂直度

202. 附着升降脚手架使用时，必须遵守其设计性能指标，不得A、C、D。

A. 超载使用架体　　B. 堆放物件

C. 碰撞架体　　　　D. 拆除结构件

203. 升降脚手架停用超过一个月或遇6 级以上大风后复工时应检查A、C、D。

A. 附墙拉结杆　　B. 升降机构

C. 架体连接件　　D. 安全防护设施

204. 附着升降脚手架拆除工作开始前，必须做好A、B、D 准备工作。

A. 方案审批　　B. 方案交底　　C. 准备材料　　D. 人员组织

205. 支撑架中框架单元的框高可根据荷载等要求选择A、

B、C。

 A. 0.6m B. 1.2m C. 1.8m D. 2.0m

206. 碗扣式钢管支撑脚手架搭设前，应根据施工荷载大小选择支撑架组合尺寸及形式，并按支撑高度要求组配画出组架图和材料明细表B、C、D可调托座等。

 A. 剪刀撑 B. 立杆 C. 顶杆 D. 可调底座

207. 门架的间距应根据荷载的大小确定，同时也须考虑交叉拉杆的规格尺寸，一般常用的间距有A、C、D。

 A. 1.2m B. 1.4m C. 1.5m D. 1.8m

208. 用于梁模板支撑的门架，可采用B、C于梁轴线的布置方式。

 A. 斜向 B. 平行 C. 垂直 D. 对称

2.4 填空题

1. 在一般情况下，力对物体作用可产生移动和转动两种效应。

2. 力矩的单位为N·m，也可以用kN·m。

3. 质量的法定计量单位是千克。

4. 杆件的基本变形形式有四种，包括拉伸与压缩，剪切，扭转，弯曲。

5. 在材料力学中，凡是以弯曲变形为主要变形的杆件通常称为梁。

6. 力的大小，方向，作用点被称为力的三要素。

7. 物体的重心就是物体上各个部分重力的合力作用点。

8. 安全带不得超期使用，到时应及时报废。

9. 力矩的单位，由力和力臂的单位决定，在国际单位制中用牛顿·m，其代表符号是N·m。

10. 构件在外力作用下单位面积上的内力，称为应力。

11. 因外力作用而发生变形的杆件，其内部材料颗粒间因相对位置改变而产生的相互作用力称为内力。内力是因外力而引起的。

12. 材料力学中，构件的基本变形的形式有拉伸或压缩，剪切，弯曲和扭转。

13. 多台链式起重机吊一物体时，应先确认承载能力，由1人指挥统一协调。

14. 搭设在旷野山坡上的钢脚手架，井字架等在安装时应安装避雷针，接地极，接地线。

15. 钢丝绳由几股钢丝和一根绳芯组成。

16. 常用的千斤顶有丝杆式，液压式，牙条式三种。

17. 吊具包括吊钩，套环，卡环，钢丝绳夹头，横吊梁等。

18. 滑车按使用方式不同可分为：定滑车、动滑车和导向滑轮三种。

19. 吊装物件时，都有绑扎，起吊，就位，临时加固，校正，最后固定等几个操作顺序。

20. 卡环是用来吊装构件时连接吊索的，由一个止动销和一个U形环组成。

21. 对于具有简单几何形状、材质均匀分布的物体，其物体重心就是该几何体的几何重心。

22. 构件许用应力 σ 是保证构件安全工作的最大工作应力。

23. 立杆又称为立柱、站杆、冲天、竖杆，是脚手架中主要的竖向承重杆件。

24. 竹材的生长期可通过外观来进行鉴别。

25. 镀锌铁丝的质量要求，对于 8 号镀锌铁丝，其直径应为4mm 抗拉强度应为900MPa。

26. 扣件应经过65N·m 扭矩试验检验，不允许破坏。

27. 扣件活动部位应转动灵活，旋转扣件的两旋转面间的间隙应小于1mm。

28. 立杆最大弯曲变形不超过总长的1/500，横杆、斜杆最大弯曲变形不超过总长的1/250。

29. 剪刀撑的跨度设置为四跨，斜度约为45°。

30. 梁板满堂脚手架必须在立杆之间沿纵横两个方向设置水平拉接杆（纵、横向水平杆），纵、横向水平杆的步高一般不大于1.6m。

31. 当进行圆曲线布置时，两纵向横杆之间的夹角最小为150°。

32. 洞口脚手架搭设遇到施工需通行的门洞时，为了施工方便和不影响通行、运输，应将洞口的立杆断开搭设。

33. 架体连墙点布置图脚手架搭设高度大于7m时，应设置连墙件，使脚手架与建筑物牢固连接。

34. 绳芯其作用是增加钢丝绳的绕性和弹性，便于润滑、增加强度等。

35. 顺绕绳：即绳与股的捻向相同，又分为左同向捻和右同向捻两种。

36. 钢丝绳的连接有插编法和绳卡连接法两种方法。

37. 钢丝绳绳卡连接有三种形式：骑马式卡壶、压板式、拳握式。

38. 钢丝绳直径减少7%时应予以报废。

39. 手拉环链葫芦又叫做链条葫芦，俗称"神仙葫芦"或"捯链"。它适用于小型设备和重物的短距离吊装，起重量一般不超过10t，最大的也可达20t。

40. 使用手动卷扬机时，手摇柄要对称安装。

41. 卷扬机必须安装在平整坚实、视野良好的地点。

42. 应选用与自己头型合适的安全帽，帽衬顶端与帽壳内顶必须保持25～50mm的空间。

43. 安全带一般使用5年应予以报废。

44. 安全带悬挂时应作垂直悬挂，高挂低用较为安全。

45. 安全网是由网体、边绳、系绳和筋绳构成，网体则由网绳编结成菱形或方行网目。

46. 平网的设置形式一般有四种：首层网、随层网、层间

198

网、洞口网。

47. 围挡措施即指围护和挡护措施，包括对施工区域、危险作业区域和有危险因素的作业面进行<u>单面的</u>、<u>多面的</u>和周围的围护和挡护措施。

48. 重要的支护作业应有<u>施工组织设计</u>或施工安全技术措施。

49. 脚手架的钢立柱不能直接立于土地面上，应加设<u>底座和垫板</u>或混凝土垫块。

50. 脚手架旁有开挖的沟槽时，应控制外立杆距<u>沟槽边</u>的距离。

51. 脚手架搭设高度小于或等于<u>25m</u>。

52. 回填土地基处理砂夹石回填分层夯实，立杆底座应置于面积不小于<u>0.10m²</u>混凝土或垫木上。

53. 按支承架的<u>构造形式</u>，它又可分为三角形断面单支承架式、三角形断面双支承架式和矩形断面双支承架式等几种。

54. 支承架（立柱）有多种构造方式，一般用<u>多立杆式脚手架的杆件和框式脚手架的框架</u>来搭设。

55. 每个支承架两侧（垂直墙面方向）均设置方向相反的<u>单支斜撑</u>，纵向每隔四个桥架在支承架的外侧设单支斜撑。

56. 定型钢排架组成的井式支承架横杆步距为<u>1.2m</u>，每隔三步设置两根连墙杆。

57. 门型框架搭设的井式支承架使用框组式脚手架的门型框架也可搭设<u>桥式脚手架的支承架</u>。

58. 双层桥式脚手架，一般适用于<u>高层建筑施工</u>。

59. 桥架的升降可用塔式起重机或轮胎起重机等进行，也可在立杆上挂设附着式提升机或摇头扒杆来进行升降。

60. 立杆（柱）每节长为3.2m，上下两端均焊有<u>法兰接头</u>。

61. 焊后进行机加工，用钻模钻孔，并应保证<u>几何尺寸</u>、<u>垂直度</u>、挠度及对角线等均符合产品图样的要求。

62. 在确定使用桥式脚手架时，应先编制<u>施工组织设计</u>，对采用的桥式脚手架拟定详细的施工方案。

63. 立柱可采用塔式起重机或人工方法逐节安装，也可用卷扬机整体架设立柱。

64. 桥架安装就位后，必须立即固定牢固。

65. 当桥面宽度不能够满足需要时，可通过增设挑台来予以加宽，且悬挑长度应根据具体需要确定，但不得超过 1m。

66. 单排立杆（柱）桥式脚手架的组合立杆，应根据建筑物高度在地面一次组装好。

67. 手动工具提升采用手动葫芦、手扳葫芦、手摇提升器或滑轮等手动工具进行桥架的升降。

68. 在高层建筑中，采用双层桥式脚手架施工时，一般可借助塔式起重机一次提升两个桥架。

69. 自动保险装置由销杆用 30mm 圆钢制成、压簧、套筒支架、导向轮及钢丝绳等组成。

70. 搭设立柱前应进行质量检查，发现问题应及时校正。

71. 桥架在提升过程中或停在某一位置后，要用小于 13mm 钢丝绳将桥架端部与立杆横杆兜住，作为保险装置。

72. 桥式脚手架经单位工程负责人检查验证并确认不再需要时，方可拆除。

73. 放线定位桥架立柱中线位置偏差应不大于10mm。

74. 门式钢管脚手架基本组合单元的专用构件称为门架配件，包括连接棒、交叉支撑、水平架、挂扣式脚手板、底座与托座等。

75. 当脚手架搭设在结构楼面或挑台上时，立杆底座下应铺设垫板或混凝土垫块，并应对楼面或挑台等结构进行承载力验算。

76. 门架安装应自一端向另一端延伸，逐层改变搭设方向，不得相对进行。

77. 水平架搭设其搭设方法是：插接在两榀门架立杆上部。

78. 对于高度小于 20m 的脚手架，由单位工程负责人组织检查验收；而高度超过 20m 的脚手架，应由<u>上一级技术负责人</u>组织检查验收。

79. 工厂生产的吊挂脚手架，必须要有<u>出厂合格证</u>。

80. 承插式钢管脚手架是在立杆上焊以承插短管，在横杆上焊以插栓，用<u>承插方式</u>组装而成的工具式脚手架。

81. 立杆的长度和接长的方法与甲型承插式钢管脚手架相同，但承插管装设的方向和<u>位置</u>有所不同。

82. 吊挂脚手架主要组成部分为：<u>吊架</u>或吊篮、<u>支承设施</u>、<u>吊索</u>及升降装置等。

83. 吊架和吊篮的构造形式应根据脚手架的<u>用途</u>、<u>建筑物结构情况</u>和采用的悬吊方法而定。

84. 挑梁的支臂，从悬挂点到支点的距离 V 长度一般为 <u>0.6 ~ 0.8m</u>，但在有阳台的部位可达 2m 左右。

85. 电动吊篮在运行中如发生异常和故障，必须立即<u>停机检查</u>。

86. 清扫吊篮内的建筑垃圾杂物时，将吊篮悬挂于<u>离地面3m</u>处，撤去上下梯。

87. 悬挑脚手架的关键是悬挑支承结构，该支承结构必须有足够的<u>强度</u>、刚度和稳定性，并能将脚手架的荷载传递给建筑结构。

88. 附着升降脚手架按<u>升降方式</u>可分为单跨附着升降脚手架、多跨附着升降脚手架、整体附着升降脚手架和互爬式附着升降脚手架。

89. 附着升降脚手架主要由架体结构、<u>附着支承结构</u>、升降机构和安全保护系统等四大部分组成。

90. 建筑物的大厅、餐厅、多功能厅等的顶板施工，往往需要搭设<u>满堂模板支撑架</u>。

91. CZM 门架是一种适用于搭设模板支撑架的门架，其特点是<u>横梁刚度大</u>、<u>稳定性好</u>，能承受较大的荷载。

92. 模板支撑架立杆采用对接扣件连接时，在立杆的顶端安插一个顶托。

93. 模板支撑及满堂脚手架的基础做法应符合规范要求，当模板支撑架设在钢筋混凝土楼板、挑台等结构上部时，应对该结构强度进行验算。

94. 吊套式附着升降脚手架的结构形式与套框式附着升降脚手架基本相同，只是将套框式附着升降脚手架的附墙支座换成了两套可调斜拉杆和附着支撑管。

95. 互爬式附着升降脚手架的升降机构一般采用手拉葫芦。

96. 承力架（又称为"承力托盘"、"底盘"）安装时要调整平稳，各承力架之间的高差应不大于20mm。

97. 在每一作业层架体外侧设置上、下两道防护栏杆和挡脚板。

98. 模板支撑架的搭拆时，对于满堂支撑架顶部施工操作层，应满铺脚手板，并采取可靠连接方式，使其与门架横梁固定。

99. 模板支撑架的搭拆时，当模板支撑架的高度超过宽度5倍时，应设置缆风绳予以拉牢。

100. 模板支撑架的搭拆时，施工需要拆除局部杆件时，必须采取临时加固措施。

101. 凡患有高血压、心脏病、癫痫以及其他不适于高空作业的不得从事高空作业。高空作业人员禁止穿硬底鞋和带钉易滑鞋。

102. 高空作业的人员在作业中不得往下投掷物体、碎砖、灰渣手提工具和零星物料应随手放在工具袋内。

103. 凡在坠落高度基准面2m以上有可能坠落的高处作业均称为高处作业，2m以上的悬空作业必须使用安全带，使用安全带时应注意选用经质检合格的安全带，并保证在有效期内使用，安全带严禁打结连续。在使用过程中，安全带要高挂低用防止摆动，避免刺割和明火，安全带钩应挂到连接环上，不能直接挂在安全绳上。

104. 脚手架作业必须挂好安全带，各种料具应均匀分布，不得集中堆放，每跨桥架总承重荷载不得超过1000公斤（包括人、具、料），在桥架上行走不准蹦跳、快跑，作业人数每跨不得超过6人，升降桥架必须专业架子工进行操作。

105. 脚手架的脚手板，一端超出小横杆30cm以上时称为探头板，高处作业严禁使用探头板。

106. 钢管、脚手架应用外径48～51mm，壁厚3～3.5mm的钢管，长度以4～6.5m和2.1～2.3m为宜。有严重锈蚀、弯曲、压扁或裂纹的不得使用，扣件应有出厂合格证明，发现脆裂、变形、滑丝的禁止使用。

107. 安全网一般由网体、边绳、系绳、筋绳、试验绳等组成，安全网分为立网、水平网两类，水平网的宽度不得小于3m，立网的高度不得小于1.2m，每张网的重量不宜超过15公斤。

108. 安装平网应外高里低，以15°为宜，网不宜绑紧，施工中要保证安全网完整有效、受力均匀，网内不得有积物，两网的搭接要严密不得有缝隙，支搭的安全网直至无高空作业时，方可拆除。

109. 脚手架的两端、转角处以及每隔6～7根立杆应设剪刀撑和支杆，剪刀撑和支杆与地面的角度应不大于60°，支杆底端要埋入地下不小于30cm，架子高度在7m以上或无法设支杆时，每高4m，水平每隔7m，脚手架必须同建筑物连接牢固。

110. 吊架、挂架、挑架、插口架和堆料架等特殊脚手架必须有设计计算，有搭设方案，有详细图纸，有荷载试验，有文字交底，有专人管理和维修。

111. 连墙件在脚手架的作用是：不论有风无风均受力，即承传水平风荷载，又承传固定脚手架平面外变形所产生的水平力。

112. 在水平杆的强度计算中，不计算水平杆的抗剪强度是由于：水平杆抗剪承载力很大。

113. 扣件拧紧扭力矩不应小于40N·m，主要这是因为拧紧扭力矩过小，会使脚手架的<u>整体刚度</u>过低，降低脚手架的<u>整体稳定性</u>。

114. 暴风雪及台风暴雨后，应对高处作业安全设施逐一加以检查，发现有<u>松动</u>、<u>变形</u>、<u>损坏</u>或<u>脱落</u>的现象，应立即修理完善。

115. 对邻近的人与物有坠落危险性的<u>竖向孔</u>、<u>洞口</u>，均应予以设盖板防护，并具有固定其位置的措施。

116. 临边防护栏杆中、钢管横杆及栏杆均采用符合要求的管材，以<u>扣件</u>或<u>电焊</u>固定。

117. 横向水平杆的长度宜为<u>2200mm</u>。

118. 脚手架作业层的脚手板铺设应满铺，铺稳。

119. 连墙件必须采用可承受<u>压力</u>和<u>拉力</u>的构件。

120. 剪刀撑斜杆与地面的倾角宜在<u>45°~60°</u>之间。

121. 双排架横向水平杆靠墙一端至墙装饰面的距离不宜大于<u>100mm</u>。

122. 立杆底座于的垫板长度和厚度尺寸不宜小于<u>两跨</u>，且不小于<u>50mm</u>。

123. 脚手架上门洞桁架两侧立杆为<u>双管立杆</u>，副立杆应高出门洞口<u>1~2步</u>。

124. 脚手架的人行斜道和运料斜道应设<u>防滑条</u>。

125. 悬挑钢平台左右两侧必须装置固定的<u>防护栏杆</u>。

126. 移动式操作平台的次梁，间距不应大于<u>40cm</u>。

127. 高度超过24m的交叉作业，凡人员进出的通道口应设<u>双层安全防护棚</u>。

128. 雨天和雪天进行高处作业时必须采取可靠的<u>防滑</u>、<u>防寒</u>、<u>防冻措施</u>。

129. 边长超过150m的洞口，四周设<u>防护栏杆</u>，洞口下张<u>安全平网</u>。

130. 梯脚底部应坚实，不得垫高使用，立梯工作高度以<u>75+5°</u>为宜。

131. 使用直爬梯进行攀登作业时，攀登高度以5m为宜。

132. 安全帽耐冲击试验，传递到头模上的力不应超过500kg。

133. 密目式安全网每10cm×10cm=100cm² 面积上有2000个以上的网目。

134. 进行各项窗口作业时，操作人员的重心应位于窗口。

135. 在荷载分类中，将脚手板重量归于永久荷载和变形荷载。

136. 双排脚手架每一连墙件的覆盖面积应当架高不大于50m时，应不大于40m²，架高大于50m时，不大于27m²。

137. 在脚手架使用期间，严禁拆除主节点处的纵横向水平杆、连墙件和纵横向扫长杆。

138. 高处作业局部照明的电源电压应不大于36V。

139. 在进行临边作业时设置的安全防护设施主要为防护栏杆和防护网。

140. 电压1kV以下，任何防护部位边缘与架空线路边的最小距离不小于2m。

141. 木脚手架的立杆应埋入地下30～50cm。

142. 落地式脚手架立杆承载力在15～20kN之间，满堂架立杆承载力可达30kN（设计值）。

143. 纵向水平杆宜设置在立杆内侧，其长度不宜小于三跨。

144. 脚手架底层步距不应大于2m。

145. 高度不大于6m的脚手架，宜采用一字型斜道。

146. 扣件螺栓拧紧扭力矩不应小于40N·m且不应大于65N·m。

147. 大横杆与立杆交叉点处的小横杆，在脚手架施工期间（不准）拆除。

148. 搭设脚手架人员必须戴安全帽，系安全带，穿防滑鞋。

149. 脚手架作业层上的施工荷载应符合设计要求，不得超载。

150. 特种作业人员基本职业道德是要求爱岗、尽责、文明、守责。

151. 安全生产是社会文明进步的基本标志。

152. 标准角度的尺寸线要用圆弧线表示。圆弧线的圆心应是该角的顶点，角的两个边就是尺寸界线。

153. 在比例尺为1:100时读数是10m，而在1:200时则为20m，当1:400时，读数即为40m。

154. 一般情况下，外架子的保安期限应不少于一年。

155. 在搭设扣件式钢管脚手架时，其立杆的连接不得在同一步架、同跨间内，要互相错开连接。

156. 高度在8m以下的吊篮，要设3个吊点；超过8m的吊篮，每增加3m加一吊点，吊点要分布均匀。

157. 对落地外架子，当搭设高度为30~50m时，若架子立杆纵距采用1.8m，则从地面到15m的高度范围内，架子的里外立杆应采用双立柱，顺纵向并列组成"并列立杆"，用扣件紧固。

158. 采用几个吊点时，应使各吊点吊索拉力的合力作用点在构件的重心之上。

159. 大模板建筑的结构类型有：全现浇、现浇与预制相结合、现浇与砌筑相结合三种。

160. 飞模施工的顺序是：飞模就位、涂刷隔离剂、绑扎钢筋、浇筑混凝土、脱模和降落。

161. 升板结构的柱子滑模施工时，其尺寸位置的控制常常是质量控制的关键。

162. 如果知道某一个四门滑车的容许荷载为240kN，则其中一个滑轮的容许荷载为60kN。

163. 要严格按图施工，做到自检和互检，确保工程质量符合设计和标准要求。

164. 确定施工流向，对于单层建筑物，只要确定分段施工在平面上的施工流向就可以了，而对于多层或高层建筑，除确定平面上的施工流向外，还要确定分层的施工流向。

165. 图纸中的标题栏也称图标，是用来说明图样内容的专栏，必须画在每张图纸的右下角。

166. 工程图上的粗实线，一般用于表示主要可见轮廓线。

167. 挑架子的保安期限即为屋面檐口部位装饰施工的时间。

168. 搭设单排扣件式钢管脚手架时，在空心砖墙、1/2 砖墙和柱子上不得搁置排木。

169. 搭设框式钢管脚手架时，要求各榀框架立稳，本身要立垂直，同时框架的平面要与墙面垂直。

170. 悬挑平台的关键部位是钩挂吊索的吊环，它的角度及焊接质量必须符合要求，否则吊索拉上后，使吊环冷弯产生裂纹，容易发生安全事故。

171. 圆棒的重心在中间截面的圆心上。

172. 屋面板和空心楼板一般都设有吊环，起吊时钩住吊环即可。

173. 大模板建筑体系的大模板施工工艺为：放线→安装大模板→安装隔楼墙体→安装楼板。

174. 滑模系统装置由模板系统、施工平台系统和提升系统三个部分组成。

175. 飞模台面由铝合金龙骨或木龙骨（50mm×100mm）和面板组成，并用连接板按设计间距将龙骨固定在桁架上。

176. 升板法施工的原理是以柱子为导架，以地坪为台模，在地坪上就地重叠制作各层楼板及屋面板。

177. 制作人字拔杆时，要求两根桅杆相交角度不宜太大和太小，一般为65°左右。角度太小，人字拔杆就不稳定；角度太大，桅杆的受力就大，从而会降低起重的能力。

178. 在一次吊两块以上的空心板时，上下各层板的兜索到板端的距离应基本一致，以防发生事故。

179. 全面质量管理的基本工作包括：标准化、质量信息、质量教育、计量工作、质量责任制、建立质量管理小组等项内容。

180. 当建筑物的高度超过40m时，应沿建筑高度方向分段，吊撑或悬挑一次或几次搭设扣件式钢管脚手架。

181. 摩擦力的大小和物体的材料性质、接触面的光滑程度有关。

182. 在安装扣件时，使用直角扣件其开口不得朝下。

183. 门形框架由上横管承受荷载，因此，要搭设一层使用一层。

184. 对于大屋脊古建筑物的修缮架子，应采用挑架子的方法，架子里排立杆距古建筑物外壁不小于50cm。

185. 平行四边形的重心在对角线的交点上。

186. 用一点起吊构件时，必须使吊点和构件重心的连线与构件的横截面垂直。

187. 大模板工程是采用大型工具式模板浇筑钢筋混凝土墙体的机械化施工方法，其大型工具式模板称为大模板。

188. 滑模系统装置中的吊脚手架用于对滑出的混凝土结构进行处理或修补，要求吊脚手架沿结构内外两侧周围布置。

189. 飞模的护身栏是保证施工安全的设施，由护栏立柱、护身栏杆、中间栏杆和挡脚板组成。护身栏必须高出台面1.1m以上。

190. 升板工程施工的提升设备，直接影响升板工程施工质量和施工速度。常用的提升设备有手动油压千斤顶和电动穿心式提升机两种。

191. 圆木人字拔杆的起重量除与圆木的长短及其有效直径有关外，还与人字拔杆和地面夹角有关。夹角越小，起重量就越小。

192. 对于大型空心板，由于重叠生产，往往没有吊环，在吊装时需要用吊索兜吊的方法安装。

193. 长体构件起吊中，如无高架起重机械，吊点绑扎位置可不设在顶部，但应选择高于长体构件重心以上1～1.5m处，以保证起吊时的稳定。

194. 导向滑车只能改变钢丝绳的运动方向，而不能省力，亦不能改变速度。

195. QC 小组活动一定要按 PDCA 循环的科学管理程序进行，切忌用"也许"、"可能"、"或者"等不科学的反映问题的方法。

196. 标注半径的尺寸线，应一端从圆心开始，另一端画箭头指至圆弧。半径数字前应加注半径符号"R"。

197. 集中荷载是指荷载作用范围很小，可以看成全部荷载集中于一点作用在受力结构上。

198. 扣件式钢管脚手架搭设时，如扣件螺栓拧得太松，脚手架承受负荷后，容易向下滑落发生事故。

199. 扣件式钢管脚手架在四步架以上无法支撑压栏子时，应设连墙杆。

200. 落地外脚手架的容许荷载，其均布荷载不得超过 $2.7 kN/m^2$；集中荷载不得超过 $1.5 kN/m^2$。

201. 搭设扣件式钢管脚手架的扣件螺栓的扭力矩，要求达到 $4 \sim 5 kN \cdot m$ 为宜，最大不得超过 $5.88 kN \cdot m$。

202. 形状不规则物体的重心可以通过计算求出来。

203. 大模板安装就位后，要采取防止触电的保护措施，要有专人将大模板串联起来，并同避雷网联通，防止漏电伤人。

204. 飞模主要的部件由台架、台面、护身栏以及配套装置等部分组成。飞模台架的宽度、长度和高度都可以调节，以便满足各种工程的需要。

205. 飞模又称台模或桌模，是一种大型整体工具式楼板模板的新型体系，要用大型起重设备转运和吊装，较适用于现浇钢筋混凝土多层厂房、高层住宅以及公共建筑的楼板浇筑。

206. 现场搭设的大模板插放架，立杆应埋入地下 50cm，立杆中间要绑扎剪刀撑，上下水平拉杆、支撑和方垫木必须绑扎成整体，稳定牢固。

2.5 简答题

1. 怎样识读较复杂的建筑施工平面图（民用房屋）？

答：其主要方法为：

（1）先由外向里、由大到小、由粗到细，先看说明，再看图，逐步深入地看下去；

（2）查看平面图的总长、总宽的尺寸以及内部房间的功能关系、布置方式等；

（3）了解纵、横轴线间的尺寸距离；

（4）查看墙的布置方式、材料和厚度、门窗洞口的尺寸、编号；

（5）查看楼梯出入口位置及其与走道的关系；

（6）查看房间内的设备布置及位置；

（7）查看室外设施，如散水、雨水管、台阶等的位置及尺寸；

（8）有索引的部位要查看有关详图。

2. 扣件式钢管脚手架的拆除顺序是什么？

答：其拆除顺序是：安全网→栏杆→脚手板→剪刀撑→横向水平杆→纵向水平杆→连墙件→立杆。

3. 吊篮升降时应遵守哪些安全技术规程？

答：应遵守的安全技术规程有：

（1）升降时，必须同时摇动所有的手板葫芦或同时拉动捯链，各吊点应同步升降，保持吊篮平衡；

（2）升降时，不要碰撞建筑物，特别在凸出部位应有专人负责推动吊篮，防止挂碰建筑物；

（3）吊篮里皮距建筑物的距离以 10cm 为宜，两吊篮之间的间距不得大于 20cm；

（4）不准将两个或几个吊篮连在一起同时升降，两个吊篮的接头处应与窗口阳台施工面错开；

210

（5）以手扳葫芦为吊具的吊篮，钢丝绳穿好后，必须将保险扳把拆掉，系牢保险绳。

4. 选择构件起吊的重心在吊装作业中有什么作用？

答：其作用有：

（1）防止构件倾斜，翻转以致倾倒；

（2）保证构件的稳定；

（3）防止起重设备倾翻，造成机械事故；

（4）防止安全事故发生。

5. 怎样识读较复杂的楼层结构平面布置图？

答：其主要方法为：

（1）首先要查看说明，施工要求等；

（2）了解各种构件的代号及表示方法；

（3）查对楼层结构平面布置图与建筑平面图的关系是否正确，表示是否一致；

（4）看楼板的种类、型号、块数；梁的型号、位置及数量；

（5）查看板与墙的关系；

（6）查看各断面剖切位置与各断面图是否相符。

6. 搭设钢管脚手架之前应做好哪些准备工作？

答：其准备工作是：

（1）清理建筑物周围的障碍物和杂物；

（2）平整好搭设场地，夯实基土；

（3）根据施工要求，确定好脚手架的搭设形式；

（4）把需用的钢管及扣件运到搭设现场，并堆放好；

（5）按要求对钢管和扣件进行检查，不合格的不准使用。

7. 在建筑物转角处怎样搭设附墙挂架？

答：其搭设方法是：

（1）在每面挂架上增设水平杉篙；

（2）杉篙在转角处挑出，要互相绑牢；

（3）把脚手板铺在挂架和杉篙上；

（4）在杉篙相交处加绑短立杆，作为护身栏的支柱。

8. 拆除吊篮时应注意哪些事项？

答：其注意事项有：

（1）拆除时，扳动手葫芦，使吊篮逐步降到地面；

（2）卸除手扳葫芦，移走吊篮；

（3）抽出吊篮绳及安全绳索；

（4）操作人员必须戴安全帽。

9. 编制吊装工程施工方案时，一般有哪些因素需综合确定？

答：其因素有：

（1）结构的形式，跨度，安装高度；

（2）工程量大小，构件重量大小；

（3）工程期限；

（4）现场环境及现有的起重设备；

（5）土建工程的施工方法等。

10. 怎样画楼层结构平面布置图？

答：其画图的步骤是：

（1）画定位轴线，先把靠左边和下边的两条互相垂直的轴线画出来作为基线；

（2）画出墙、柱的轮廓线；

（3）按门、窗所在位置和尺寸，画出门的开启方向及窗的位置，再画其他细部，如楼梯台阶等；

（4）划分板块、各种构件的名称编号、布置和定位尺寸；

（5）标注尺寸，写文字说明。

11. 扣件式钢管脚手架的搭设工艺是什么？

答：其搭设工艺是：做好搭设前的准备工作→按建筑物平面形式定位放线→铺设垫板→摆放底座→摆放纵向扫地杆→逐根竖立杆并与纵向扫地杆扣紧→安装横向扫地杆→安装第一步纵向水平杆→安装第一步横向水平杆→安装连墙件→铺设第一步脚手板→搭设外侧栏杆和挡脚板→安装第二步纵向水平杆→安装第二步横向水平杆→安装连墙件→铺设第二步脚手板→搭设外侧栏杆和挡脚板→安装剪刀撑或斜撑→安装外侧防护安全

网→根据施工进度和需要继续向上搭设。

12. 搭设大跨度棚仓的工艺是什么？

答：其搭设工艺是：按棚仓使用要求放立杆坑线→挖立杆坑→架起立杆绑纵向水平杆→绑临时斜撑→绑底架→绑人字架→绑扎下弦杆→绑上弦杆→绑扎竖腹杆→绑人字架的纵向水平杆及顶撑杆→绑脊杆及水平拉杆→绑剪刀撑→绑檩条杆→铺钉棚仓面板及油毡。

13. 扣件式钢管高层悬挑架子拆除时应注意的事项有哪些？

答：拆除时应注意的事项有：

（1）从上到下进行拆除，做到一步一清；

（2）不准采用踏步式的拆除方法；

（3）对于纵向十字撑应先拆除中间扣，然后拆除两头扣；

（4）拆除前应将架子上存留的材料，杂物清除干净；

（5）拆除时，钢管扣件应按类分别堆放，零配件装入工具袋内；

（6）一步架的拆除工作未完成，或铁丝、扣件已松开，不得中途停止，以免留下隐患。

14. 一般房屋建筑施工用外脚手架施工方案的选择原则是什么？

答：其原则是：

（1）应有足够的操作面积，以满足操作，材料堆放，运输及人行通道的需要；

（2）应坚固、稳定，保证满足施工需要；

（3）搭拆简便，搬运方便，并能周转使用；

（4）其所需材料应因地制宜，就地取材，尽量节约用料。

15. 滑模施工的建筑物对脚手架有哪些要求？

答：其要求是：

（1）沿结构内外两侧周围布置；

（2）吊脚手架的高度一般为 1.8m，可设双层或三层；

（3）要有可靠的安全设备及防护设施。

16. 建筑工程制图一般应掌握哪些基本知识？

答：建筑工程制图一般应掌握的基本知识为：

（1）必须遵循国家制定的《建筑工程制图》的规定；

（2）图示方法，特别是正投影法的展开方法；

（3）标高的符号、注写方法；

（4）定位轴线的画法及编号规定；

（5）索引标志及详图符号的使用；

（6）引出线的画法规定；

（7）对称符号的画法及使用；

（8）代号的表示方法及使用；

（9）图例的表示方法及使用；

（10）正确使用制图工具和掌握基本几何作图方法。

17. 拆除扣件式钢管脚手架的杆件和扣件有哪些要求？

答：其要求是：

（1）对所有拆下来的杆件和扣件不得随意往下扔，以免损坏和伤人；

（2）拆下来的扣件要放在工具袋内，杆件要用绳子顺下去；

（3）拆下来的各杆件要随时清运到指定场地，按规格分类堆放整齐；

（4）扣件运至堆放地点。

18. 安装吊篮的操作工艺是什么？

答：其操作工艺为：

按方案确定挑梁位置→安装挑梁→地面上定位组装吊篮→挂吊篮钢丝绳及安全保险钢丝绳→挂手扳葫芦→摇升吊篮至使用高度→固定保险安全钢丝绳→将吊篮与结构拉结稳固。

19. 搭设修缮架子应注意哪些问题？

答：应注意的问题有：

（1）落地外架子当搭设高度为 30~50m 时，若立杆纵距采用 1.8m，则从地面至 15m 的高度范围内，架子的里外立杆应采用双立杆，顺纵向并列组成并列立杆；

（2）架子底部必须牢固，按要求铺设好道砟，混凝土块及槽钢；

（3）在架子外侧设置防护篱笆和安全网，加密连墙杆；

（4）有材料出入洞口时，应在洞口两侧采用并列立杆加强，并在洞口外侧上面搭设安全通道。

20. 如何穿绕滑轮组的绳索？

答：其穿绕方法有普通穿绕法和花穿法两种。

（1）普通穿绕法：是将绳索自一侧滑轮开始，顺利地穿过中间的滑轮，最后从另一侧滑轮引出。

（2）花穿法：其引出绳头从中间滑轮引出，两侧绳索的拉力相差较小。

21. 绘制建筑平面图有哪些步骤？

答：绘制建筑平面图的步骤为：

（1）根据选定的比例尺，估算所画图样的大小，确定其在图面上的摆放位置，打好边框和图标线；

（2）画定位轴线；

（3）根据墙的厚度，柱的断面尺寸，画出墙，柱轮廓线；

（4）按门窗所在位置和尺寸，画出门的开启方向及窗的位置，再画其他细部（如楼梯、台阶、厕所设备等）；

（5）对图进行检查，加工；

（6）标注尺寸，注写文字说明。

22. 扣件式钢管脚手架各杆件搭接的位置有什么要求？

答：其要求是：

（1）竖立杆时要注意长短搭配使用；

（2）立杆的连接不得在同一步架、同跨间内，要互相错开；

（3）纵向水平杆的连接也不得在同一步架内或同一跨间内，并要求上下错开连接。

23. 吊篮的挑梁用什么材料制成？有哪些要求？

答：挑梁一般用不小于 14 号工字钢，或采用承受荷载大于 14 号工字钢的其他材料制作。

挑梁的长度及断面由计算确定。挑梁前端要有套环，吊篮绳的一端系住套环，另一端通过手扳葫芦，作吊篮的升降之用。

24. 选择构件起吊吊点应注意哪些事项？

答：应注意的事项一般有：

（1）根据构件的外形，重心及工艺要求选择吊点，并在方案中进行规定；

（2）吊点选择应与构件的重心在同一垂直线上，且吊点应在重心之上（吊点与构件重心的边线和构件的横截面成垂直）。使构件垂直起吊，禁止斜吊；

（3）当采用几个吊点起吊时，应使各吊点的全力作用点，在构件重心的位置之上。必须正确计算每根吊索的长度，使构件在吊装过程中始终保持稳定位置。

25. 搭设挑架子的步骤有哪些？

答：其步骤有：

（1）先立好室内两根立杆与室内栏墙杆，并进行绑扎；

（2）伸出窗口的斜杆顶端与排木应绑扎牢固，并使斜杆底端支承在窗盘上，再同两根栏墙杆互相绑牢；

（3）小横杆的另一头与室内栏墙杆须绑扎牢固；

（4）绑扎牢墙外的纵向水平杆与小排木；

（5）铺上几块脚手板，绑扎纵向水平杆及护身栏杆；

（6）铺设窗间墙外面的脚手板。

26. 在升板法施工中，什么情况下应对柱子采取滑模施工？

答：在下列情况下应对柱子采取滑模施工：

（1）升板结构不仅高度较大，且平面呈正方形；

（2）升板结构不仅高度较大，虽平面不呈正方形，但面积较大；

（3）受起重机起重能力的限制，致使无论是预制吊装还是接长柱都很困难。

27. 常用的千斤顶有几种？其用途是什么？

答：常用的千斤顶有丝杆式千斤顶，液压式千斤顶和牙条式千斤顶三种。牙条式千斤顶多用于铁路上，前两种多用于设备修理安装上。

28. 怎样正确使用安全带?

答：安全带一般应高挂低用，即将安全绳端的钩挂在高的地方，而人在低处操作，这样万一发生坠落，操作人员不仅不会摔到地面上，而且还可避免由重力速度产生冲击加重人体的伤害。

29. 起重工应做到哪四不吊?

答：被吊物体不明不吊，被吊装物体与固定物连接者不吊，信号不准确不吊，不歪拉斜吊。

30. 滑子扣的用途?

答：适用于拖拉物体，穿滑轮等。

31. 柱子吊装中，柱子垂直度的校正有哪些方法?

答：柱子垂直度的校正常用敲打楔子法，丝杠千斤顶平推法，钢管撑杆校正法和千斤顶立顶法等。

32. 架子拆除注意事项有哪些?

答：（1）拆除前要检查架子与建筑物拉接情况，要制定安全措施，并向操作者进行安全交底；（2）拆除时要本着"先绑后拆，后绑先拆"的原则从上往下进行；（3）拆下的材料应向下传递或吊下，不能往下乱扔。

33. 外脚手架按其搭设方法不同可分为哪几种?

答：可分为落地外架子、挂架子、吊架子及挑架子等。

34. 选择构件起吊重心，在吊装作业中有哪些作用?

答：（1）防止构件倾斜，翻转以致倾倒；（2）保证构件稳定；（3）防止起重机倾翻，造成机械事故；（4）防止安全事故发生。

35. 用千斤顶顶起物体的基本步骤有哪些?

答：（1）将千斤顶放在被顶重物下的适当位置；（2）操作千斤顶，将重物顶起；（3）在重物下面垫木垛，并落下千斤顶；（4）将千斤顶垫高至适当位置，再重复上述操作。

36. 架子工操作时安全方面有哪些要求？

答：必须戴安全帽，系安全带，穿软底鞋，不要穿塑料底鞋或皮鞋。工具及小零件要放在工具袋内，袖口及裤口要扎紧，以防衣裤被挂住。

37. 手拉葫芦的种类与组成？

答：（1）种类：分涡轮滑轮和齿轮滑轮。

（2）组成：手拉葫芦由链轮及传动机构、手链、起重链、上下吊钩等部分构成。

38. 吊装作业中常用的钢丝绳有哪几种？适用于何处？

答：在吊装作业中常用的钢丝绳有：$6 \times 19 + 1$，$6 \times 37 + 1$，$6 \times 61 + 1$ 等几种。$6 \times 19 + 1$ 的钢丝绳比较硬，较耐磨，但不易弯曲，可作为缆风和吊索用；$6 \times 37 + 1$ 的钢丝绳比较柔软，常用来串滑车组和作吊索用；$6 \times 61 + 1$ 的钢丝绳主要用于重型机械。

39. 液压千斤顶常见故障及排除方法。

答：见表 39-1。

液压千斤顶常见故障排除方法表　　　　　表 39-1

故障现象	故障原因	排除方法
活塞上升速度缓慢	进液单向阀损坏 活塞杆变形，内泄	拆下泵体，更换单向阀 更换活塞杆，研磨密封阀
活塞不能上升	出液单向阀损坏	拆下泵体，更换单向阀 或研磨密封阀
千斤顶动作时，活塞杆逐渐下降	开关单向阀失灵	更换钢球，研磨密封阀

40. 结构安装工程常用的起重机械有哪些？

答：履带式起重机、汽车式起重机、轮胎式起重机、桅杆式起重机和塔式起重机等。

41. 高空作业时应注意哪些事项？

答：（1）从事高空作业的人员要定期体检，经医生诊断，凡患高血压、心脏病、贫血病、癫痫病以及其他不适于高空作业的人员，不得从事高空作业。

（2）高空作业衣着要灵便，禁止穿硬底和带钉易滑的鞋。

（3）高空作业所用材料要堆放平稳，工具应随手放入工具袋内，上下传递物件禁止抛掷。

（4）遇有恶劣气候（如风力在六级以上，暴风、大雾等）影响施工安全时，禁止进行露天高空，起重和打桩作业。

（5）梯子不得缺挡，不得垫高使用，梯子横挡间距以 30cm 为宜，使用时上端要扎牢，下端应采取防滑措施，单面梯与地面夹角以 60°～70° 为宜，禁止工人同时在梯子上作业，如需接长使用，应绑扎牢固，使梯底角拉牢，在通道处使用梯子，应有人监护或设置围栏。

（6）没有安全防护设施，禁止在屋架的上弧、支撑、挑架的挑梁和未固定的构件上行走或作业，高空作业与地面联系，应设通讯装置，并有专人负责。

（7）乘人外用电梯，吊笼应有可靠的安全装置，除指派的专业人员外，禁止攀登起重臂，绳索和随同运料的吊篮，吊装物上下。

42. 吊车梁如何起吊和就位？

答：如屋盖没有吊装，可用各种起重机进行，如屋面已吊装完，可用短臂杆带式起重机，独脚桅杆吊装，或在屋端头，注定栓滑车组吊装。吊车梁应布置在靠近安装位置，使吊车梁的中心对准安装中心，当梁吊至设计位置离支撑面 10cm 时，用人力扶正，使梁中心线与支撑面中心线对准，并使两端搁置长度相等。然后，缓慢落下，如有偏差，用撬棍拨正，如支座不平，用铁片垫平。当梁高度与宽度之比大于 4 时，脱钩前应用 22 号铁丝将梁与短柱捆在一起，防止倾倒。

43. 试述龙门架的构造与种类？

答：龙门架又称门式吊架，它是由两根立柱及天轮架（横梁）构成的。龙门架上设有滑轮，导轨，吊盘（上料平台），安全装置以及起重索，缆风绳等，构成了一个完整的垂直运输体系。龙门架的构造简单，制作容易，用料少，装拆方便，适用于中小建筑工程。但由于立杆的高度和稳定性较差，因此，一般常用于底层建筑。龙门架按立杆组成可分为组合立杆龙门架和单杆龙门架。组合立杆龙门架有：角钢钢管组合龙门架、圆钢组合龙门架。单杆龙门架有：钢管龙门架和木龙门架。

44. 钢丝绳绳卡的种类？

答：（1）骑马式绳卡；（2）U 形绳卡；（3）L 形绳卡。

45. 物件装卸车的一般注意事项？

答：（1）利用起重机械进行物件装卸时，一般要垂直，即吊钩中心线通过物件的重心。必须倾斜装卸时，要经过计算，并采取有效的措施，防止事故的发生。

（2）装卸车时，对于设备的装卸，吊点应选在设备指明的位置上捆绑，严禁拴在设备的手轮，操作手柄或精密加工面上，注意保护加工表面和油漆不受损坏；对于混凝土构件要防止折断或产生裂纹；对于钢结构要防止结构产生变形。

（3）装卸车要轻拿轻放，杜绝野蛮装卸造成物件的损坏。

（4）物件的捆绑处应用软物垫好。

46. 吊环与吊钩的使用注意事项？

答：（1）在起重吊装作业中的吊环、吊钩，其表面要光滑，不能有破裂、刻痕、锐角、接缝和裂纹等缺陷。应经常检查吊钩开口度。吊环螺钉不得有变形、松动。

（2）吊环与吊钩不准超负荷使用。

（3）使用过程中要定期进行检查，如发现危险截面磨损超过 10%，就应立即降低负荷使用。

（4）吊钩的连接部位应经常检查，检查连接是否可靠、润滑是否良好。

47. 指挥信号分类？

答：(1)哨音信号；(2)手势信号；(3)旗语信号；(4)语言信号。

48. 桅杆式起重机械的特点是什么？

答：(1) 制作简单，装拆方便，不受施工现场的限制。

(2) 起重量大。

(3) 不受电源限制。

(4) 竖立、移动困难，整体稳定性差。

49. 钢丝绳的安全检查方法和报废标准有哪几个方面？

答：(1) 直径减小：若钢丝绳的表面钢丝磨损不超过40%，允许降低拉力继续使用，但要折减；若表面钢丝磨损超过40%时，钢丝绳应报废。另外，如果钢丝绳发生外部磨损，使钢丝绳直径减小量达到原直径的7%时，钢丝绳也应报废。

(2) 结构破坏：钢丝绳在使用过程中，有时会出现钢丝绳的整股断裂或钢丝绳的绳芯被挤出，这样的钢丝绳应报废。但有时整股没有完全断裂，而是断了起重一部分钢丝，在钢丝绳一个捻距中钢丝绳断裂的根数超过规定时，钢丝绳也应予报废。钢丝绳断丝报废标准：运输或吊装金属溶液、灼热金属、含酸、易燃和有毒物品的钢丝绳，在一个捻距内根数破断根数达到上表中所列数值的1/2时，钢丝绳就应报废。

(3) 表面腐蚀：钢丝绳经过长期使用后，受自然和化学腐蚀是不可避免的。当整根钢丝绳的外表面受腐蚀而形成的麻面达到肉眼很容易看出时，钢丝绳就不能继续使用，应予报废。同时钢丝绳在使用过程中还产生磨损，降低了钢丝绳的破断拉力，钢丝绳表面钢丝磨损和腐蚀时，应将报废断丝数按表49-1折减，并按折减后的断丝数确定报废。

折减 δ 数表　　　　　　　　　　表 49-1

钢丝绳表面钢丝磨损或腐蚀量（%）	10	15	20	25	30~40	≥40
折减 δ 数（%）	85	75	70	60	50	0

50. 起重吊梁的使用特点是什么？

答：（1）起重吊梁通常配合吊索同时作业，要保持吊索与起重吊梁的水平夹角不能过小，以避免水平分力过大使梁发生变形。

（2）吊索与起重吊梁的水平夹角，一般应在 40°~60° 之间。

（3）吊索与起重吊梁的水平夹角较小时，应用卡环将挂在起重吊钩上的两绳圈固定在一起，以防止脱钩。

51. 什么是流动式起重机？流动式起重机的结构主要由哪几部分组成？

答：流动式起重机是汽车起重机、轮胎起重机和履带起重机的统称，通常又称为"吊车"。流动式起重机的结构主要由以下几个部分组成：行走机构、回转机构、起升机构、伸缩机构、变幅机构。

52. 使用流动式起重机注意事项？

答：（1）起重指挥应由技术熟练，懂得起重机性能的持证人员担任，事先与司机按标准统一信号，在指挥过程中信号应准确、肯定、哨音、旗帜即用语应清楚洪亮。

（2）严禁超负荷吊装，满负荷吊装也要非常慎重，因为在变幅、回转和履带行走时都有可能造成不利因素而发生事故。

（3）吊装时严禁斜吊和吊拔埋地的物体。

（4）双机和多机抬吊细高立式物体，应设置平衡装置，每个单机吊重不得超过其额定负荷上的 75%。

（5）起吊时起重臂下严禁站人和行走，严禁在吊物上站人。

（6）起吊物和起重臂必须与架空电线保持规定的安全距离。

（7）履带起重机吊重物行走时，起重臂应在履带起重机正前方，重物离地面高度不大于 300mm，回转、变幅和起升机构必须锁定。

（8）使用汽车起重机和轮胎起重机作业时，应将地面处理平整坚实，四个支腿全部伸出支垫平稳。

（9）流动式起重机额定负荷中，包括吊钩、绳索的重量。

使用副臂时，还包括副臂重量。空载时起重臂仰角应保持在规定范围内。

（10）流动式起重机在起重臂回转和变幅动作时，速度不能太快，也不得突然制动或突然反向动作，防止惯性损伤起重臂。

53. 在当前高层建筑施工中，较为普遍采用的脚手架形式有几种？

答：（1）落地式脚手架；（2）吊脚手架；（3）挂脚手架；（4）挑脚手架；（5）桥式脚手架；（6）爬架。

54. 何谓落地式脚手架？它有哪些类型？

答：所谓落地式脚手架是指从地面或屋面随进度逐层搭设上去，覆盖建筑物全高的外脚手架、常见的类型有：竹（木）脚手架、扣件式钢管脚手架、碗扣式钢管脚手架、门式钢管脚手架等。落地式脚手架具有架子稳定，作业条件好，可用于结构施工，又可用于装修工程施工，易于做好安全维护等优点。但也存在一些不足之处，例如材料用量多，周转慢，搭设高度有限制，费人工等。

55. 搭设木杆脚手架的防触电措施是什么？

答：搭设木杆脚手架，应满足与输电线路的距离要求。即：6kV 以下，1m；10～20kV，2m；20～110kV，3m；110～225kV，4m。

56. 手势信号的内容是什么？

答：（1）食指向上伸出，并作旋转动作，表示吊钩上升。

（2）食指向下伸出，并作旋转动作，表示吊钩下降。

（3）大拇指向下，作上下运动表示吊杆下降。

（4）大拇指向左，并左右运动，表示吊杆向左运动。

（5）大拇指向右，并左右运动，表示吊杆向右运动。

（6）双手举起握拳，并左右运动，表示紧急停车。

57. 手搬葫芦有什么用途？

答：手搬葫芦经常用于牵引或起重，是一种小型轻便的手动起重机具。它的体积小，自重轻，一般为 9～16kg，手搬葫芦使用方便，可在水平，垂直，倾斜状态下工作，常用作提升吊篮架子和收紧缆风，手搬葫芦有钢丝绳式和链条式两种，以钢丝绳式用的最广。

58. 怎样正确使用安全帽？

答：（1）帽衬顶部与帽壳内顶，必须保持 20～25mm 的空间，以吸收冲击能量，将冲击荷载分布在整个头部面积上，减轻对头部的伤害。

（2）必须系好下颌带，戴紧安全帽。如果不系带，一旦发生重物坠落在头部，安全帽将脱离头部，产生严重后果。

（3）安全帽必须戴正。如果戴歪了，一旦头部受到打击，就不能减轻对头部的伤害。

（4）安全帽在使用过程中会逐渐损坏，所以应经常检查，发生开裂、下凹、严重磨损等情况就不能使用。

59. 试述钢丝绳的使用与保养？

答：（1）新绳在使用前应做外观检查，无断丝和其他不利现象方可使用。

（2）钢丝绳的开卷要采用正确的方法。

（3）滑车或卷筒直径应比钢丝绳直径至少大 18～20 倍。

（4）绞车滚筒上缠绕钢丝绳的圈数不应少于 3～4 圈，并且要一圈紧靠一圈成一平整层。

（5）工作中要防止钢丝绳碰地或与其他硬物碰挂，如无法避免，应加滚轮或垫木块。

（6）使用过程中，如发现钢丝绳出油，说明绳受力过大，出现较大的变形，应及时更换较粗的钢丝绳。

（7）钢丝绳吃劲时，人员不应靠近，以防绳子绷断伤人。

（8）钢丝绳至少每 4 个月涂一次油。

60. 用两台平板车托运超长钢结构件，用的是普通平板车，用单股绳封死，试分析有可能出现什么现象，应该怎样托运？

答：有可能出现：（1）钢结构件扭曲变形；（2）钢丝绳拉断，钢结构件失稳。

应该：（1）在平板上，应设置转盘。

（2）构件在鞍座上或鞍座自身在垂直方向应能有一定的回转量，以便在坡道上行走时，能自行调节。

（3）要使构件的重量合理分配到两台平板上。

61. 在建筑结构吊装施工中，由于吊件的角度不正，件已吊起，产生起重机运转不平稳，司机马上采取紧急制动，这种做法是否正确，正确的吊装施工应怎样做？

答：这种做法不正确。

正确的吊装施工是：起重机吊件不允许斜吊拉，即使在特殊情况下左角度不正的情况下进行吊件，产生起重机不平衡应该缓慢将吊件放下，不能采取紧急制动，紧急制动会造成吊件来回摇摆，使起重机产生倾翻。

62. 吊架和吊篮有哪几种形式，作用是什么？

答：吊架和吊篮有四种形式：

（1）桁架式工作台：适用于工业厂房或框架结构建筑的围护墙。在屋面或柱子上设置悬吊点。

（2）框架式钢管吊篮：这种吊篮主要适用于外装修工程。在屋面上设置悬吊点，用钢丝绳吊挂框架。

（3）小型吊篮：常用于局部外装修工程。

（4）组合吊篮：适用于阳台侧面装修工程。

63. 柱子的起吊方法有哪些？

答：在施工中选择吊装方法时，要根据柱子的重量、长度、吊装机械配备情况和现场的施工条件来确定。常用的起吊方法如下：

（1）根据起吊中柱子的运动特点旋转法和滑行法两种。

（2）根据使用起重机的数量分为单机吊装和双机抬吊。

（3）根据柱子吊起后柱身是否垂直分为垂直吊法和斜吊法。

64. 对脚手板的材料有哪些要求？

答：（1）木脚手板：可用杉、松木质板，其长度一般为2～6m，厚度为5mm，宽度为23～25cm。

（2）竹脚手板：用螺栓将并列的竹桩连接而成。螺栓直径8～10mm，间距500～600mm，离板端200～250mm。

（3）钢质脚手板：长度为1.5～3.5m，厚度为2～3mm，肋高为5mm，宽度为23～25cm，并应用一级钢板制作。

65. 扣件安装与紧固应注意什么？

答：应注意三条：

（1）用于大横杆的对接扣件，开口应朝架子里侧，螺栓向上，避免开口朝上，以免雨水进入。

（2）装螺栓时要注意根部要放正。拧紧程序对脚手架的承载能力，稳定和安全影响很大，松紧必须适度，拧的过松不好，过紧会使扣件和螺栓断裂，一般要求扭力矩控制在4～5kg·m为宜，最大不得超过6kg·m。

（3）拧紧工具宜采用棘轮扳手，使用方便，工效高。

66. 吊装大直径和大型钢组成的构件应采取哪些措施？

答：吊装薄壁管道时，因其管径容易产生变形，故在吊装前需在管子内径于吊装处用型钢进行加固，以防管径变形。吊装大型型钢构件时，因其横向刚度往往不够，故在吊装前需要在构件的上、下弦用木杆进行临时加固。当构件跨度小于20m时，可用单钩双索捆扎在接点处，当构件跨度大于20m时，可用横梁挂绳索进行吊装，注意在吊装处要用木板或草袋垫好。

67. 脚手架使用的材料按架体搭设的功能及部位分为哪三大类？

答：第一类是架体构件材料，第二类是脚手板材料，第三类是绑扎材料。

68. 木材的主要缺陷有哪几种？

答：木节，腐朽，虫害，裂纹，斜纹。

69. 竹脚手架材料的质量要求及检验要求？

答：竹材的规格尺寸为竹竿有效部分小头直径，立杆、纵向水平杆、顶撑、斜撑、剪刀撑、抛撑等应不小于75mm，横向水平杆应不小于90mm，搁栅、栏杆应不小于60mm。

竹材的质量要求竹竿应挺直，不得使用弯曲、青嫩、枯脆、腐朽、虫蛀以及裂缝连通两节以上的竹竿，承重杆件应选用生长期为 3 年以上的冬竹（农历白露以后至次年谷雨前采伐的竹材），其材料质地坚硬，不易虫蛀、腐朽。

竹材的生长期可通过外观来进行鉴别：生长期 3 年以上，7 年以下的竹材，砍伐时呈浅绿色，隔一年呈老黄色或黄色；竹节不突出，近节部分突起呈双箍状；劈开处较老，蔑条基本挺直。

70. 扣件的质量要求是什么？

答：扣件的材质应符合现行国家标准《钢管脚手架扣件》GB 15831—1995 的规定，采用力学性能不低于 KTH 330~08 牌号的可锻铸铁或 ZG 230~450 铸钢制作。新架购的扣件应具有生产许可证和产品质量合格证，并有法定检测单位的检测报告。扣件应经过 65N·m 扭矩试验检验，不允许破坏。扣件表面不得有裂纹、气孔；扣件表面大于 $10mm^2$ 的砂眼不应超过 3 处，且累计面积不应大于 $50mm^2$；表面粘砂面积累计不应大于 $150mm^2$；表面凸（或凹）的高（或深）值不应大于 $1mm$。

扣件与钢管的贴合面必须经过严格整形，与钢管接触部位不应有氧化现象，应保证与钢管扣紧时接触良好。扣件的盖板与座的张开距离不得小于 $49mm$，当扣件夹紧钢管时，其开口处的最小距离应不小于 $5mm$。扣件活动部位应转动灵活，旋转扣件的两旋转面间的间隙应小于 $1mm$。扣件表面应进行防锈处理（不能用沥青漆），油漆应均匀美观，不应有堆漆或露底材。扣件的规格与商标应在醒目处铸出，字迹图案要清晰完整。

71. 安全帽的构造是什么？

答：安全帽是由帽壳（帽外壳、帽舌、帽檐）、帽衬（帽箍、顶衬、后箍等）、下颌带等三部分组成。制造安全帽的材料有很多种，根据所用材料的不同，帽壳可用塑料、竹、玻璃钢、藤条等制成，帽衬可用塑料或棉织带制作。安全帽所用塑料以高密度低压聚乙烯较好。安全帽的质量必须符合国家标准的规定。

72. 每顶安全帽上，都必须有哪三项永久性标志？

答：每顶安全帽上，都必须有以下三项永久性标志：制造厂名称及商标、型号；制造年、月；生产许可证编号。

73. 安全带和绳必须用什么材料制作？

答：安全带和绳必须用锦纶、维纶、蚕丝料。金属配件用普通碳素钢或铝合金钢。包裹绳子的套，用皮革、轻带、维纶或橡胶制造。

74. 安全带的带体上应缝有哪些字样？

答：安全带的带体上应缝有商标、合格证和检验证。合格证上应注明产品名称、生产年月、拉力试验、冲击试验、制造厂名称、检验员姓名。

75. 脚手架的钢立柱不能直接立于土地面上，应加设底座和垫板（垫木）或混凝土垫块。垫板（垫木）厚度、宽度应为多少？

答：垫板（垫木）厚度不小于50mm，宽度不小于200mm；混凝土垫块厚度不小于200mm。

76. 桥式脚手架的基本构造有哪些要求？

答：桥式脚手架由桥架和支承架（立柱）组装成。凡落地搭设支承架（立柱）用以支承（搁置或挂置）桥架者，统称为桥式脚手架。桥式脚手架一般用于六层及六层以下民用建筑外装修施工脚手架，在结构施工阶段也可支挂安全网作外防护架。

77. 桥式脚手架的桥架有哪些类型？

答：桥式脚手架按桥架升降方式可分为自升式桥架（借助于电动机驱动齿轮齿条升降机构进行桥架的升降）和非自升式桥架（主要利用手扳葫芦、手动葫芦或塔式起重机的吊钩滑轮进行升降）。按桥架跨度的大小，它又可分为短桥架式（跨长在8m以下）和长桥架式（跨长最大为16m）两种。按支承架的构造形式，它又可分为三角形断面单支承架式、三角形断面双支承架式和矩形断面双支承架式等几种。

78. 桥式脚手架的立柱有哪些类型？

答：承架（立柱）有多种构造方式，一般用多立杆式脚手架的杆件和框式脚手架的框架来搭设。在推广使用中，有的施工单位逐渐把支承架定型化，专门制作了一种钢排架来搭设桥式脚手架的支承架，另有一些施工单位研究制作了采用单根钢管或三角形组合截面的独杆支承架，从而把桥式脚手架的运用向前推进了一步，其中常用的支承架主要有格构式型钢立柱、扣件钢管搭设的井式支承架、定型钢排架组成的井式支承架、门型框架搭设的井式支承架、塔式脚手架搭设的支承架等。

79. 桥式脚手架的桥架升降可采用哪些方法？

答：桥架的升降可用塔式起重机或轮胎起重机等进行，也可在立杆上挂设附着式提升机或摇头扒杆来进行升降。

80. 桥式脚手架拆除安全注意事项有哪些？

答：桥式脚手架经单位工程负责人检查验证并确认不再需要时，方可拆除。拆除脚手架前，应清理脚手架上的材料、工具和杂物。拆除脚手架时，应设置警戒区和警戒标志，并由专职人员负责警戒。脚手架的拆除应在统一指挥下，随外装修施工从顶逐层向下拆除。拆除时，可采用手动工具或利用塔式起重机先将桥架逐步下降，立柱自上而下人工逐层逐节拆除。

81. 脚手架高处坠物的常见形式有哪些？

答：高处坠落事故的常见形式主要有：

（1）从脚手架及操作平台上坠落；

（2）从平地坠落入沟槽、基坑、井孔；

（3）从机械设备上坠落；

（4）从楼面、屋顶、高台等临边坠落；

（5）滑跌、踩空、拖带、碰撞等引起坠落；

（6）从"四口"坠落。

82. 脚手架操作面外侧必须进行哪些防护？

答：脚手架操作面外侧必须设两道护身栏和一道挡脚板，并立挂安全网，安全网下口要封严。

83. 门式钢管脚手架的构造有哪些?

答:它是由钢管制成的定型脚手架,由门架、交叉支撑、连接棒、挂扣式脚手板或水平架、锁臂等组成基本结构,再设置水平加固杆、剪刀撑、扫地杆、封口杆、托座与底座,并采用连墙件与建筑物主体结构相连的一种工具式脚手架。

84. 门式钢管脚手架的配件有哪些?

答:门式钢管脚手架基本组合单元的专用构件称为门架配件,包括连接棒、锁臂、交叉支撑、水平架、挂扣式脚手板、底座与托座等。

85. 吊架的构造形式?

答:吊架和吊篮的构造形式应根据脚手架的用途、建筑物结构情况和采用的悬吊方法而定。常用的吊架有以下几种:

桁架式工作台:桁架式工作台的构造与桥式脚手架的桥架相同,主要用于工业厂房或框架结构建筑的围护墙砌筑,在屋面或柱子上设置悬吊点。

框式钢管吊架:框式钢管吊架的基本构件是用 $\phi 57 \times 3.5mm$ 钢管焊成的矩形框架。搭设时以 3~4 榀框架为一组,按 2~3m 间距排列,用扣件连接大横杆和小横杆,铺设脚手板,栏杆、安全网和护墙轮,即成为一组可以上下同时操作的双层吊架。栏杆和护墙轮支杆也用扣件与框架连接。这种吊架主要适用于外装修工程,在屋面上设置悬吊点,用钢丝绳吊挂框架。

86. 挑脚手架的特点是什么?

答:无须地面或坚实基础作脚手架的支承,也不占用施工场地。脚手架不满搭,只搭设满足施工操作及各项安全要求所需的高度,因此,脚手架的搭设材料不随建筑物高度增大而增多。脚手架及其承担的荷载通过悬挑支架或连接件传递给与之相连的建筑物结构,对这部分结构的强度要有一定要求。脚手架随建筑物的施工进度而沿其外墙升降,可省去大量的材料、劳力,经济效益随着建筑物的高度增加而更为显著。

87. 附着升降脚手架特点?

答：节约大量人力、物力。附着升降脚手架仅需搭设一定的高度（一般为四层半楼层高度），就可以满足整个建筑物主体结构施工和外墙面装饰施工的需要。与其他类型的外脚手架相比，附着升降脚手架可节约大量的钢管、扣件、安全防护材料和搭拆人工费用。

可实现自动升降。附着升降脚手架架体附着支承在建筑结构上，依靠自身的升降设备，可随着建筑物主体结构的施工逐层爬升，并能实现下降施工作业，在建筑施工中起到提供操作平台和安全防护的作用。

可提高施工工效。附着升降脚手架围绕建筑主体结构外围搭设，可以整体进行升降，也可以分段分片升降，升降一层及就位固定所用的时间一般仅需 2~3h，而搭拆一层外脚手架至少需要一天时间。因此，使用附着升降脚手架有利于提高工程施工进度。

有利于安全施工。附着升降脚手架在地面或裙楼顶部一次性搭设安装成型后，整个升降施工中不需要增加脚手架材料，避免了高空多次搭、拆脚手架体带来的不安全因素；而且，整体搭设的附着升降脚手架在建筑物外围形成封闭的脚手架体，可有效地防止高空坠物。

专业性要求较高。附着升降脚手架是由各种类型的钢结构件、附着支承结构、升降机构、电气控制设备和安全保护系统等组成的高空作业脚手架，涉及到脚手架、钢结构、机械、电气和自动控制等技术领域，是一项具有较高要求的综合型专业技术。与其他各种类型脚手架施工相比，无论是附着升降脚手架的安装、拆除和施工管理，还是从事附着升降脚手架施工作业人员的业务素质，其专业性要求更高。

适用范围比较广。附着升降脚手架一般适用于主体结构 20 层以上，外形结构无较大变化的各种类型高层建筑，包括建筑物平面呈矩形、曲线形或多边形的各类建筑物主体结构施工。

88. 采取加固措施时，有哪些注意事项?

答：加固措施必须进行严格的设计计算，并经主管部门或设计部门审批、会签。

涉及永久性的工程结构加固措施应由工程设计单位提出。

重要的加固作业应有施工组织设计和施工安全技术措施。

加固措施不得损伤建筑结构和设备（无法避免时，应经过建设单位同意）。

加固作业应严格按加固设计的要求进行。

加固作业应严格按程序进行、统一指挥并有安全监护人员。

加固以后，应经常进行检查观测，发现有异常时，立即采取措施。

89. 脚手架对地基基础要求有哪些？

答：脚手架地基基础要求如表 89-1 所示：

脚手架地基基础要求表 表 89-1

搭设高度/m	地基土质		
	中、低压缩性且压缩均匀	回填土	高压缩性或压缩不均匀
≤25	夯实原土，干重力密度要求 15.5kN/m³。立杆底座置于面积不小于 0.075m² 的混凝土垫块或垫木上	土夹石或灰土回填夯实，立杆底座置于面积不小于 0.10m² 的混凝土垫块或垫木上	夯实原土，铺设宽度不小于 200mm 的通长槽钢或垫木
26～35	混凝土垫块或垫木面积不小于 0.1m²，其余同上	砂夹石回填夯实，其余同上	夯实原土，铺厚不小于 200mm 砂塑层，其余同上
36～60	混凝土垫块或垫木面积不小于 0.15m² 或铺通长槽钢或垫木，其余同上	砂夹石回填夯实，混凝土垫块或垫木面积不小于 0.15m² 或铺通长槽钢或垫木	夯实原土，铺 150mm 厚道渣并夯实，再铺通长槽钢或垫木，其余同上

注：表中混凝土垫块厚度不小于 200mm；垫木厚度不小于 50mm，宽度不小于 200mm。

90. 门式钢管脚手架的使用要求？

答：同普通脚手架的使用要求一样，对门式脚手架的安全管理及安全使用，同样要求严格执行《建筑施工高处作业安全技术规范》。另外，使用门式脚手架时尚应注意以下几点：

使用荷载要均匀分布，避免门架立杆单侧承受荷载作用。

严禁在脚手架外侧攀登，严禁在脚手架上拉缆风绳、架设混凝土泵管、固定其他起重设施等，避免脚手架承受振动荷载。

使用时，不得拆卸各连接件的插销、锁臂等。

在脚手架周边不得进行挖掘作业。

91. 插接式钢框脚手架的搭设规定有哪些？

答：搭设场地应平整，夯实并设置排水措施。

在搭设之前，对进场的脚手架杆配件进行严格的检查，禁止使用规格与质量不合格的杆配件。

脚手架的搭设作业：必须在统一指挥下，严格按照以下规定程序进行：

（1）施工设计放线、铺垫板、设置底座或标定立杆位置。

（2）周边脚手架应从一个角部开始并向两边延伸交圈搭设；"一"字形脚手架应从一端开始并向另一端延伸搭设；按定位依次竖起立杆，将立杆与纵、横双向扫地杆连接固定，然后装设第一步的纵向和横向平杆，随校正立杆垂直之后予以固定，并按此要求继续向上搭设。

（3）在设置第一排连墙杆前，"一"字形脚手架应设置必须数量的抛撑；边长大于 20m 的周边脚手架，亦应设置抛撑。

剪刀撑、斜杆等整体拉结杆件和连墙件应随搭升的架子一起及时设置。

工人在架上进行搭设作业时，作业面上宜铺设必要数量的脚手板并予临时固定。工人必须戴安全帽和佩挂安全带。不得单人进行装设较重的杆配件和其他易发生失衡、脱落、滑落等不安全的作业。

92. 扣件式钢管模板支撑架搭设的立杆布设要求？

答：扣件式钢管支撑架立杆间距一般应通过计算确定。通常取 1.2~1.5m，不得大于 1.8m。对较复杂的工程，必须根据建筑结构的主梁、次梁、板的布置，模板的配板设计、装拆方式，纵楞、横楞的安排等情况，画出支撑架立杆的布置图。

93. 脚手架的基本杆件都有哪些？

答：立杆，纵向水平杆，横向水平杆，斜撑，剪刀撑，抛撑，连墙杆。

94. 木材的基本杆件的规格尺寸应有哪些规定？

答：基本杆件的规格尺寸应符合以下规定：

（1）立杆小头直径不小于 70mm，大头直径不大于 180mm，长度不小于 6m。

（2）纵向水平杆中杉杆小头直径不小于 80mm，红松和落叶松小头直径不小于 70mm，长度不小于 6m。

（3）横向水平杆中杉杆小头直径不小于 90mm，硬木杆如柞木、水曲柳小头直径应不小于 70mm，长度为 2.1~2.3m。

（4）斜撑杆、剪刀撑、抛撑等斜杆，小头直径应不小于 70mm，长度应不小于 6m。

95. 镀锌铁丝的质量有什么要求？

答：对于 8 号镀锌铁丝，其直径应为 4mm，抗拉强度应为 900MPa；对于 10 号镀锌铁丝，其直径应为 3.5mm，抗拉强度应为 1MPa。镀锌铁丝使用时不允许用火烧，次品和锈蚀严重的镀锌铁丝不得使用。

96. 钢丝的质量有什么要求？

答：钢丝使用前进行回火处理时不得用冷水冷却，否则会增大脆性，使钢丝容易折断。锈蚀严重、表面有裂纹的钢丝不得使用。

97. 新钢管应符合哪些要求？

答：（1）有产品质量合格证。

（2）有质量检验报告，质量应符合相关标准的规定。

（3）钢管表面应平直光滑，不应有裂缝、结疤、分层、错位、硬弯、毛刺、压痕和深划道。

（4）钢管外径、壁厚、端面等的偏差应分别符合规定。

（5）钢管上严禁打孔。

（6）钢管表面必须涂有防锈漆。

98. 门架及配件的质量可分为哪四类？分别是什么？

答：（1）A 类有轻微变形、损伤、锈蚀。先清除黏附的砂浆泥土等污物，再经除锈、重新油漆等保养工作后可继续使用。

（2）B 类有一定程度的变形或损伤（如弯曲、下凹），锈蚀轻微。其经矫正、平整、更换部件、修复、补焊、除锈、油漆等修理保养后可继续使用。

（3）C 类锈蚀较严重。应抽样进行荷载试验后确定能否使用，试验工作应按现行行业标准 JGJ76《门式钢管脚手架》中第 6 节有关规定进行。经试验确定可使用者，按 B 类要求经修理保养后方可使用；若不能继续使用者，则按 D 类处理。

（4）D 类有严重变形、损伤或锈蚀。不得修复，应报废处理。

99. 脚手架的搭设材料主要有哪些？

答：脚手架使用的材料按架体搭设的功能及部位分为三大类：第一类是架体构件材料，第二类是脚手板材料，第三类是绑扎材料。

100. 绳芯作用是什么？

答：绳芯其作用是增加钢丝绳的"绕性"和弹性，便于润滑、增加强度等。绳芯有纤维芯（麻芯）、石棉纤维芯和金属芯，用于绑扎时常用纤维芯和石棉纤维芯，但用于手扳葫芦的吊索则宜用金属芯。

101. 钢丝绳的种类有哪些？

答：钢丝绳的种类很多，可有以下几种分类方法：

按钢丝绳的绕制方向划分共有三种类型。

顺绕绳：即绳与股的捻向相同，又分为左同向捻和右同向捻两种。

交绕绳：即绳与股的捻向相反，又分为左交互捻和右交互捻两种。

混绕绳：6 股钢丝中既有左向捻，又有右向捻，绳的捻向则为左向或右向。

按钢丝的质量分级。钢丝的质量根据其韧性高低、耐弯折次数的多少分为特级、Ⅰ级和Ⅱ级。其中，特级能承受的反复弯转扭转次数较多，用于载人升降机和大型冶金浇铸设备；Ⅰ级能承受的反复弯曲扭转次数一般，用于普通起重设备；Ⅱ级用于起重和运输作业中的捆绑。

按钢丝绳的股数划分。钢丝绳的股数有 6 股、8 股、18 股等几种，股数越多，钢丝绳的寿命越长。6 股绳多用于起重设备；8 股绳多用于电梯起升绳；18 股绳为不旋转绳，用于港口装卸起重机和建筑塔式起重机（8 股和 18 股绳的性能详见其他有关资料）。

按钢丝的强度划分共有 1372MPa、1519MPa、1666MPa、1813MPa、1960MPa 等五种类型。

102. 简述脚手架的拆除要点？

答：拆除前应清理现场。清理架体上的工具和杂物，清理拆除现场周围的障碍物。

拆除工作的程序与搭设时相反，先搭的后拆，后搭的先拆。

拆除的杆件应及时检验、分类、整修和保养，并按品种、规格码堆存放，及时装运入库。

103. 承插式钢管脚手架有什么规格要求？

答：承插式钢管脚手架的杆件长度或轴线尺寸偏差不得大于 ±1mm；承插管的位置和方向必须正确，间距尺寸偏差不得大于 ±1mm。杆件装设要做到横平竖直，否则将造成杆件装拆困难，因此要求脚手架横杆倾斜度不得超过搭设高度的 1/200；纵向总倾斜度不得超过搭设高度的 1/400。

104. 甲型承插式钢管脚手架搭接步骤？

答：具体搭设步骤为：施工准备—支座—门式框架—锚固

件—连接框架—脚手架铺设—脚手架验收。

105. 手动吊篮使用注意事项有哪些？

答：（1）切勿超载使用，必要时增设适当的滑轮组。

（2）前进手柄及倒退手柄绝对不可同时扳动。

（3）工作中严禁扳动松卸手柄(拉簧手柄)，以免吊篮下滑。

（4）在任何情况下，机体结构不能发生纵向阻塞，应使钢丝绳能顺利通过机体中心，机壳不得有变形现象。

（5）选用钢丝绳的长度应比建筑物的高度长 2～3m，并注意使绳子脱离地面一小段距离，以利于保护钢丝绳。

（6）使用时应经常注意保持机体内部和钢丝绳的清洁和润滑，防止杂物进入机体。

（7）扳动手柄时，如遇阻碍，应停止扳动手柄，以免损坏钢丝绳。

（8）几台手扳葫芦同时升降时应注意同步升降。

（9）使用手扳葫芦升降时，必须增设一根直径为 12.5mm 的保险钢丝绳，以防手扳葫芦发生打滑或断绳发生事故。

106. 吊挂脚手架每日作业班后应注意检查并做好哪些收尾工作？

答：（1）清扫吊篮内的建筑垃圾杂物。将吊篮悬挂于离地面 3m 处，撤去上下梯。

（2）使吊篮与建筑物拉紧，以防大风骤起，吊篮与墙面相撞。

（3）作业完毕应切断电源。

（4）将多余的电缆线及钢丝绳存放在吊篮内。

107. 门式钢管脚手架的拆除程序？

答：拆除脚手架前，应经单位工程负责人检查验证，并确认不再需要时，才可拆除。拆除脚手架前，应首先清除脚手架上所有的材料、工具和杂物。拆除脚手架时，应设置警戒区和警戒标志，并由专职人员负责警戒。脚手架的拆除工作应在统一指挥下，按后装先拆、先装后拆的原则及相关安全作业的要求进行。

2.6 计算题

1. 一根圆钢（Q235）截面积为 $2cm^2$，拉断时的拉力为 70kN，求圆钢的强度极限？

解：$70kN \div 2cm^2 = 70000N \div 2 \times 10^{-4}m^2$
$$= 350 \times 10^6 N/m^2 = 350MPa$$

答：圆钢的强度极限为 350MPa。

2. 用一根直径为 26mm，强度极限为 $1519N/mm^2$ 的 6×37 钢丝绳作捆绑吊索，求此吊索的允许拉力。（破断拉力总和为 380730N，安全系数取 8，换算系数取 0.82）。

解：允许拉力 = （380730×0.82）/8 = 39024.8N

答：即此钢丝绳吊起的重物不能超过 39024.8N。

3. 已知卷扬机重 5t，$ac = 4m$，$cb = 15cm$，求在 a 点上要加多大的力才能从 b 点处将卷扬机的一头撬起来？

解：$W = 50kN$，考虑到撬的是其一头，所以撬杠 b 点的阻力设为卷扬机重力的一半。

根据杠杆原理：

$$\frac{W}{2} \times 150 = F \times 4000$$

$$\frac{50}{2} \times 150 = F \times 4000$$

$\therefore F = 0.94kN$

答：用 0.94kN 力就可以将卷扬机一头撬起。

2.7 实际操作题

1. 现场搭设工具式脚手架

（1）规格要求：步高200cm，纵距200cm，宽距100cm，立杆与地面形成 75°夹角。

（2）具体操作要求：

1）材料准备：钢管，立杆 4 根，大横杆 4 根，纵向防护栏杆 4 根，小横杆 4 根，横向防护栏杆 2 根、纵横向斜杆各 4 根，竹排 4 块。

2）横跨制作。

3）架体拼结。

中级架子工操作技能考核评分标准及计分表见表 1-1。

中级架子工操作技能考核评分标准及计分表　　　表 1-1

序号	测定项目	允许偏差	评分标准	满分	检测点					得分
					1	2	3	4	5	
1	材料		1. 选材正确，没有质量缺陷 2. 数量计算正确，质量可靠	10						
2	立杆		1. 埋地 5 分； 2. 超过一个单位扣 1 分； 3. 相邻两立杆应错开 50cm，不错开不得分	15						
3	小横杆		1. 要求与大横杆垂直，两头伸出大横杆 10cm。5 分 2. 脚手架的位置。5 分	10						
4	十字撑		1. 没扣在管上扣 5 分； 2. 没扣在小横杆上扣 5 分； 3. 十字撑两端的扣件邻近连接点大于 20cm 酌情扣分； 4. 最后一对十字撑与立杆连接点距地面不得大于 60cm	20						
5	脚手板		脚手板捆绑结实无安全隐患	15						
6	文明施工		材料拿放文明，现场整洁	15						

序号	测定项目	允许偏差	评分标准		满分	检测点					得分
						1	2	3	4	5	
7	工效		在规定时间内完成满分，超过20%不得分		15						
记事			开始时间	考评员		考评员					
			结束时间	考评员		考评员					
			实做时间	考评员		考评组长					

2. 现场搭设两步三跨双排钢管脚手架

（1）技术要求：立杆横距 1.3m，步距 2m；立杆纵距 2m，纵横向扫地杆距底座下皮 200mm。

（2）搭设准备：检验构配件是否合格，基础是否平整夯实。

（3）时间为 45 分钟。

（4）搭设方法：

1）底座、垫板放在定位线上。

2）立杆、纵横向水平杆、纵横向扫地杆、连墙件符合规范要求。

3）每搭完一步脚手架，按规范校正步距、纵距、横距及主杆的垂直度。

中级架子工操作技能考核评分标准及计分表见表 2-1。

中级架子工操作技能考核评分标准及计分表　　　表 2-1

序号	测定项目	允许偏差	评分标准	满分	检测点					得分
					1	2	3	4	5	
1	材料		1. 选材正确，没有质量缺陷； 2. 数量计算正确，质量可靠	10						

240

序号	测定项目	允许偏差	评分标准	满分	检测点 1	2	3	4	5	得分
2	立杆		1. 埋地 5 分； 2. 超过一个单位扣 1 分； 3. 相邻两立杆应错开 50cm，不错开不得分	15						
3	小横杆		1. 要求与大横杆垂直，两头伸出大横杆 10cm。5 分； 2. 脚手架的位置。5 分	10						
4	十字撑		1. 没扣在管上扣 5 分； 2. 没扣在小横杆上扣 5 分； 3. 十字撑两端的扣件邻近连接点大于 20cm 酌情扣分； 4. 最后一对十字撑与立杆连接点距地面不得大于 60cm	20						
5	脚手板		脚手板捆绑结实无安全隐患	15						
6	文明施工		材料拿放文明，现场整洁	15						
7	工效		在规定时间内完成满分，超过 20% 不得分	15						
记事		开始时间		考评员		考评员				
		结束时间		考评员		考评员				
		实做时间		考评员		考评组长				

3. 桥式脚手架搭拆、升降步骤

（1）准备工作

人员要求：3~6 人。

工具及测量仪器：经纬仪、固定扳手、活动扳手、扭力扳手、锤子、卷尺、手拉葫芦、缆风绳。

材料：6m 型钢桥架一件。

扣件式钢管：扣件、底座、垫板以及各种长度的钢管、脚手板、安全网若干。

编制专项施工方案中应包括桥式脚手架设计图和施工搭设简图等内容。

安全防护用品：包括安全帽、安全带等。

安全技术要求：对搭拆人员进行设计交底和施工安全技术交底，介绍安全防护用品的运用，桥式脚手架搭拆的安全技术要求。

警戒区的布置：搭拆现场布置警戒区，在桥架升降区域内设置围栏，并设专人看管。

（2）桥式脚手架搭设的形式

桥式脚手架搭设形式：双立柱单跨桥式脚手架，桥架跨度为 6m，外装修高度为 8m。

桥架：采用 6m 型钢桁架定型桥架，宽度为 1.4m，桥架的允许荷载为 $65kN/m^2$。

支承架（立柱）：采用扣件式钢管搭设的井式立柱，立柱的立杆间距为 1.6m，横杆间距 1.4m，搭设宽度为两个立杆间距（双跨井架），搭设高度为十步；每隔三步设置两根连墙杆与建筑物相连接；每个立柱两侧（垂直墙面方向）及外侧均设置方向相反的单支斜撑；立柱间每隔四步内外各设置一道拉结杆，并在搁置桥架的横杆下增设一道拉结杆，其他杆件搭设和扣件安装与扣件式钢管脚手架相同。

（3）技能训练要求

能正确使用安全防护用品。

能正确使用搭拆工具和测量仪器。

能根据桥式脚手架设计图和施工搭设简图，按搭拆工艺和安全技术要求完成立柱的搭拆、桥架的升降等全部作业内容。

架体搭设质量符合相关技术要求。

（4）搭设步骤

夯实碾压、平整场地，放线定位出桥架与建筑物的间距以及立柱中线的精确位置。立柱基础按专项施工方案的要求进行施工，基础标高应一致。

人工搭设扣件式钢管井式立柱，搭设中，应用经纬仪沿两个方向校准立柱的垂直度，并及时安装连墙杆。

安装手拉葫芦，并安装保险绳、安全卡具等安全保险装置。提升安装定型桥架，安装就位后立即固定牢固。

安装立柱间的拉结杆，安装安全网立柱和桥架安装完毕后，对全部螺栓、扣件进行逐个检查并拧紧。

（5）注意事项

搭拆桥式脚手架必须由专业架子工担任，应持证上岗。

搭拆脚手架时工人必须戴安全帽、系安全带、穿防滑鞋。

放线定位桥架立柱中线位置偏差应不大于10mm。

各立柱基础标高应一致，最大偏差不得大于20mm。立柱基础完工后立柱搭设前应进行质量检查，发现问题应及时校正。

立柱基础节安装完毕后，应用经纬仪沿两个方向校准立柱的垂直度，保证两个方向的垂直度偏差均不大于4mm。立柱组装完成后，总的垂直偏差不得大于柱高的1/650。

桥架升降时的吊挂点要有足够高度，一般架高约为3~4m。桥架平台与外墙面或阳台、挑檐之间的间隙必须小于150mm，防止人员坠落。

桥式脚手架安装完毕后，应对立柱及其基础、桥架各部分（包括手拉葫芦、手扳葫芦、钢丝绳、安全绳、连接卡具、脚手板及附墙装置和其他类型拉结装置）进行全面检查验收。

拆除时，可采用手动工具或利用塔式起重机先将桥架逐步下降，立柱自上而下可采用人工逐层逐节拆除。

拆除工作中，严禁使用锤子进行击打或撬挖。拆下的构件严禁高空抛掷。

（6）考核项目及评分标准（表3-1）。

桥式脚手架检查考核项目及评分标准　　　表3-1

序号	检查项目	扣分标准	应得分数	扣减分数	实得分数
1	施工方案	脚手架无施工方案、无设计计算书或未经上级审批，扣10分；施工方案不具体、指导性差，扣5分	10		
2	制作组装	立柱基础不平、不实、水平高差不符合要求，扣5分；立柱或桥架制作组装不符合设计要求，扣10分	10		
3	安全装置	升降葫芦无保险卡或失效，扣20分；升降桥架无保险绳或失效，扣20分；桥架无安全保险装置，扣20分；无吊钩保险，扣8分	20		
4	脚手板与防护栏杆	脚手板不满铺、铺牢，扣5分；脚手板材质不符合要求，扣5分；每有一处探头板，扣2分；桥架侧面不设1.2m高防护栏杆和挡脚板，扣5分	10		
5	升降操作	操作升降的人员未经培训合格上岗，扣10分	10		
6	交底与验收	脚手架搭设前未交底，扣5分；脚手架搭设完毕未经全面检查验收，扣10分	10		
7	架体稳定	未与建筑结构拉结牢固，扣10分；角柱间未拉结，扣10分；桥架平台与外墙面之间的间隙过大，扣5分	10		
8	安全保护	作业人员未系安全带或安全带未系在立柱上，扣10分；桥架下面未兜包安全网，扣10分	10		
9	荷载	施工荷载超过设计规定，扣10分；脚手架荷载堆放不均匀，扣5分	10		
合计			100		

4. 门式钢管脚手架搭拆

（1）准备工作

架子工人员要求：4~6人。

工具及测量仪器：固定扳手或活动扳手、扭力扳手、卷尺。

材料：门式钢管脚手架、交叉支撑、连接棒、挂扣式脚手板或水平架、锁臂、托座与底座、扣件、垫板以及各种长度的钢管和安全网若干等。

门式钢管脚手架搭设方案及简图。

安全帽、安全带等安全防护用品。

搭拆现场布置警戒区。

对搭拆人员进行安全技术交底，介绍安全防护用品的运用，门式钢管脚手架搭拆的安全技术要求。

（2）技能训练要求

能正确使用安全防护用品。

能正确使用搭拆工具和测量仪器。

能根据门式钢管脚手架搭设简图，按搭拆工艺和安全技术要求完成全部作业内容。

门式钢管脚手架架体搭设质量符合规范及相关技术要求。

（3）安全文明生产

正确执行安全技术操作规程。

按企业有关文明生产的规定，做到施工现场整洁，材料、工具摆放整齐。

（4）考核项目及评分标准（表4-1）。

搭设门式钢管脚手架考核项目及评分标准 表4-1

序号	测定项目	评分标准	满分	检测点						得分
				1	2	3	4	5	6	
1	施工准备材料	选用门式钢管脚手架、交叉支撑、连接棒、挂扣式脚手板或水平架、锁臂、托座与底座、扣件、垫板以及各种长度的钢管和安全网若干等；场地按搭设要求，做好平场挖坑夯实工作	10							

序号	测定项目	评分标准	满分	检测点						得分
				1	2	3	4	5	6	
2	操作工艺	其搭设程序为： 铺设垫木（板）—安放底座—自一端起立门架并随即安装交叉支撑（底步架还需安装扫地杆、封口杆）—安装水平架（或脚手板）—安装钢梯—安装水平加固杆—设置连墙杆 按规定位置安装剪刀撑—安装顶部栏杆—挂立杆安全网	40							
3	质量要求	配件和加固件质量是否合格，是否安装齐全，连接和挂扣是否紧固可靠； 安全网的张挂及扶手（栏杆）的设置是否齐全； 基础是否平整坚实，垫块、垫板是否符合规定； 连墙件的数量、位置和设置是否符合要求； 脚手架垂直度、水平度是否符合要求	30							
4	文明施工	施工完毕，现场不清理，扣3~5分	10							
5	安全施工	重大事故扣5分，一般事故扣3~5分	10							

5. 插接式钢框脚手架搭拆

搭拆技能训练仅以甲型承插式钢管脚手架为例。

（1）准备工作

人员要求：3~6人。

工具及测量仪器：固定扳手、活动扳手、扭力扳手、锤子、卷尺、手动葫芦、缆风绳。

材料：

1）大、小横杆承插管，三角架承插管，栏杆承插管，连接套管（f）60mm×3.5mm一套。

2）扣件式钢管：扣件、底座、垫板以及各种长度的钢管、脚手板、安全网若干。

甲型承插式钢管脚手架构造图。

安全帽、安全带等安全防护用品。

搭拆现场布置警戒区，并设专人看管。

对搭拆人员进行设计交底和施工安全技术交底，介绍安全防护用品的运用，甲型承插式钢管的安全技术要求。

（2）甲型承插式钢管脚手架的形式

甲型承插式钢管脚手架按双排搭设，立杆横向间距为1.25m，纵向间距为1.8m，大横杆步距为1.8m，小横杆间距为0.9~1.8m，长20m，总高度为10m（砌筑用脚手架的操作层小横杆间距采用9m）。

（3）搭设步骤

具体搭设步骤为：施工准备—支座—门式框架—锚固件—连接框架—脚手架铺设—脚手架验收。

（4）技能训练要求

能正确使用安全防护用品。

能正确使用搭拆工具和测量仪器。

能根据脚手架设计图和施工搭设简图，按搭拆工艺和安全技术要求完成立柱的搭拆等全部作业内容。

架体搭设质量符合相关技术要求。

（5）考核项目及评分标准（表5-1）。

插接式钢框脚手架搭拆考核项目及评分标准   表5-1

序号	测定项目	评分标准	满分	检测点						得分
				1	2	3	4	5	6	
1	施工准备材料	千斤顶支座、框架、锁固件、剪刀撑安装现场条件检查合格	10							
2	操作工艺	其顺序为：支座—框架—锚固件—连接框架—脚手板	40							

序号	测定项目	评分标准	满分	检测点						得分
				1	2	3	4	5	6	
3	质量要求	架子必须平稳牢固基础应夯实，并用垫板找平框架内外两侧均架设剪刀撑斜道坡应小于30°，每两步有一个平台，两侧有扶手栏，外围应满挂安全网、安全篱笆	30							
4	文明施工	施工完毕场地不清理，扣3~5分	10							
5	安全施工	若无防护措施本项目无分，防护措施不全扣5~10分	10							

6. 吊挂脚手架的搭拆

（1）准备工作

人员要求：4~5人。

工具及测量仪器：固定扳手、活动扳手、扭力扳手、锤子、卷尺。

材料：支承设施、吊篮绳、安全钢丝绳、手扳葫芦和吊篮架体。

手动吊篮搭设简图。

安全帽、安全带等安全防护用品。

搭拆现场布置警戒区。

对搭拆人员进行安全技术交底，介绍安全防护用品的使用，脚手架搭拆的安全技术要求。

（2）搭设步骤

在屋面上安装挑梁（或挑架），加以固定，安装平衡重。

安装吊索（或吊杆等）。

吊挂脚手架就位、吊索装人吊挂脚手架内。

吊挂脚手架经验收合格后，方可投入使用。

吊篮的钢筋链杆，其直径不小16mm，每节链杆长800mm，每5~10根链杆应相互连成一组，使用时用卡环将各组连接成所需要的长度。

悬挂吊篮的挑梁,必须按设计规定与建筑结构固定牢靠,挑梁挑出长度应保证悬挂吊篮的钢丝绳(或钢筋链杆)垂直于地面。挑梁之间应采用纵向水平杆连接成整体,以保证挑梁结构的稳定性。挑梁与吊篮吊绳连接端应采用防止滑脱的保护装置。

(3) 技能训练要求

1) 能正确使用安全防护用品。

2) 能正确使用搭拆工具和测量仪器。

3) 能根据搭设简图,按搭拆工艺和安全技术要求完成全部作业内容。

4) 架体搭设质量符合相关技术要求。

(4) 考核项目及评分标准(表6-1)。

吊挂脚手架搭拆考核项目及评分标准　　表6-1

序号	测定项目	评分标准	满分	检测点						得分
				1	2	3	4	5	6	
1	施工准备:吊具、现场	按施工方案要求检查吊篮,挑梁和进场提升设备;进入现场搭设和组装现场条件检查,要符合施工方案	10							
2	操作工艺	其顺序为:安装挑梁—组装吊篮—挂吊篮钢丝及安全保险钢丝绳—手扳葫芦—升吊篮—固定保险安全钢丝绳—吊篮拉结固定	40							
3	质量要求	吊篮距建筑物100mm为宜;两吊篮之间的距离不大于200mm;挑梁挑出的长度和位置应与吊篮垂直;使用前经检查合格才准使用	20							
4	文明施工	施工完毕,现场不进行清理,扣3~5分	5							
5	安全施工	重大事故本项目无分,一般事故扣3~5分	10							
6	工效	完成定额低于90%本项目无分,在90%~100%酌情扣分,超过定额酌情加1~3分	15							

7. 悬挑脚手架搭拆

（1）准备工作

人员要求：架子工 5～7 人。

工具及测量仪器：固定扳手或活动扳手、扭力扳手、卷尺。

材料：型钢、扣件、垫板以及各种长度的钢管、脚手板、木板、竹笆和安全网若干。

悬挑脚手架搭设方案及简图。

安全帽、安全带等安全防护用品。

搭拆现场布置警戒区。

对搭拆人员进行安全技术交底，介绍安全防护用品的运用，悬挑脚手架搭拆的安全技术要求。

（2）技能训练要求

能正确使用安全防护用品。

能正确使用搭拆工具和测量仪器。

能根据悬挑脚手架搭设简图，按搭拆工艺和安全技术要求完成全部作业内容。

悬挑脚手架架体搭设质量符合规范及相关技术要求。

（3）安全文明生产

正确执行安全技术操作规程。

按企业有关文明生产的规定，做到施工现场整洁，材料、工具摆放整齐。

（4）考核项目及评分标准（表 7-1）。

搭设悬挑脚手架考核项目及评分标准　　　　　　表 7-1

序号	测定项目	评分标准	满分	检测点						得分
				1	2	3	4	5	6	
1	施工准备材料	选用型钢、扣件、底座、垫板以及各种长度的钢管；脚手板、钢板、竹笆和安全网若干；场地按搭设要求，做好平场挖坑夯实工作	10							

序号	测定项目	评分标准	满分	检测点 1	2	3	4	5	6	得分
2	操作工艺	支撑杆式搭设顺序： 水平横杆—纵向水平杆—双斜杆—内立杆—加强短杆—外立杆—脚手板—栏杆—安全网—上一步架的横向水平杆—连墙杆—水平横杆与预理环焊接； 按上述搭设顺序一层一层搭设，每段搭设高度以六步为宜，并在下面支设安全网。 挑梁式搭设顺序： 安置型钢挑梁（架）安装斜撑压杆、斜拉吊杆（绳）—安放纵向钢梁—搭设脚手架或安放预先搭好的脚手架	40							
3	质量要求	符合悬挑式脚手架检查评分表	30							
4	文明施工	施工完毕现场不进行清理，扣 3～5 分	10							
5	安全施工	重大事故扣 5 分，一般事故扣 3～5 分	10							

8. 附着升降脚手架搭拆

（1）考核样架

搭设附着升降脚手架架体构架。架体宽度为 1m，立杆纵距为 1.5m，两个竖向主框架之间有四个立杆纵距，立杆步距 1.8m，脚手架高度（除水平梁架外）搭设两步，外侧搭设双向剪刀撑。

（2）准备工作

人员要求 3 人。考前一小时对搭设人员进行安全技术交底，并介绍安全用品的使用和搭设要求。将脚手架搭设简图发给被考学员进行预先阅读，熟悉搭设要求内容。

工具及测量仪器采用固定扳手或活动扳手、扭力扳手、卷尺。

材料备用扣件及各种长度的钢管、竹笆脚手板若干。

安全帽、安全带等安全防护用品。

准备样架，采用扣件和钢管，模拟搭设两个机位的竖向主框架和水平梁架，上端留出对接接口。

（3）考核内容

考核要求：

简述附着升降脚手架的架体搭设安装操作要点。

能正确使用安全防护用品。

能正确使用搭拆工具和测量仪器。

能根据脚手架搭设简图，按搭设工艺和安全技术要求完成全部作业内容。

架体搭设质量符合相关技术要求。

时间定额：

被考学员用 15min 简述附着升降脚手架的架体搭、拆安全技术要求，考官用 15min 对学员进行提问，学员解答，共30min。按要求搭设架体，时间 120min。考官点评，时间 30min。共计 180min。

（4）安全文明生产

正确执行安全技术操作规程。

能做到施工场地整洁，杆配件、工具摆放整齐。

（5）考核项目及评分标准（表 8-1）。

附着升降脚手架搭设考核项目及评分标准　　　　　表 8-1

序号	作业项目	考核内容	配分	评分标准	考核记录	扣分	得分
1	口述回答	本项目主要安全技术要求	15	能正确回答 5 项以上满分，否则缺 1 项扣 3 分			

序号	作业项目	考核内容	配分	评分标准	考核记录	扣分	得分
2	材料准备	选用准确	5	零部件名称和实物概念不清，酌情扣分			
3	操作	按样架要求搭设	25	按达到规定的结构形式和施工，工艺标准程度评定，一项不符合要求扣5分			
		质量技术要求	25				
		时间定额要求	10	在定额 ±10% 内完成满分，超时酌情扣分			
4	安全文明生产	遵守安全操作规程	10	达到规定标准程度评定，有一项不合格，按零分记			
		正确使用工具	5	酌情扣1~2分			
		操作现场整洁	5	按现场整洁情况，酌情扣2~3分			

9. 模板支撑架搭拆技能训练实例

（1）准备工作

人员要求：架子工6~8人。

工具及测量仪器：固定扳手或活动扳手、扭力扳手、卷尺。

材料：扣件、底座、垫板以及各种长度的钢管、脚手板、木板、混凝土板、钢板、竹包和安全网若干。

模板支撑脚手架搭设方案及简图。

安全帽、安全带等安全、防护用品。

搭拆现场布置警戒区。

对搭拆人员进行安全技术交底，介绍安全防护用品的运用，模板支撑脚手架搭拆的安全技术要求。

（2）技能训练要求

能正确使用安全防护用品。

能正确使用搭拆工具和测量仪器。

能根据模板支撑脚手架搭设简图，按搭拆工艺和安全技要求完成全部作业内容。

模板支撑脚手架架体搭设质量符合规范及相关技术要求。

（3）安全文明生产

正确执行安全技术操作规程。

按企业有关文明生产的规定，做到施工现场整洁，材料、工具摆放整齐。

（4）考核项目及评分标准（表9-1）。

搭设模板支撑脚手架考核项目及评分标准　　表9-1

序号	测定项目	评分标准	满分	检测点						得分
				1	2	3	4	5	6	
1	施工准备材料	同扣件式钢管脚手架、碗扣式钢管脚手架和门式钢管脚手架等相关内容；场地按搭设要求，做好平场挖坑夯实工作	10							
2	操作工艺	符合相关技术要求	40							
3	质量要求	同扣件式钢管脚手架、碗扣式钢管脚手架和门式钢管脚手架等相关内容	30							
4	文明施工	施工完毕现场不予清理，扣3~5分	10							
5	安全施工	重大事故本项目扣5分；一般事故扣3~5分	10							

第三部分 高级架子工

3.1 判断题

1. 比例是图形的大小与物体实际大小之比。(√)

2. 房屋施工图中的尺寸由数字和直线组成。(×)

3. 点、线的影子能反映物体形状的图形，由此其形成的影子称为投影。(√)

4. 建筑材料的图例用来表示所绘形体或构件的制成材料。(√)

5. 三投影图中的每一个投影图，只能反映物体的一个方向的形状和大小。(×)

6. 投影讲的是投影线、形体、投影面三者的关系。(√)

7. 视图是人们从不同位置看到的一个物体在平面上的图形。(×)

8. 标准角度的尺寸线要用圆弧线表示。圆弧线的圆心应是该角的角顶点，角的两个边就是尺寸界线。(√)

9. 在比例尺上 1:100 时读数为 10m 的线段在 1:200 时读数则为 20m，当 1:400 时，读数即为 40m。(√)

10. 图纸中的标题栏也称图标，是用来说明图样内容的专栏，必须画在每张图纸的右下角。(√)

11. 工程图上的粗实线，一般用于主要可见轮廓线。(√)

12. 已知图样上的线段长度为 0.1m，实物上的线段长度为 10m，那么它的比例是 1:10。(×)

13. 图样上的尺寸单位，一般均要以厘米为单位，个别情况

以米为单位。（×）

14. 标注半径的尺寸线，应一端从圆心开始，另一端画箭头指至圆弧。半径数字前应加注半径符号"R"。（√）

15. 图样上的图形只能表示构筑物各部分的具体位置和大小。（×）

16. 图样上的尺寸应包括尺寸界线、尺寸起止符号和尺寸数字。（×）

17. 尺寸标注时，竖直方向的尺寸，尺寸数字要写在尺寸线的左侧，字头朝左。（√）

18. 尺寸数字如果没有足够的注写位置时，两边的尺寸可以注写在尺寸界线的外侧，中间相邻的尺寸可以错开注写。（√）

19. 在绘制剖面图时，剖切是假想的，形体并非真的被切开和移去了一部分。（√）

20. 在绘制重合断面图时，由于剖切平面剖切到哪里，重合断面就画在哪里，因而重合断面图不需标注剖切符号和编号。（√）

21. 在绘制中断断面图时，需要标注剖切符号和编号。（×）

22. 在编制脚手架施工方案和施工应用中，应对脚手架杆配件的质量和允许缺陷作出明确的规定。（√）

23. 在编制脚手架施工方案和施工应用中，应对脚手架的构架方案、尺寸以及对控制误差的要求作出明确的要求。（√）

24. 在编制脚手架施工方案和施工应用中，应对连墙点的设置方式、布点间距作出明确要求。（√）

25. 未经许可，在施工过程中可以临时拆除杆部件和拉结件。（×）

26. 脚手架工程技术中应对整架、杆配件、节点承载能力进行验算。（√）

27. 活动悬挑工具式外脚手架，是用钢管扣件或其他钢管构件搭成一定规格的脚手架架体，同时，在建筑结构上设置支承

设施，借助起吊设备，将架体整体提升（或下降）到上（下）楼层支承设施上，使架体成为可以移动的"工具"式脚手架。（√）

28. 活动悬挑工具式外脚手架主要由架体和悬挑支承架构成。（√）

29. 在活动悬挑工具式外脚手架中，悬挑支承架的布置间距，主要由项目经理根据经验确定。（×）

30. 采用普通扣件式钢管脚手架杆构件组装架体段时，搭设时除满足《建筑施工扣件式钢管脚手架安全技术规范》外，其架体段的纵向水平杆应采用整根的长杆。（√）

31. 采用碗扣式、门式钢管脚手架杆构件组装架体段时，应加必要数量的通长纵向水平杆加强（以扣件连接）。（√）

32. 架体准备提升时，应先拆除脚手板，并做好清除工作，不得有任何零散物料随架体提升。（√）

33. 活动悬挑工具式外脚手架架体相当于建筑物三个楼层高度，可由塔式起重机根据施工需要不断向上提升。提升一般在楼板混凝土浇筑前进行。（×）

34. 架体段提升就位后，在悬挑支承架上固定，用钢丝绳将架体段上端与结构梁上的预埋环拉结好，以保证架体的稳定。（×）

35. 外挂架配独立扒杆是采用圆钢活动外挂架进行砌筑作业，使独立扒杆上料，并利用烟囱外铁爬梯加设护身栏网的架网梯供人员上下的砖筑烟囱脚手架。（√）

36. 井柱挑台挂吊篮作业平台由四个架片组成，架片按烟囱中部尺寸设计（架片内径高于烟囱外径），取其1/4周长作为架片尺寸，宽度取为0.8m。（√）

37. 井柱挑台挂吊篮在设计时对架片的吊环和栏杆的可以不考虑搭接留量。（×）

38. 外架配井架脚手架应遍设剪刀撑或斜杆，宜每隔12～15m加设一道水平杆，以加强脚手架的整体稳定性。（√）

39. 钢筋混凝土烟囱脚手架应在井架顶端的两个对角设置避雷针，用专用导线引至地面，并与烟囱的永久接地点相接。（√）

40. 卷扬机在使用之前，应检查全部零、部件，并经过空载、重载试运行和制动试验。（√）

41. 操作台的周围应布置围栏及铁丝网，在内外吊梯上应设安全网。（√）

42. 拆除脚手架时要格外小心，应由上而下拆除，拆到缆风绳处应对称拆除，严禁随意乱拆。（√）

43. 对于大屋脊古建筑物的修缮架子，应采用挑架子的方法，架子里排立杆距古建筑物外壁不小于 50cm。（√）

44. 古建筑脚手架主要用的材料有：杉篙、横木、脚手板、标棍、扎缚绳、三股绳、连绳等。（√）

45. 对于护身栏杆、戗杆、马道等附属脚手架所用杉篙的数量，不用根据实际情况逐项计算。（×）

46. 用杉篙、毛竹作立杆时，上下两根立杆的搭接长度不得小于 1.5m，并以大头搭接小头，相邻立杆的接头应相互错开。（×）

47. 立杆、顺杆、十字杆三者之间的绑扎关系是：立杆的里皮为顺杆，立杆的外皮为 h 字杆。（√）

48. 支戗架主要由夹杆、戗杆（斜杆）组成，夹杆沿水平方向布置在柱内外侧"夹住"新安装的柱子，戗杆有开口戗、背口戗、面宽戗（十字杆）等，起稳定柱子的作用。（√）

49. 支戗架搭好后，在搭其他脚手架或进行修缮施工时，不能碰撞支戗架，但可将其他架子或设施与支戗架连接，待瓦顶施工完后方可拆除。（×）

50. 落檐脚手架适用于钉铺各层檐的圆椽、飞椽、望板和连檐等构件。（√）

51. 附着升降系统主要由附着支承结构、架体结构、升降机构、安全保护装置组成。（×）

52. 附着升降脚手架是一种移动式脚手架，各种类型的附着升降脚手架只需要一套附着支承结构就可以满足施工需要。（×）

53. 导轨式附着支承结构在升降工况和使用工况下的荷载传递路线不完全相同。（√）

54. 电动卷扬机的特点是架体每次升降高度受到限制，升降速度较慢，且体积和重量大，安装和使用困难。（×）

55. 防倾覆装置应用螺栓同竖向主框架或附着支承结构连接，也可采用钢管扣件或碗扣方式连接。（×）

56. 在升降和使用工况下，因结构需要位于同一竖向平面的防倾覆装置可装一套。（×）

57. 附着支承结构在墙体的连接点处混凝土强度不会影响架体的升降。（×）

58. 防倾覆装置失效不是架体产生坠落事故的主要原因。（×）

59. 防坠落装置与提升机构可同时设置在一套附着支承结构上，承担全部坠落荷载。（×）

60. 防坠落装置应有专门详细的检查方法和管理措施，以确保其工作可靠、有效。（√）

61. 防坠落装置应设置在架体竖向主框架部位，可在每两个竖向主框架提升设备处设置一台防坠落装置。（×）

62. 整体升降脚手架是一个很大的桁架结构，架体刚度大，各机位间的升降差不会影响各个机位的荷载。（×）

63. 整体升降脚手架在升降过程中使用了同步升降及荷载监控系统，架体就不会超载。（×）

64. 整体升降脚手架在升降时违反操作规程，架体超重是架体产生坠落的主要原因。（√）

65. 每一个竖向主框架提升设备处必须设置一套防坠落装置。（×）

66. 附着升降系统所用的各种材料、工具和设备使用前经检

验后就可以投入使用。（×）

67. 附着升降系统所用的各种材料、工具和设备使用前应对其进行检验，不合格产品严禁投入使用。（√）

68. 吊拉式附着升降系统的安装应自上而下，与架体的安装搭设同步进行。（×）

69. 吊拉式附着升降系统安装时，每个机位处要预埋安装用的穿墙管，并应采取有效的措施防止水泥砂浆堵塞预埋管。（√）

70. 吊拉式附着升降系统安装后应检查每个机位的预留孔位置是否正确，有无堵塞，否则应采取补救措施。（×）

71. 附着升降系统安装完毕，应按各项安全技术要求对附着支承结构、升降机构、安全保护装置和电器控制系统逐项进行检查、调试，全部符合要求后方能交付验收。（√）

72. 附着支承结构采用普通穿墙螺栓连接时，可采用单螺母加垫板固定，螺杆露出螺母应不少于3扣。（×）

73. 对附着支承结构与建筑结构连接处混凝土的强度要求应按计算结果确定，并不得大于C10。（×）

74. 施工人员必须经专业技术培训后上岗操作。（×）

75. 施工人员必须经专业技术培训后，持有效证件上岗操作。（√）

76. 同一个升降脚手架中，同时使用的升降机构、防坠落装置以及架体同步升降及荷载监控系统可采用不同厂家生产的、不同规格号的产品。（×）

77. 承力架（底盘）的安装位置由现场施工技术人员按脚手架施工方案确定，未经方案设计人员同意，不得随意更改其安装位置。（√）

78. 附着升降脚手架使用中如设备损坏，任何人都可以拆卸修理提升设备。（×）

79. 防倾覆装置和防坠落装置的运动配合部分要定期加油润滑，并保持运动自如。（√）

80. 电气控制系统的维修保养必须由专业电工来完成。（√）

81. 架体升降到位后，各工种工人即可上架施工。（×）

82. 附着升降脚手架升降到位，经双方验收合格后，各工种工人才可以上架施工。（√）

83. 整体附着升降脚手架的控制中心应设专人负责操作，禁止其他人员操作。（√）

84. 附着升降脚手架升降过程中应实行统一指挥、规范指令。升降指令只能由总指挥一人下达，如遇有异常情况出现时，任何人都不能发出停止指令。（×）

85. 附着升降脚手架升降过程中，如某台升降机构损坏，而此机位附着支承结构又无法安装时，应尽快安排人员将其拆下修理或更换。（×）

86. 附着升降脚手架升降到位后，在没有完成架体固定工作前，施工人员不得擅自离岗或下班。（√）

87. 整体升降脚手架是一个很大的桁架结构，架体刚度大，各机位间的升降差直接影响各个机位的荷载。（√）

88. 整体升降脚手架升降过程中由于现场情况复杂，极有可能造成架体荷载不断增加，必须使用架体同步升降及荷载监控系统，对各机位荷载进行监控。（√）

89. 上置式防坠落装置与下置式防坠落装置的主要区别是两者的固定位置和运动形式不同。（×）

90. 防坠落装置的制动距离越小越好。（×）

91. 架体在升降和使用过程中较大的风荷载是架体倾覆的重要因素。（√）

92. 架体在升降和使用过程中，架体上施工荷载位置的变化是架体倾覆的重要因素。（×）

93. 在升降和使用工况下，位于同一竖向平面的防倾覆装置只需要一处。（×）

94. 防倾覆装置是附着升降脚手架必不可少的安全保护装

置，其作用是防止架体在升降过程中发生意外坠落。（×）

95. 脚手架在升降过程中受到固定点的水平约束，架体的垂直荷载由这些固定点传递到建筑结构上，这些固定点以及与其相对运动的部件，形成了附着升降脚手架的防倾覆装置。（×）

96. 液压提升设备的特点是同步性能好，升降平稳，每层升降时间较短。（×）

97. 防坠落装置是附着升降脚手架必不可少的安全保护装置其作用是防止架体在升降过程中发生意外倾覆。（×）

98. 附着升降系统主要由附着支承结构、升降机构和电气控制系统组成。（×）

99. 作用于脚手架的荷载分为永久荷载（恒荷载）与可变荷载（活荷载）。（√）

100. 可变荷载（活荷载）可分为施工荷载和风荷载。（√）

101. 脚手架的受力传递可简化为：脚手板—立杆—横杆—基础。（×）

102. 计算纵向、横向水平杆强度与变形的荷载效应组合取永久荷载＋施工均布活荷载。（√）

103. 脚手架受弯构件验算时，可以只考虑进行强度验算，而不用进行变形验算。（×）

104. 计算横向水平杆内力和弯矩时，可以按简支梁进行计算。（√）

105. 新扣件应有生产许可证、法定检测单位的测试报告和产品质量合格证。当对扣件质量有怀疑时，应按现行国家标准《钢管脚手架扣件》的规定抽样检测。（√）

106. 碗扣式钢管脚手架立杆最大弯曲变形矢高不超过 $L/500$，横杆斜杆变形矢高不超过 $L/250$。（√）

107. 脚手架质量通病经常诱发的事故为整架倾倒、垂直坍塌或局部垮架和人员高空坠落。（√）

108. 脚手架整体稳定验算时必须对脚手架底部截面进行稳定性验算。（√）

109. 劳动定额是指在正常生产条件下，为完成单位合格产品（或工作）而规定的必要劳动消耗的数量标准。（√）

110. 算术平均法取各个工人完成单位产品的劳动消耗的平均值作为平均水平。（×）

111. 安全生产管理通常是指管理者对安全生产工作进行的决策、计划、组织、指挥、协调和控制等一系列活动，实现生产过程中人与机器设备、物料、环境的和谐，达到安全生产的目标。（√）

112. 我国的安全生产方针是"安全第一，预防为主"，这是党和国家对安全生产工作的总要求，也是安全生产工作的方向。（√）

113. 建筑产品质量的可靠性是指产品所具有的在材料和构造上满足防水、防腐，从而满足使用寿命要求的属性。（×）

114. 全面质量管理的基本工作包括标准化、计量、质量信息、质量责任制、质量教育、建立质量管理小组等工作。（√）

115. QC 小组活动，一定要按 PDCA 循环的科学管理程序进行，切忌用"也许"、"可能"、"大概"等不科学的反映问题的方法。（√）

116. 如发生安全事故，要做到"三不放过"，即事故原因不放过、事故发生地点不放过、没有采取切实可行的防范措施不放过。（×）

117. 班组要严格执行上下工序交接检查验收制度，做到本班组质量不合格不交工，上道工序不符合要求不进行下道工序的施工，保证每道工序达到质量标准。（√）

118. 罩壳均应平整，不得有直径超过 15mm 的锤印痕，安装牢固不得歪斜。（×）

3.2　单项选择题

1. 一般将垂直截面的应力称为 <u>A</u>。

A. 正应力　　B. 剪应力　　C. 拉应力　　D. 压应力

2. 作用在截面上的拉应力属<u>D</u>。

A. 剪应力　　B. 重力　　C. 外力　　D. 正应力

3. 简支梁在荷载作用下发生弯曲变形，在梁中部中轴线存在<u>C</u>。

A. 拉应力　　　　　　　　B. 压应力

C. 既无拉力又无压力　　　D. 拉压应力均存在

4. 木脚手架立杆纵向间距一般为<u>B</u>m。

A. 2　　B. 1.5　　C. 1.8　　D. 1.2

5. 木脚手架小横杆伸出立杆部分不得小于<u>C</u>mm。

A. 400　　B. 350　　C. 300　　D. 200

6. 木脚手架搭设至<u>A</u>步架以上时，应及时绑抛撑。

A. 三　　B. 四　　C. 五　　D. 六

7. 木脚手架绑扎到<u>B</u>步架时，必须绑扎斜撑或剪刀撑。

A. 两　　B. 三　　C. 四　　D. 五

8. 安全防护隔离层每隔<u>C</u>层设置一道。

A. 2　　B. 3　　C. 4　　D. 5

9. 木脚手架超过<u>B</u>m时，应设置连墙点。

A. 6　　B. 7　　C. 8　　D. 9

10. 绑扎铁丝的段料长度一般为<u>B</u>m。

A. 1.2~1.4　　B. 1.4~1.6　　C. 1.3~1.5　　D. 1.5~1.7

11. 脚手架的荷载不得超过<u>D</u>kg/m²。

A. 240　　B. 250　　C. 260　　D. 270

12. 荷重超过<u>D</u> kg/m² 的脚手架应该进行设计计算。

A. 240　　B. 250　　C. 260　　D. 270

13. 木立杆和大横杆应该错开搭接，搭接长度不得小于<u>A</u>m。

A. 1.5　　B. 1.8　　C. 2　　D. 1

14. 木杆搭接绑扎时，绑扣不得小于<u>B</u>道。

A. 两　　B. 三　　C. 四　　D. 一

15. 脚手板的搭接长度不得小于<u>C</u>cm。

A. 10   B. 15   C. 20   D. 25

16. 脚手架拆除顺序为A。

A. 自上而下   B. 上下同时   C. 整体推倒   D. 上下分开

17. 移动式梯子宜用于高度在B m 以下短时间内可完成的工作。

A. 3   B. 4   C. 4. 5   D. 5

18. 梯子与地面的放置夹角C°为宜。

A. 45   B. 50   C. 60   D. 30

19. 钢筋爬梯采用 A3 钢，直径不得小于B mm。

A. 10   B. 12   C. 14   D. 16

20. 在起吊时，吊索与水平线的夹角减小，则吊索的受力A。

A. 增大   B. 减小   C. 不变   D. 增大后减小

21. 在起吊时，吊索与水平线的夹角不能小于A°。

A. 30   B. 40   C. 45   D. 60

22. 一个物体受到另一个物体作用的力，叫C。

A. 推力   B. 内力   C. 外力   D. 应力

23. 直径为 11 ~ 20mm 的钢丝绳，其绳卡用量最小为B 个。

A. 3   B. 4   C. 4   D. 5

24. 木脚手架的立杆小头直径不小于C mm。

A. 50   B. 60   C. 70   D. 80

25. 木脚手架板厚不小于C mm。

A. 30   B. 40   C. 50   D. 55

26. 8 号镀锌铁丝直径为C mm。

A. 2. 5   B. 3. 5   C. 4   D. 4. 5

27. 木脚手架绑扎大横杆时，上下相邻两步架的大头朝向A。

A. 相反   B. 相同   C. 没有要求

28. 高度超过A m 的脚手架必须设置安全网。

A. 3   B. 4   C. 4. 5   D. 5

29. 钢管脚手架，立杆上的对接扣件应交错布置，在高度方向错开的距离不小于Cmm。

A. 300　　B. 400　　C. 500　　D. 550

30. 钢管脚手架，采用钢、木脚手架板时，大横杆应放在立杆的C。

A. 内外侧交错　B. 外侧　　C. 内侧　D. 任意位置均可

31. 搭设木脚手架1000m² 墙面，高度10m，要用立杆约D 根。

A. 1166　　B. 1200　　C. 1100　　D. 1000

32. 某图纸比例为1:200，量得图上尺寸为10mm，则实际尺寸为Cm。

A. 0. 5　　B. 5　　C. 2　　D. 20

33. 脚手架搭设安全系数一般取A。

A. 3. 0　　B. 3. 5　　C. 4. 0　　D. 4. 5

34. 起重吊运音响信号二声短声表示A。

A. 上升　　B. 下降　　C. 微动　　D. 停止

35. 安全网的有效负载高度一般为Bm。

A. 5　　B. 6　　C. 8　　D. 10

36. 佩戴安全帽时，帽衬顶端与帽壳内顶的垂直距离应在Amm 之间。

A. 20 ~ 25　　B. 10 ~ 15　　C. 15 ~ 20　　D. 25 ~ 30

37. 凡在离地面Bm 以上的地点进行的工作，都应视作高空作业。

A. 1. 5　　B. 2　　C. 2. 5　　D. 3

38. 在没有栏杆的脚手架上工作，高度超过Am 时，必须使用安全带，或采取其他可靠措施。

A. 1. 5　　B. 2　　C. 2. 5　　D. 3

39. 由荷载作用所产生的截面应力，称为A。

A. 工作应力　B. 许用应力　C. 强度极限　D. 极限应力

40. 工作应力随外力的增加而A，与材料本身无关。

A. 增加　　B. 减少　　C. 不变　　D. 任意变化

41. 一根圆钢截面积为 $2cm^2$，拉断时拉力为 70kN，则圆钢的强度极限为C。

A. 300MPa　　B. 300Pa　　C. 350MPa　　D. 350Pa

42. 高度超过A步架的脚手架必须设置防护栏杆。

A. 三　　B. 四　　C. 五　　D. 六

43. 木脚手架绑大横杆时同一步架大横杆的大头朝向A。

A. 一致　　B. 相反　　C. 没有要求

44. D的设置及其牢靠程度是较高脚手架是否失稳破坏，甚至倒塌的关键。

A. 立杆　　B. 大横杆　　C. 小横杆　　D. 连墙杆

45. 搭设木脚手架 1000m²，单排架高 10m，杉杆长 6m，约用拉杆D根。

A. 300　　B. 320　　C. 330　　D. 340

46. 碗扣式脚手架构件立杆最大弯曲变形矢高不超过B。

A. $L/250$　　B. $L/500$　　C. $L/750$　　D. $L/1000$

47. 木脚手架杆存放应B。

A. 带皮竖放　　B. 去皮竖放

C. 带皮横放　　D. 去皮横放

48. 高处作业的平台、走道应装设B的防护栏杆或设防护立网。

A. 1　　B. 1.05　　C. 1.2　　D. 0.9

49. 木杆脚手架大横杆小头直径不小于Cmm。

A. 60　　B. 70　　C. 80　　D. 90

50. 设置脚手架A，可加强脚手架的平面稳定性。

A. 斜撑　　B. 剪刀撑　　C. 抛撑　　D. 连墙杆

51. 木杆接长一般采用C绑扣。

A. 平插法　　B. 斜插法　　C. 顺扣法　　D. 任意

52. 单排外脚手架搭设高度不得超过Dm。

A. 15　　B. 18　　C. 30　　D. 20

53. 双排外脚手架搭到<u>A</u>步架高，全高不大于 7m 时，且墙体无法设连接点时，应设抛撑。

A. 三　　B. 四　　C. 五　　D. 六

54. 为了保证马道的结构稳定，在马道的两侧，平台外围和端部应设<u>A</u>。

A. 剪刀撑　　B. 斜撑　　C. 抛撑　　D. 连墙杆

55. 吊脚手架外架时，其挑架必须保证其抵抗力矩大于倾覆力矩的<u>C</u>倍。

A. 一　　B. 二　　C. 三　　D. 四

56. 起吊运旗语信号，绿旗上举红旗自然下放表示<u>D</u>。

A. 预备　　B. 要主钩　　C. 要副钩　　D. 吊钩上升

57. 吊篮安全绳的直径大于等于<u>B</u>mm。

A. 12　　B. 13　　C. 14　　D. 15

58. 钢管脚手架各杆件相交伸出的端头，均应大于<u>C</u>cm。

A. 5　　B. 8　　C. 10　　D. 15

59. 立杆承受的荷载是<u>C</u>。

A. 轴心荷载　　　　　　　B. 偏心荷载

C. 轴心荷载和偏心荷载　　D. 自重

60. 当<u>A</u>丧失稳定时，将会导致脚手架整体塌倒。

A. 受压杆　　B. 受弯杆　　C. 脚手架基座　　D. 横杆

61. 高度超过<u>B</u>m 或荷载较大的脚手架应进行设计计算。

A. 20　　B. 30　　C. 40　　D. 50

62. <u>D</u>的作用在于防止脚手架内倒外倾，而且可以加强立杆的纵向刚度。

A. 大横杆　　B. 立杆　　C. 斜撑　　D. 联墙杆

63. <u>B</u>丧失稳定是扣件式钢管脚手架最危险的破坏状态。

A. 大横杆　　B. 立杆　　C. 斜撑　　D. 抛撑

64. 安全带应每<u>A</u>试验检验一次。

A. 半年　　B. 1 年　　C. 3 个月　　D. 2 个月

65. 凡在高度<u>A</u>m 以上的高处作业均称为高处作业。

A. 2　　B. 2. 5　　C. 3　　D. 3. 5

66. 脚手架与35kV以上高压线之间加水平和垂直安全间距不得小于A m。

A. 6　　B. 5　　C. 4　　D. 3

67. 钢丝绳夹头固定方式用A方式连接，连接力最强。

A. 骑马式　　B. 压板式　　C. 拳推式　　D. 普通式

68. 在施工期间，使用B m以上的外脚手架时，工作面的外侧必须绑两道牢固的防护栏。

A. 3　　B. 2　　C. 2. 5　　D. 3. 5

69. 扣件式钢管脚手架各种杆件应先采用外径A mm 的焊接钢管。

A. 48　　B. 50　　C. 51　　D. 45

70. 在起吊重物时，其绳索间的夹角一般不大于C。

A. 30°　　B. 45°　　C. 90°　　D. 60°

71. 利用电动葫芦起吊重物时，最大起吊垂直斜度不大于A°。

A. 15　　B. 30　　C. 45　　D. 60

72. 钢丝绳中有断股者应A。

A. 报废　　B. 截除　　C. 缠绕　　D. 继续使用

73. 脚手架在门洞通道处，应使部分立杆排空，并加设D。

A. 斜撑　　B. 剪刀撑　　C. 之字撑　　D. 八字撑

74. 脚手架遇松土或无法挖坑时应绑B。

A. 大横杆　　B. 扫地杆　　C. 斜撑　　D. 抛撑

75. 用一根截面积为 0. 5cm^2 的绳子吊起 100kg 重的重物，则绳子的拉应力等于B MPa。

A. 15　　B. 20　　C. 25　　D. 22

76. 一根 3 号圆钢截面积为 2cm^2，拉断时的拉力为 70kN，则圆钢的强度极限为D。

A. 300MPa　　B. 350N/m^2　　C. 350Pa　　D. 350MPa

77. 物体受力的作用，在材料的内部产生抵抗变形的力，称为<u>A</u>。

A. 内力 　　B. 外力 　　C. 应力 　　D. 压力

78. <u>C</u>脚手架与墙体连接的横向水平杆，防止脚手架的横向移动，加强架子的空间稳定。

A. 斜撑 　　B. 小横杆 　　C. 连墙件 　　D. 剪刀撑

79. <u>B</u>由两根圆木或两根钢管的拔杆组成，以钢丝绳绑扎或铁件镀接的简单起重工具。

A. 独脚拔杆 　B. 人字拔杆 　C. 悬臂拔杆 　D. 牵绳式桅杆

80. 木脚手架中杆是指<u>C</u>。

A. 立杆 　　B. 大横杆 　　C. 小撑杆 　　D. 连墙杆

81. 安全网网目边长不得大于<u>A</u>。

A. 10cm 　　B. 15cm 　　C. 20cm 　　D. 12cm

82. 脚手架高度超过<u>D</u>m 时，应搭设连墙点。

A. 5 　　B. 4 　　C. 6 　　D. 7

83. 脚手板铺设悬空部分不得大于<u>A</u>mm。

A. 100 ~ 150 　　B. 120 ~ 160 　　C. 150 ~ 200 　　D. 90 ~ 140

84. 木脚手架绑扎铁丝中间鼻孔的直径一般为<u>B</u>cm。

A. 2 　　B. 1. 5 　　C. 1. 0 　　D. 1. 2

85. 木杆接长接头长度不少于<u>B</u>m

A. 1. 2 　　B. 1. 5 　　C. 1. 8 　　D. 2. 0

86. 单排外脚手架垂直偏差不得大于<u>A</u>mm。

A. 100 　　B. 120 　　C. 150 　　D. 200

87. 双排外脚手架的搭设高度一般不超过<u>C</u>m。

A. 20 　　B. 25 　　C. 30 　　D. 40

88. 脚手架架高小于<u>A</u>m 时，可用斜撑代替剪刀撑，由下而上呈"之"字形。

A. 10 　　B. 12 　　C. 15 　　D. 20

89. 脚手架采用搭接铺设，其搭接长度不得小于<u>C</u>cm。

A. 10 　　B. 15 　　C. 20 　　D. 25

90. 脚手架支杆和剪刀撑与地面的夹角不得大于<u>D</u>。

A. 30°   B. 50°   C. 45°   D. 60°

91. 采用直立爬梯时梯挡应绑扎牢固，间距不大于<u>B</u>cm。

A. 20   B. 30   C. 40   D. 50

92. 钢管脚手架小横杆的间距不得大于<u>B</u>m。

A. 1   B. 1.2   C. 1.3   D. 1.5

93. 脚手架大横杆的间距不得大于<u>B</u>m。

A. 1   B. 1.2   C. 1.3   D. 1.5

94. 绳梯应每<u>A</u>进行一次负荷实验。

A. 半年   B. 3 个月   C. 一年   D. 一个月

95. 起重吊运手势信号双手立指伸开在额前交叉表示<u>C</u>。

A. 停止   B. 紧急停止   C. 工作结束   D. 微动

96. 吊装 10t 以下柱子垂直度校正常用<u>D</u>。

A. 敲打钢钎法   B. 钢管撑杆法

C. 千斤顶立顶法   D. 敲打楔子法

97. 吊篮和吊架的使用荷载不准超过<u>C</u>kg/m²。

A. 270   B. 150   C. 120   D. 100

98. 吊篮的挑出长度必须保证其抵抗力矩大于<u>A</u>三倍。

A. 倾覆力矩   B. 荷载   C. 所吊重物   D. 最大荷重

99. 脚手架种类很多，其中<u>A</u>是一种几何尺寸标准化、结构合理，施工中装卸方便、效率高、安全可靠，具有良好发展前景的脚手架。

A. 门式钢管脚手架   B. 碗扣式钢管脚手架

C. 扣件式钢管脚手架   D. 挂篮

100. 卷扬机卷筒上的钢丝绳，工作时最少应保留<u>C</u>圈。

A. 3   B. 4   C. 5   D. 6

101. 抱杆全长内，中心线偏差不得大于总支承长度的<u>B</u>。

A. 1/100   B. 1/200   C. 1/1000   D. 1/500

102. 建筑物外立面凹凸不大于 1m 时，可采用<u>D</u>脚手架。

A. 挂架   B. 吊篮架   C. 框式钢管架   D. 桥式

103. 搭设扣件式钢管脚手架 1000m²，单排高 10m，用钢管约为D t。

A. 9　　　B. 14　　　C. 9.6　　　D. 15

104. 满堂脚手架高度在D m 时，必须铺满脚手架板。

A. 3　　　B. 4　　　C. 5　　　D. 6

105. 作业人员有权对影响人身健康的作业程序和作业条件提出改进意见，有权获得安全生产所需的C。

A. 安全知识　　　B. 保护设备

C. 防护用品　　　D. 意外伤害保险

106. 劳动合同依照《中华人民共和国劳动合同法》规定被确认无效，给一方造成损害的，C承担赔偿责任。

A. 双方共同　　　　　B. 双方均不

C. 有过错的一方　　　D. 协商调解决定由哪方

107. 特种作业从业人员有要求用人单位提供符合国家规定的劳动安全卫生条件和必要的劳动防护用品的权利；并且有要求按照规定获得A、职业病诊疗、康复等职业病防治服务的权利。

A. 职业病健康体检　　　B. 职业病体检

C. 疾病健康体检　　　　D. 疾病体检

108. 特种作业从业人员对用人单位违反劳动安全卫生法律法规和标准，不履行其责任的情况，从业人员有B、检举和控告的权利。

A. 指责　　　B. 批评　　　C. 揭发　　　D. 反抗

109. 在施工中发生危及人身安全的紧急情况时，作业人员有权A或者在采取必要的应急措施后撤离危险区域。

A. 立即停止作业　　　　B. 先把手头的事情做完再说

C. 冒险也要把作业完成　　D. 听之任之

110. 任何单位或者个人，对事故隐患或者安全生产违法行为，均有权向B报告或者举报。

A. 公安机关

B. 负有安全生产监督管理职责的部门

272

C. 该项目的施工单位

D. 该项目的建设单位

111. 首次取得《建筑施工特种作业操作资格证书》的人员实习操作不得少于<u>C</u>个月。

A. 一　　B. 二　　C. 三　　D. 四

112. 安全操作技能考核，采用实际操作（或模拟操作）、口试等方式。考核实行百分制，<u>C</u>分为合格。

A. 50　　B. 60　　C. 70　　D. 80

113. 特种作业人员执业资格证书有效期满，需要延期的，持证人员本人应当于期满<u>C</u>个月前向原市县考核受理机关提出申请，市县建设（筑）主管部门初审后，迁期满一个月前集中向省建筑主管部门申请办理延期复核相关手续。

A. 一　　B. 二　　C. 三　　D. 四

114. 总承包单位对分包单位所分包工程的安全生产<u>A</u>。

A. 负总责　　　　B. 承担连带责任

C. 负部分责任　　D. 不负责任

115. 企业在安全生产许可证有效期内，严格遵守有关安全生产的法律法规，安全生产许可证有效期届满时，<u>C</u>经原安全生产许可证颁发管理机关同意，不再审查。

A. 未发生伤亡事故的　　B. 未发生严重伤亡事故的

C. 未发生死亡事故的　　D. 未发生严重死亡事故的

116. 建筑施工特种作业人员是指在房屋建筑和市政工程施工活动中，从事可能对本人、他人及周围设备设施的安全造成<u>D</u>。

A. 一定危害作业的人员　　B. 较大危害作业的人员

C. 很大危害作业的人员　　D. 重大危害作业的人员

117. 施工单位应当为施工现场从事危险作业的人员办理<u>C</u>。

A. 人身财产保险　　B. 养老保险

C. 意外伤害保险　　D. 工伤保险

118. 特别重大事故，是指造成<u>C</u>人以上死亡，或者100人以上重伤（包括工业中毒，下同），或者1亿元以上直接经济损失的事故。

A. 10　　B. 20　　C. 30　　D. 50

119. 重大事故是指造成10人以上30人以下死亡，或者<u>C</u>重伤，或者5000万元以上1亿元以下直接经济损失的事故。

A. 10人以上30人以下　　B. 50人以下

C. 50人以上100人以下　　D. 100人以上

120. 较大事故，是指造成3人以上10人以下死亡，或者<u>C</u>重伤，或者1000万元以上5000万元以下直接经济损失的事故。

A. 10人以上30人以下　　B. 50人以下

C. 10人以上50人以下　　D. 100人以上

121. 一般事故，是指造成3人以下死亡，或者<u>B</u>重伤，或1000万元以下直接经济损失的事故。

A. 10人以上　　　　　　B. 10人以下

C. 10人以上50人以下　　D. 50人以下

122. 在生产、作业中违反有关安全管理的规定，因而发生重大伤亡事故或者造成其他严重后果的，处<u>A</u>有期徒刑或者拘役。

A. 3年以下　　　　　　B. 5年以下

C. 3年以上，7年以下　　D. 5年以上

123. 下列哪种触电方式最危险<u>A</u>。

A. 两相触电　　　　　　B. 单相触电

C. 跨步电压与接触电压触电　　D. 感应高电压触电

124. 安全帽的佩戴方法应是这样的：首先应将内衬圆周大小调节到对头部稍有约束感，但不难受的程度，以不系下颌带低头时安全帽不会<u>C</u>为宜；其次佩戴安全帽必须系好下颌带，下颌带应紧贴下颌，松紧以下颌有约束感，但不难受为宜。

A. 摇晃　　B. 松动　　C. 脱落　　D. 都不对

125. 高处作业的高度在<u>B</u>时，称为一级高处作业。

A. 2m以上　　B. 2m~5m　　C. 2m~7m　　D. 7m以上

126. 高处作业的高度在D时，称为二级高处作业。

A. 2m 以上　　B. 2m～5m　　C. 2m～7m　　D. 5m～15m

127. 高处作业的高度在 15m 至 30m 时，称为C作业。

A. 一级高处　　B. 二级高处　　C. 三级高处　　D. 特级高处

128. 高处作业的高度在Bm 以上时，称为特级高处作业。

A. 20　　B. 30　　C. 40　　D. 50

129. 凡在坠落高度基准面Am 及以上，有可能坠落的高处进行作业，均称高处作业。

A. 2　　B. 3　　C. 4　　D. 5

130. 在室外完全采用人工照明时，进行的高处作业称为D。

A. 夜间作业　　　　B. 照明作业

C. 照明高处作业　　　D. 夜间高处作业

131. 带电高处作业是指C 条件下进行的高处作业。

A. 在接近电体　　　　B. 在接触带电体

C. 在接近和接触带电体　　D. 都不对

132. 在无立足点或无牢靠立足点的条件下进行的高处作业是B。

A. 悬空作业　　B. 悬空高处作业　　C. 高空作业　　D. 都不对

133. 坠落范围半径 R 随高度 h 不同而不同。当高度 h 为 20m 时，半径 R 为Cm。

A. 2　　B. 3　　C. 4　　D. 5

134. 在国际计量单位制中，力的单位用B。

A. kg　　B. kN 或 N　　C. km　　D. kV

135. 工程上，常粗略地按 1kgf≈B 进行换算。

A. 1N　　B. 10N　　C. 100N　　D. 1000N

136. 当力 F 使物体绕 0 点转动，力 F 对 0 点之距，简称A。

A. 力矩　　B. 力偶　　C. 力的合成　　D. 力的分解

137. 力学中将大小相等、方向相反、作用线平行的两个力组成的力系称为B。

A. 力矩　　B. 力偶　　C. 力的合成　　D. 力的分解

138. 求解合力的过程叫C。

A. 力矩　　　B. 力偶　　　C. 力的合成　　　D. 力的分解

139. 将一个力分解为若干个力的过程叫D。

A. 力矩　　　B. 力偶　　　C. 力的合成　　　D. 力的分解

140. 属于几何不变体系的是C。

A. 矩形　　　B. 菱形　　　C. 三角形　　　D. 平行四边形

141. 直杆沿轴线受到两个大小相等、方向相反的外力的作用时的变形叫A。

A. 拉伸与压缩　　　B. 剪切　　　C. 扭转　　　D. 弯曲

142. 当作用在杆件上的两个大小相等、方向相反的横向力，相距很近时，将引起杆件产生B变形。

A. 拉伸与压缩　　　B. 剪切　　　C. 扭转　　　D. 弯曲

143. 在一对大小相等、转向相反、作用面与杆轴垂直的力偶作用下，杆件的任意两横截面发生相对转动，叫C。

A. 拉伸与压缩　　　B. 剪切　　　C. 扭转　　　D. 弯曲

144. 建筑结构构件中的梁，是以D变形为主的构件。

A. 拉伸与压缩　　　B. 剪切　　　C. 扭转　　　D. 弯曲

145. 立杆是脚手架的主体构件，主要是承受B。

A. 拉力　　　B. 压力　　　C. 剪力　　　D. 弯力

146. 水平杆是脚手架的主体构件，主要承受D。

A. 拉力　　　B. 压力　　　C. 剪力　　　D. 弯力

147. 剪力撑是限制脚手架框架变形的构件，主要承受A。

A. 拉力　　　B. 压力　　　C. 剪力　　　D. 弯力

148. A是房屋最下部埋在土中的扩大构件。

A. 基础　　　B. 墙、柱　　　C. 楼面、地面　　　D. 楼梯

149. B是房屋的垂直承重构件，承受楼面、屋顶传来的荷载。

A. 基础　　　B. 墙、柱　　　C. 楼面、地面　　　D. 楼梯

150. C是房屋的水平承重和分隔构件。

A. 基础　　　B. 墙、柱　　　C. 楼面、地面　　　D. 楼梯

151. <u>D</u> 是楼房建筑中的垂直交通设施。

A. 基础　　B. 墙、柱　　C. 楼面、地面　　D. 楼梯

152. 通常情况下，房屋立面图中的外轮廓线用<u>A</u>。

A. 粗实线　　B. 细线　　C. 实线　　D. 虚线

153. 通常情况下，房屋立面图中，可见部分用<u>C</u>。

A. 粗实线　　B. 细线　　C. 实线　　D. 虚线

154. 通常情况下，房屋立面图中，不可见部分用<u>D</u>。

A. 粗实线　　B. 细线　　C. 实线　　D. 虚线

155. 现行国家标准规定，图纸的尺寸单位除总平面图和标高以米为单位外，其余均以<u>D</u> 为单位。

A. 米（m）　　　　　　B. 分米（dm）

C. 厘米（cm）　　　　D. 毫米（mm）

156. 绝对标高是以<u>C</u> 为零点计算的。

A. 室内首层地面　　B. 室外首层地面

C. 海平面　　　　　D. 都可以

157. 一般设计图将<u>A</u> 标高定为相对标高的零点，写作"±0.000"。

A. 室内首层地面　　B. 室外首层地面

C. 海平面　　　　　D. 都可以

158. <u>B</u> 是反映房屋的平面形状、尺寸、位置，是砌墙、安装门窗、室内装修的图。

A. 总平面图　　B. 平面图　　C. 立面图　　D. 剖面图

159. <u>C</u> 反映房屋的外貌和立面的装修做法的图。

A. 总平面图　　B. 平面图　　C. 立面图　　D. 剖面图

160. <u>D</u> 反映建筑物空间形式、结构体系、建筑高度及内部分层情况、房屋内部构造以及配构件做法的图。

A. 总平面图　　B. 平面图　　C. 立面图　　D. 剖面图

161. 主要供放灰线、基槽挖土及基础施工时使用的图叫<u>C</u>。

A. 立面图　　B. 剖面图　　C. 基础图　　D. 效果图

162. 我国竹、木脚手架主要使用时期在<u>A</u>。

A. 20 世纪 50 ~ 60 年代　　B. 20 世纪 60 年代末 ~ 70 年代

C. 20 世纪 70 ~ 80 年代　　D. 20 世纪 80 年代 ~ 迄今

163. 我国扣件式钢管脚手架出现在<u>B</u>。

A. 20 世纪 50 ~ 60 年代　　B. 20 世纪 60 年代末 ~ 70 年代

C. 20 世纪 70 ~ 80 年代　　D. 20 世纪 80 年代 ~ 迄今

164. 用于砌筑和结构工程施工作业的脚手架叫<u>C</u>脚手架。

A. 双排　　B. 单排　　C. 结构　　D. 装修

165. 架体底部直接落在地面、楼面、屋面或工程结构台面上的脚手架叫<u>A</u>脚手架。

A. 落地式　　B. 悬挑式　　C. 附着升降　　D. 满堂

166. 每张安全网的重量一般不宜超过<u>C</u>kg。

A. 5　B. 10　C. 15　D. 20

167. 电梯井内要设置多层平网，网间距离要小于<u>C</u>m。

A. 20　B. 15　C. 10　D. 5

168. 脚手架搭设高度达到<u>B</u>m 时，就要设置首层平网。

A. 2　B. 3　C. 4　D. 5

169. 层间网的距离要小于<u>C</u>m。

A. 20　B. 15　C. 10　D. 5

170. 随作业层面升高，搭设在作业层脚手板下面的平网叫<u>B</u>。

A. 首层网　　B. 随层网　　C. 层间网　　D. 末层网

171. 安全网系绳固结点要均匀分布，其间距要小于<u>B</u>mm。

A. 600　B. 500　C. 400　D. 300

172. 平网设置不要绷得过紧，网底与下方物体的距离应大于<u>B</u>m。

A. 2　B. 3　C. 4　D. 5

173. 用毛竹作防护栏水平杆，小头直径要大于<u>B</u>mm。

A. 50　B. 60　C. 70　D. 80

174. 坡度大于 1 : 2. 2 的斜面上，防护栏高度为<u>D</u>mm。

A. 1000　B. 1200　C. 1400　D. 1500

175. 扣件式钢管脚手架的钢管，每根重量应小于C kg。

A. 15　　　B. 20　　　C. 25　　　D. 30

176. 扣件式钢管脚手架通常使用 ϕ48.3mm 钢管，其壁厚为C mm。

A. 2.5　　　B. 3　　　C. 3.5　　　D. 4

177. 脚手架高 >24m 时，要求剪刀撑C 搭设。

A. 可不　　　B. 断续　　　C. 连续　　　D. 分散

178. 扣件式钢管脚手架的剪刀撑接长要求用B 方式。

A. 对接　　　B. 搭接　　　C. 焊接　　　D. 铆接

179. 剪刀撑斜杆与地面夹角的要求是B。

A. <45°　　　B. 45°~60°　　　C. 60°　　　D. >60°

180. 扣件式钢管脚手架的立杆接长（除顶端部位）要求用A 方式。

A. 对接　　　B. 搭接　　　C. 焊接　　　D. 铆接

181. 剪刀撑的每道斜杆宽度应B 跨。

A. <4　　　B. >4　　　C. >5　　　D. >6

182. 接立杆时，相邻两杆的接头不得在同步内，且两接头垂直距离应A mm。

A. >500　　　B. <500　　　C. >600　　　D. <600

183. 接横杆时，相邻两杆的接头不得在同跨内，且两接头水平距离应A mm。

A. >500　　　B. <500　　　C. >600　　　D. <600

184. 扫地杆与底座的距离应C mm。

A. <180　　　B. >180　　　C. <200　　　D. >200

185. 拆除脚手架，最先拆除的应是C。

A. 立杆　　　B. 连墙杆　　　C. 安全网　　　D. 挡墙板

186. 抛撑与地面的夹角应B。

A. <45°　　　B. 45°~60°　　　C. 60°　　　D. >60°

187. 脚手架高度B m 时，必须用刚性连墙件。

A. ≤24　　　B. ≥24　　　C. ≤30　　　D. ≥30

188. 采用搭接方式铺脚手板，搭接长度应<u>D</u>mm。

A. <180　　　B. >180　　　C. <200　　　D. >200

189. 作业层端部脚手板的探头长度不得<u>A</u>mm，且板的两端应与支承杆固牢。

A. >150　　　B. <150　　　C. >200　　　D. <200

190. 两脚手板对接平铺时，两板外伸长度之和应<u>D</u>mm。

A. >250　　　B. <250　　　C. >300　　　D. <300

191. 搭设扣件式钢管脚手架，各杆端伸出扣件的长度均应<u>B</u>mm。

A. >50　　　B. >100　　　C. >150　　　D. >200

192. 扣件式钢管脚手架，底层步距可大些，但最大不得超过<u>B</u>mm。

A. 1800　　　B. 2000　　　C. 2200　　　D. 2400

193. 脚手架高度 50m，允许垂直偏差为<u>A</u>。

A. 2%　　　B. 2.5%　　　C. 3%　　　D. 3.5%

194. 立杆跨距一般取 1000～1800mm，最大不得超过<u>B</u>mm。

A. 1800　　　B. 2000　　　C. 2200　　　D. 2400

195. 普通脚手架垫板，宜采用长 2000～2500mm，厚 50～60mm，宽不小于<u>B</u>mm 的木板。

A. 150　　　B. 200　　　C. 220　　　D. 250

196. 扣件式钢管脚手架所用钢管，最长不得超过<u>D</u>mm。

A. 5000　　　B. 5500　　　C. 6000　　　D. 6500

197. 装修施工脚手架立杆纵向间距为<u>C</u>mm。

A. 1000　　　B. 1600　　　C. 1800　　　D. 2000

198. 高度 24m 以下脚手架，应在转角处以及每隔<u>C</u>m 设一道剪刀撑。

A. 3～6　　　B. 6～9　　　C. 9～15　　　D. 15～18

199. 立杆顶层采用<u>D</u>连接。

A. 对接　　　B. 铆接　　　C. 焊接　　　D. 搭接

200. 砖砌体的门窗、洞口两侧<u>B</u>mm 内不应设置小横杆。

A. 100   B. 200～300   C. 300～400   D. 500

201. 门式钢管脚手架应使用B脚手板。

A. 竹笆   B. 挂扣式   C. 木   D. 竹串式

202. 门式钢管脚手架的门架及配件使用了A个安装、拆除周期，应检查一次。

A. 一   B. 两   C. 三   D. 四

203. 门式钢管脚手架的正确搭设方式是A。

A. 自一端向另一端延伸搭设，并逐层改变搭设方向

B. 自一端向另一端延伸搭设，每层都同一个搭设方向

C. 自两端向中间搭设

D. 自中间向两端搭设

204. 门式钢管脚手架的水平加固杆应设置在门架立杆的C。

A. 内侧   B. 外侧   C. 内、外侧   D. 都不对

205. 门式钢管脚手架的剪刀撑应设置在门架立杆的B。

A. 内侧   B. 外侧   C. 左侧   D. 右侧

206. 悬挑式门式钢管脚手架的水平加固杆应A门架设置一道。

A. 每步   B. 两步   C. 三步   D. 四步

207. 门式钢管脚手架高达30m时，水平加固杆应A门架设置一道。

A. 每步   B. 两步   C. 三步   D. 四步

208. 碗扣式钢管脚手架的上下碗扣和限位销，按Cmm间距设置在立杆上。

A. 400   B. 500   C. 600   D. 700

209. 碗扣式钢管脚手架的扫地杆距离地面的高度应小于Dmm。

A. 100   B. 150   C. 250   D. 350

210. 碗扣式钢管脚手架搭设宜B人为一小组。

A. 2   B. 3～4   C. 5   D. 6

211. 碗扣式钢管脚手架的步高，取Cmm的倍数。

A. 400   B. 500   C. 600   D. 700

212. 单排木脚手架不得搭设在墙厚B mm 及以下的轻质空心砌体上。

A. 20   B. 180   C. 240   D. 360

213. 木脚手架的立杆，小头直径要大于C mm。

A. 50   B. 60   C. 70   D. 80

214. 竹、木脚手架的立杆搭接长度应大于D mm。

A. 800   B. 1000   C. 1200   D. 1500

215. 单排木脚手架搭设在墙上的长度应大于C mm。

A. 120   B. 180   C. 240   D. 360

216. 木脚手架的剪刀撑至少要覆盖B 根立杆。

A. 4   B. 5   C. 6   D. 7

217. 木脚手架的拆除，至少需要C 人配合作业。

A. 2   B. 3   C. 4   D. 5

218. 竹脚手架的首层步距应小于C mm。

A. 1400   B. 1600   C. 1800   D. 2000

219. 双排竹脚手架的搭设高度不得高于C m。

A. 15   B. 18   C. 24   D. 30

220. 绑扎用的竹篾应经清水浸泡C 小时。

A. 4   B. 8   C. 12   D. 16

221. 竹脚手架的杆件接长应采用A 绑扎法。

A. 平扣   B. 对角双斜扣   C. 单斜扣   D. 都可以

222. 竹脚手架不得使用C 脚手板。

A. 木   B. 竹笆   C. 钢制   D. 竹串片

223. 烟囱、水塔等圆形或方形建筑物施工，严禁使用D 脚手架。

A. 多排   B. 三排   C. 双排   D. 单排

224. 烟囱、水塔等圆形或方形建筑物施工的脚手架高达10m，应选用C 作缆风绳。

A. 麻绳   B. 棕绳   C. 钢丝绳   D. 钢筋

225. 模板支架高达Bm 就叫高支架模板工程。

A. 6   B. 8   C. 10   D. 12

226. 通常情况下，面层模板、木支架主要由A 搭设。

A. 木工   B. 瓦工   C. 混凝土工   D. 架子工

227. 通常情况下，模板钢管支架主要由D 搭设。

A. 木工   B. 瓦工   C. 混凝土工   D. 架子工

228. 建筑模板支架施工中，以A 结构最为广泛。

A. 扣件式钢管   B. 碗扣式钢管   C. 门式钢管   D. 木式

229. 支、拆Bm 高度的模板时，应搭设脚手架工作平台。

A. 2   B. 3 ~ 4   C. 5   D. 6

230. 模板支架立柱间距应由计算决定，通常为Cmm。

A. 600   B. 700   C. 800 ~ 1200   D. 1300

231. 模板支架的水平拉杆的步距应由计算决定，通常为Cmm。

A. 800   B. 1000   C. 1200 ~ 1800   D. 2000

232. 模板施工遇C 级及以上风力时，应停止高空吊运作业。

A. 3   B. 4   C. 5   D. 6

233. 各类模板应分类堆放整齐，叠放高度应低于Bmm。

A. 1400   B. 1600   C. 1800   D. 2000

234. 木脚手架立杆的纵向间距为B。

A. 1. 2m   B. 1. 5m   C. 2m   D. 1. 8m

235. 木脚手架小横杆伸出立柱部分长度不得小于Cmm。

A. 200   B. 250   C. 300   D. 350

236. 高处作业的平台、走道应装设B 的防护栏杆或设防护立网。

A. 1   B. 1. 05   C. 1. 2   D. 0. 9

237. 木杆脚手架大横杆小头直径不小于Cmm。

A. 60   B. 70   C. 80   D. 90

238. 设置脚手架A，可加强脚手架的平面稳定性。

A. 斜撑   B. 剪刀撑   C. 抛撑   D. 连墙杆

239. 木杆接长一般采用C 绑扣。

A. 平插法　　　B. 斜插法　　　C. 顺扣法

240. A 是指生产单位工程量的合格产品，或完成一定工作任务的劳动时间消耗的限额。

A. 时间定额　　B. 材料定额　　C. 工日　　D. 劳动定额

241. 时间定额亦称C，是指生产单位工程量的合格产品，或完成一定工作任务的劳动时间消耗的限额。

A. 劳动定额　　B. 工日　　C. 工时定额　　D. 材料定额

242. C 是劳动消耗量的基本单位。

A. 小时　　B. 天　　C. 工日　　D. 劳动量

243. 下撑式空间钢架支承可以承受较大的荷载，其分段高度可达Am。

A. 40　　B. 50　　C. 60　　D. 70

244. 定中心线一般将沿下弦杆的方向定为图形的B 中心线

A. 垂直　　B. 水平　　C. 斜　　D. 总

245. 定中心线一般将沿竖腹杆的方向定为图形的A 中心线。

A. 垂直　　B. 水平　　C. 斜　　D. 总

246. 棚仓按跨度分为大跨度棚仓和小跨度棚仓两种，大于及等于Cm 的棚仓称为大跨度棚仓。

A. 7　　B. 8　　C. 9　　D. 10

247. 非焊接的节点板，应注明节点板的尺寸和螺栓孔中心与D 交点的距离。

A. 垂直中心线　　　B. 水平中心线

C. 相交中心线　　　D. 几何中心线

248. 绘制在视图轮廓线外面的断面图称为A。

A. 移出断面图　　　B. 重合断面图

C. 中断断面图　　　D. 间断断面图

249. 绘制在视图轮廓线内的断面图称为B。

A. 移出断面图　　　B. 重合断面图

C. 中断断面图　　　D. 间断断面图

250. 假想用剖切平面将形体切开，仅画出剖切平面与形体接触部分即截断面的形状，所得到的图形称为D。

A. 平面图　　B. 剖面图　　C. 立面图　　D. 断面图

251. 在绘制脚手架图和钢结构图时，常用B来表达型钢材的形状和结构。

A. 平面图　　B. 断面图　　C. 立面图　　D. 剖面图

252. 在断面轮廓线内填绘建筑材料图例，当建筑物的材料不明时，可用同向、等距的B细实线来表示。

A. 30°　　B. 45°　　C. 60°　　D. 90°

253. 绘制物体的投影图时，可见的线用实线表示，不可见的线用虚线表示，当虚线和实线重合时只画出A。

A. 实线　　B. 虚线　　C. 粗线　　D. 细线

254. 物体在三面投影体系中的位置确定后，上、下、左、右、前、后六个方位也反映在形体的三面投影图中，每个投影图都可反映出其中B个方位。

A. 三　　B. 四　　C. 五　　D 六

255. C指针对作业中工序、工种搭接出现意外情况时所考虑的宽放时间。

A. 基本作业时间　　　　B. 辅助时间

C. 作业宽放时间　　　　D. 作业时间

256. A是指在单位时间定额内生产合格产品的数量或完成工作任务量的限额。

A. 产量定额　B. 时间定额　C. 工程量定额　D. 作业定额

257. 时间定额与产量定额呈互为D的关系。用工分析时，通常以时间定额作为依据。

A. 正比　　B. 反比　　C. 相等　　D. 倒数

258. 脚手架工程用工分析一般采用B参考标准表进行。

A. 产量定额　B. 时间定额　C. 工程量定额　D. 作业定额

259. 挖坑又绑扫地杆者，每100m单排绑扎增C工日，只绑扫地杆不挖坑或只挖坑不绑扫地杆者，不另加工。

A. 0.6   B. 0.7   C. 0.8   D. 0.9

260. 木、金属脚手架绑扎护身栏杆，每100m栏杆，绑扎增加0.5工日，拆除增加B工日。

A. 0.2   B. 0.3   C. 0.4   D. 0.5

261. 竹脚手架以绑一道护身栏杆为准，每100m绑扎增加C工日，拆除增加0.2工日。

A. 0.2   B. 0.3   C. 0.4   D. 0.5

262. 木、金属脚手架宽在1.5m以上者，铺翻板子时间定额乘以C。

A. 1.5   B. 1.3   C. 1.43   D. 1.34

263. 竹外脚手架需搭矮排脚手架者，每100m搭设增加C工日。

A. 0.5   B. 1.0   C. 1.5   D. 2.0

264. 斜道宽度超过2m时，搭、拆时间定额乘以A。

A. 1.15   B. 1.25   C. 1.2   D. 1.3

265. 一般定型架体段的搭设高度为C左右，以满足三个施工层的需要。

A. 10   B. 11   C. 12   D. 13

266. 悬挑支承结构的上、下持力点一般应限制在距楼层上、下不超过A的范围内。

A. 500mm   B. 600mm   C. 700mm   D. 800mm

267. 在一般情况下，悬挑支承结构的设置间距不宜超过D倍的立杆纵距。

A. 2   B. 3   C. 4   D. 5

268. 为了保证定型架体段的整体性和稳定性，应在架体段的外侧和两端设B。

A. 木楔块   B. 剪刀撑   C. 套管   D. 支承架

269. 拆除脚手架必须由C下达正式通知。

A. 项目经理   B. 施工员

C. 施工现场技术负责人   D. 监督部门负责人

270. 安装支承架时，结构强度应达到设计强度的<u>B</u>以上方能承载。

A. 60%　　B. 70%　　C. 80%　　D. 90%

271. 吊盘在平面上可根据塔身直径伸缩，上、下两层吊盘间距为<u>A</u>，用连接杆组成整体。

A. 2　　B. 2.5　　C. 3　　D. 3.5

272. 高空作业照明灯、信号灯等电器的电压应不大于<u>A</u>。

A. 36V　　B. 72V　　C. 110V　　D. 220V

273. 在烟囱筒身内部距地面<u>B</u>高处，搭设一座安全保护棚，以保护地面操作人员的安全。

A. 2m　　B. 2.5m　　C. 3m　　D. 3.5m

274. 在砌筑烟囱时，在水塔外面根部应搭宽度大于<u>C</u>的安全网。

A. 2m　　B. 3m　　C. 4m　　D. 5m

275. 烟囱筒身外的操作平台应设高<u>D</u>的防护栏杆。

A. 1.5m　　B. 1.4m　　C. 1.3m　　D. 1.2m

276. 搭设古建筑脚手架用工计算方法搭设古建筑脚手架的用工，一般每工日按搭设<u>B</u>根杉篙计算。

A. 16　　B. 18　　C. 20　　D. 15

277. 用杉篙、毛竹作立杆时，上下两根立杆的搭接长度不得小于1.5m，并以<u>C</u>，相邻立杆的接头应相互错开。

A. 小头接小头　　　B. 大头接大头

C. 小头搭接大头　　　D. 随便

278. <u>A</u>适用于大木拆卸落架及落架后的安装，如拆卸安装梁、枋、檩等大木构件。

A. 大木满堂脚手架　　　B. 扣件式钢管脚手架

C. 门式脚手架　　　D. 毛竹脚手架

279. 古建筑脚手架的搭建，在垂直于持杆方向绑"爬杆"，爬杆间距以<u>B</u>块筒瓦为宜。

A. 三　　B. 四　　C. 五　　D. 六

280. B 脚手架适用于城墙和其他高墙墙面抹灰及刷浆施工。

A. 油画脚手架　　B. 坐车脚手架

C. 券洞脚手架　　D. 券胎满堂脚手架

281. 古建筑脚手架搭拆中，坡道（即马道、戗桥）的坡度为B。

A. 1：3　　B. 1：4　　C. 1：5　　D. 1：6

282. 导轮在架体升降工况中起A 作用。

A. 防倾覆　　B. 防滑　　C. 防坠落　　D. 防坍塌

283. 挑轨式附着支承结构由上、下两套附着悬挑梁（主悬挑梁、副悬挑梁）和A 组成。

A. 导轨　　B. 连墙件　　C. 导向座　　D. 吊挂件

284. 架体上升降吊点（或机位）超过B 时，不得使用手拉葫芦。

A. 一　　B. 二　　C. 三　　D. 四

285. 架体在升降和使用过程中处于高空悬空状态，由A 产生的水平力是架体倾覆的重要因素。

A. 风荷载　　B. 施工荷载　　C. 机械荷载　　D. 空气荷载

286. 在升降和使用工况下，位于同一竖向平面的防倾覆装置不得少于两处，并且其最上和最下一个防倾覆支承点之间的最小距离不得小于架体全高的B。

A. 1/2　　B. 1/3　　C. 1/4　　D. 1/5

287. 防倾覆装置的导向间隙应小于C。

A. 3mm　　B. 4mm　　C. 5mm　　D. 6mm

288. 防坠落装置结构设计安全系数不小于A。

A. 2　　B. 3　　C. 4　　D. 5

289. 坠落距离应不超过架体承受的最大冲击力时的变形量，对于整体式附着升降脚手架 $h \leqslant$ C。

A. 60mm　　B. 70mm　　C. 80mm　　D. 90mm

290. 防坠落装置应设置在架体竖向主框架部位，而且每A 处必须设置一个防坠落装置。

A. 一   B. 二   C. 三   D. 四

291. 楔钳式防坠落装置是一种机位荷载监视装置，主要用于C 附着整体升降脚手架。

A. 导轨式   B. 导座式   C. 吊拉式   D. 斜拉式

292. 摩擦式防坠落装置是利用相对运动物体在B 摩擦角的斜面上，摩擦力大于下滑力的原理达到制动的。

A. 大于   B. 小于   C. 等于   D. 不大于

293. 偏心凸轮式防坠落装置主要适用于B 附着升降脚手架。

A. 导轨式   B. 导座式   C. 吊拉式   D. 斜拉式

294. 当架体提升时，摆针式防坠落装置导轨上的C 不断推动摆针逆时针转动，防坠落装置不影响架体的正常提升。

A. 指针   B. 支座   C. 挡管   D. 导管

295. 通过控制各提升设备之间的升降差，以及控制各提升设备的A 来控制各提升机位的同步性。

A. 荷载   B. 大小   C. 形状   D. 高度

296. 自动检测显示仪面板上每个机位有一个红、黄、绿变光显示灯，当机位荷载超出上限值时，灯光显示A，表示机位超载。

A. 红   B. 黄   C. 绿   D. 不显示

297. 电脑自动控制系统，当任何两个机位升降的最大值与最小值之差达到B 时，最大值机位停机。

A. 2cm   B. 3cm   C. 4cm   D. 5cm

298. 安置承力架（底盘）按脚手架机位布置平面图，承力架应保证在同一水平面上，相邻两个机位承力架的高低差不大于C。

A. 10mm   B. 15mm   C. 20mm   D. 25mm

299. 预埋穿墙管的中心线与机位中心线的位置偏差不大于B，并应采取有效的措施防止水泥砂浆堵塞预埋管。

A. 10mm   B. 15mm   C. 20mm   D. 25mm

300. 安装导轨将第一根导轨插入导轮与架体桁架之间，并与连墙支杆座连接（即导轨固定在墙体上），导轨底部应低于底盘A左右。

A. 1mm B. 2mm C. 3mm D. 4mm

301. 随着架体的搭设，以第一根导轨为基准依次向上安装导轨，并应通过连墙支杆调节导轨的垂直度，将其控制在安装高度的B以内。

A. 4‰ B. 5‰ C. 6‰ D. 7‰

302. 预留穿墙螺栓孔或预埋件应有效固定在建筑结构上，且垂直于结构外表面，其中心误差应小于B。

A. 10mm B. 15mm C. 20mm D. 25mm

303. 制动瓦与制动轮的接触面积不应少于D，间隙为0.6~0.8mm。

A. 50% B. 60% C. 70% D. 80%

304. 钢丝绳应定期涂钢丝绳油，涂前用煤油洗去原有油污，钢丝绳油应在D温度下涂抹。

A. 50℃ B. 60℃ C. 70℃ D. 80℃

305. 吊钩禁止补焊，当危险断面磨损达原尺寸的B时应报废。

A. 5% B. 10% C. 15% D. 20%

306. 吊钩禁止补焊，当开口度比原尺寸增加C时应该报废。

A. 5% B. 10% C. 15% D. 20%

307. 当扭转变形超过B时，吊钩应报废。

A. 5% B. 10% C. 15% D. 20%

308. 轮槽不均匀磨损达A，金属滑轮应报废。

A. 3mm B. 4mm C. 5mm D. 6mm

309. 轮槽壁厚磨损达原壁厚的B，金属滑轮应报废。

A. 10% B. 20% C. 30% D. 40%

310. 在脚手架上同时有两个及两个以上操作层作业时，在一个跨距内各操作层的施工均布荷载标准值总和不得超过C kN/m²。

A. 4　　B. 5　　C. 6　　D. 7

311. 木脚手板应采用杉木或松木制作，其宽度不宜小于D，厚度不应小于50mm。

A. 50mm　　B. 100mm　　C. 150mm　　D. 200mm

312. 在检查评分中，当保证项目中有项不得分或保证项目小计得分或不足C时，此检查评分表应不得分。

A. 20分　　B. 30分　　C. 40分　　D. 50分

313. 操作升降的人员不固定和未经培训的扣C。

A. 2分　　B. 5分　　C. 10分　　D. 15分

314. 在生产力诸要素中，最主要的要素是A。

A. 人　　B. 机械　　C. 材料　　D. 对象

315. 在正常生产条件下，为完成单位合格产品（或工作）而规定的必要劳动消耗的数量标准叫做D。

A. 产量定额　B. 时间定额　C. 工时定额　D. 劳动定额

316. PDCA循环又称为戴明环，这一循环中，P（Plan）是指C。

A. 实施阶段　B. 检查阶段　C. 计划阶段　D. 处理阶段

317. PDCA循环又称为戴明环，这一循环中，D（Do）是指A。

A. 实施阶段　B. 检查阶段　C. 计划阶段　D. 处理阶段

3.3 多项选择题

1. 建筑施工特种作业人员参加考核应当具备的基本条件：A、B、D。

A. 年满18周岁

B. 符合相应特种作业规定的其他条件

C. 高中及以上学历

D. 近3个月内经二级乙等以上医院体检合格且无听觉障碍、无色盲，无妨碍从事本工种的疾病（如癫痫病、高血压、心脏病、眩晕症、精神病和突发性昏厥症等）和生理缺陷。

2. 特种作业从业人员所拥有的权利包括：A、B、C、D。

A. 要求劳动安全卫生的保护权利

B. 违章指挥、危险操作的拒绝权利

C. 危险状态下的紧急避险权利

D. 依法获得工伤保险权利

3. 特种作业从业人员的义务包括：A、B、C、D。

A. 执行安全生产操作规程和规章制度的义务

B. 提高职业技能和安全生产操作水平的义务

C. 报告安全生产重大隐患及事故的义务

D. 遵守职业道德的义务

4. 特种作业人员申请延期复核，应当提交的材料是A、B、C、D。

A. 延期复核申请表

B. 身份证（原件和复印件）

C. 近3个月内由二级乙等以上医院出具的体检合格证明

D. 年度安全教育培训证明和继续教育证明

5. 在施工中发生危及人身安全的紧急情况时，作业人员有权B、D。

A. 先完成手头作业

B. 立即停止作业

C. 马上撤离危险区域

D. 在采取必要的应急措施后撤离危险区域

6. 根据生产安全事故造成的人员伤亡或者直接经济损失，事故一般分为A、B、C、D。

A. 特别重大事故　　B. 重大事故

C. 较大事故　　　　D. 一般事故

7. 当安全帽出现A、B、C、D等情况，发现异常现象要立即更换，不准再继续使用。

A. 裂痕　B. 下凹　　C. 磨损　　D. 龟裂

8. 现代意义上安全帽的三大作用是A、C、D。

A. 一种责任　　B. 一种义务

C. 一种标志　　D. 一种安全防护用品

9. 根据功能,安全网分为A、B、C。

A. 平网　　B. 密目式安全网　　C. 立网　　D. 阻燃安全网

10. 安全带使用前应检查A、B、C。

A. 绳带有无变质　　　　B. 卡环是否有裂纹

C. 卡簧弹跳性是否良好　　D. 整体是否洁净

11. 发现有人触电时,应立即断开电源开关或拔出插头,若一时无法找到并断开电源开关时,可用A、D将电线移开,使触电者脱离电源。

A. 干燥的木棒　B. 潮湿的木棒　C. 铁杆　D. 橡胶手套

12. 现场急救的基本原则A、B、C、D。

A. 救人第一的原则　　　　B. 防止再生事故发生的原则

C. 及时报告事故的原则　　D. 保护事故现场的原则

13. 下列属于可燃物的是A、C。

A. 木材　　B. 氧气　　C. 汽油　　D. 高锰酸钾

14. 通常可以作为灭火剂使用的是A、C、D。

A. 水　　B. 油　　C. 卤代烷　　D. 惰性气体

15. 下列属于安全色的是B、C、D。

A. 白色　　B. 黄色　　C. 蓝色　　D. 红色

16. 力的三要素是指A、B、C。

A. 力的大小　　B. 力的方向　　C. 力的作用点　　D. 力的性质

17. 作用力和反作用力是力学中普遍存在的一对矛盾,表现为A、B、C、D。

A. 相互对立　　B. 相互依存　　C. 同时存在　　D. 同时消失

18. 使刚体处于平衡状态的两个力,应具备A、B、C的条件。

A. 大小相等　　　　B. 方向相反

C. 作用线相同　　　D. 作用点相同

19. 永久荷载须具备A、B、C等条件。

A. 不随时间变化　　　　　　B. 长期作用于结构上

C. 在结构上的作用位置不变　D. 周期性变化

20. 下列属于几何可变体系的形状是A、B、D。

A. 矩形　　B. 菱形　　C.三角形　　D. 平行四边形

21. 杆件基本变形包括A、B、C、D。

A. 拉伸和压缩　　B. 剪切　　C. 扭转　　D. 弯曲

22. 房屋施工图的标高分为A、B。

A. 绝对标高　B. 相对标高　C. 理论标高　D. 实际标高

23. 看图的基本方法是A、B、C、D。

A. 由外向里、由大到小看

B. 由粗向细看

C. 图样和说明互相看

D. 建筑施工图和结构施工图对着看

24. 脚手架的主要作用是A、B、C、D。

A. 供作业人员操作　　B. 放置工具和材料

C. 作运输通道　　　　D. 挂设安全网防坠落

25. 脚手架要满足的基本要求是A、B、C、D。

A. 满足使用　　B. 坚固、稳定、安全

C. 容易搭设　　D. 造价经济

26. 脚手架的连墙件分A、B等类型。

A. 刚性　　B. 柔性　　C. 纵向　　D. 横向

27. 安全网由A、B、C、D等构件组成。

A. 网体　　B. 边绳　　C. 系绳　　D. 筋绳

28. 安全网是一种最常见的群体防护装备，其主要作用是A、B、C、D。

A. 将人和物体进行有效限制或隔离

B. 防止高处作业人员及物件坠落

C. 避免人员受伤害或设施被砸毁

D. 限制人员及动物闯入危险区域、接触危险部位

29. 脚手架内的安全平网至少有A、B、C等类型。

A. 首层网　　B. 随层网　　C. 层间网　　D. 末层网

30. 架子工常用的扳手主要有A、B、C、D等种类。

A. 活络扳手　B. 开口扳手　C. 扭力扳手　D. 套筒扳手

31. 扣件式钢管脚手架所用扣件有A、B、C扣件。

A. 直角　　B. 对接　　C. 旋转　　D. 卸甲

32. 建筑施工常用的脚手板有A、B、C、D。

A. 竹脚手板　B. 木脚手板　C. 钢脚手板　D. 钢木脚手板

33. 作业层脚手板铺设有规定要求，下列不符合项是B、C、D。

A. 铺满铺稳　　　B. 可不满铺，但要铺稳

C. 半铺铺稳　　　D. 只要满铺，稳不稳不重要

34. 脚手板对接铺设应做到A、B、C。

A. 接头处须设两根横向水平杆

B. 板头外伸130～150mm

C. 两板头外伸之和＜300mm

D. 两板外伸之和＞300mm

35. 为便于搭设、保证施工安全和运转方便，对钢管的正确要求是A、B、C、D。

A. 每根重量控制在25kg之内

B. 小横杆长度≤2200m

C. 钢管长≤6500mm

D. 必须做防锈处理，严禁打孔

36. 脚手架搭设安全技术要求有A、B、C、D。

A. 对钢管、扣件等构配件应进行检查验收

B. 向作业人员进行安全技术交底

C. 架子基础及邻近处不得有积水、不得有挖掘作业

D. 搭设人员必须持有岗位操作证

37. 与"连接立杆下端，其作用是约束立杆下端部移动的杆件"定义不符的杆件是A、B、D。

A. 立杆　　　B. 横杆　　　C. 扫地杆　　　D. 剪刀撑

38. 下列说法正确的项是A、C、D。

A. 立杆跨距最大不超过2000mm

B. 立杆接长最好采用搭接

C. 立杆接长除顶层外应采用对接方式

D. 立杆必须用连墙件与建筑物可靠连接

39. 普通脚手架的垫板，要求是A、B、D。

A. 木板的长度大于两跨

B. 板宽≥200mm，厚>50mm

C. 板厚60mm，宽可以≤200mm

D. 平行或垂直于墙体放置

40. 直角扣件可用于A、B连接。

A. 立杆与横杆　　　B. 立杆与扫地杆

C. 立杆与剪刀撑　　　D. 横杆与剪刀撑

41. 旋转扣件可用于B、C、D。

A. 立杆与横杆　　　B. 抛撑与大横杆

C. 立杆与剪刀撑　　　D. 横杆与剪刀撑

42. 对接扣件可用于A、B。

A. 立杆接长　　　B. 大横杆接长

C. 剪刀撑接长　　　D. 立杆与横杆的连接

43. 下列说法错误的项是A、C、D。

A. 每块脚手板的重量必须是30kg

B. 每块脚手板的重量不宜>30kg

C. 每块脚手板的重量不宜<30kg

D. 每块脚手板的重量可重可轻

44. 大横杆接长的正确做法是A、B、C、D。

A. 搭接长度>1000mm，等距离设置3个旋转扣件

B. 宜用对接扣件连接

C. 相邻两根大横杆的接头不得同步或同跨

D. 相邻两根大横杆的接头间距应>500mm

45. 抛撑设置的正确做法是A、B、D。

A. 选用通长杆件作抛撑

B. 与架体的连接点到主节点的距离应小于300mm

C. 抛撑可用短杆接长

D. 抛撑上端与大横杆连接，与地面夹角45°~60°

46. 连墙件有A、B等类型。

A. 刚性　　　B. 柔性　　　C. 钢质　　　D. 木质

47. 立杆搭设的正确做法是A、B、C、D。

A. 顶层顶步采用搭接方式

B. 其他各层必须采用对接方式

C. 相邻两根立杆接头不得设置在同步内

D. 相邻两根立杆接头垂直距离应>500mm

48. 剪刀撑搭设的正确做法是A、B、C、D。

A. 剪刀撑至少跨越四跨，宽度>6000mm

B. 剪刀撑应和小横杆伸出端固定

C. 剪刀撑与地面夹角为45°~60°

D. 扣件固定点与主节点距离<150cm

49. 斜道搭设的正确做法是A、B、C。

A. 行人斜道宽>1000mm，坡度1:3

B. 运料斜道宽>1500mm，坡度1:6

C. 斜道应附着脚手架或建筑物搭设

D. 斜道拐弯处不应设置平台

50. 安全网搭设的正确做法是A、B、C、D。

A. 平网与下方物体的距离应大于3000mm

B. 网与网应紧靠或重叠，空隙应小于80mm

C. 系绳固结点与网边均匀分布，间距应小于500mm

D. 系绳严禁用细钢丝等绑扎丝代替

51. 门式钢管脚手架由A、B、C、D等基本单元构成。

A. 门式框架　　B. 剪刀撑　　C. 水平梁架　　D. 脚手板

52. 门式钢管脚手架用于垂直方向连接上、下榀门架的部件有A、C。

    A. 连接棒   B. 剪刀撑   C. 锁臂   D. 脚手板

    53. 碗扣式钢管脚手架的碗扣接头由A、B、C、D等组成。

    A. 上碗扣   B. 下碗扣   C. 横杆接头   D. 限位销

    54. 木脚手架的杆件应采用去皮的A、B。

    A. 杉木   B. 落叶松   C. 柳木   D. 杨木

    55. 绑扎木脚手架通常使用A、B号镀锌钢丝。

    A. 8   B. 10   C. 12   D. 14

    56. 竹脚手架的杆件应选用生长期3~4年及以上的B、C。

    A. 水竹   B. 毛竹   C. 楠竹   D. 箭竹

    57. 竹脚手架的绑扎材料主要有A、B、C

    A. 镀锌钢丝   B. 竹篾   C. 塑料篾   D. 塑料绳

    58. A、B绑扎杆件，绑扣易松脱，不得使用。

    A. 尼龙绳   B. 塑料绳   C. 塑料篾   D. 竹篾

    59. 外电线路主要是指B、C的高压或低压配电线路。

    A. 为施工现场架设   B. 不是为施工现场架设

    C. 原来已经存在   D. 原来不存在

    60. 大模板应存放在专用架上，每两块一组，不正确的摆放是A、C、D。

    A. 背对背   B. 面对面   C. 背对面   D. 都可以

    61. 图样上的尺寸应包括A、B、C、D。

    A. 尺寸线   B. 尺寸界线   C. 尺寸起止符号   D. 尺寸数字

    62. 剖面图的画法包含A、B、D。

    A. 确定剖切平面的位置

    B. 画剖面剖切符号并进行标注

    C. 对剖切符号进行编号

    D. 标注尺寸数字，画断面和剖开后剩余部分的轮廓线

    63. 剖面图的画法应注意的几个问题是A、B、C。

    A. 剖切是假想的，形体并没有真的被切开和移去了一部分

    B. 在绘制剖面图时，被剖切面切到部分（即断面）的轮廓

线用粗实线绘制，剖切面没有切到、但沿投射方向可以看到的部分，用中实线绘制

C. 剖面图中不画虚线，没有表达清楚的部分，必要时也可画出虚线

D. 除了剖面图外，其他视图不变，按原先未剖切时完整地画出

64. 根据断面图在视图上的位置不同，将断面图分为A、B、C 等几种。

A. 移出断面　　B. 重合断面　　C. 中断断面　　D. 复合断面

65. 在焊接钢结构图中，必须把焊缝的B、C、D 标注清楚。

A. 数量　　　B. 位置　　　C. 形式　　　D. 尺寸

66. 承载可靠性的验算，包括A、B、C、D。

A. 构架结构验算　　　　　　B. 地基、基础

C. 其他支承结构的验算　　　D. 专用加工件验算

67. 脚手架构架结构的计（验）算项目包括A、B、C、D。

A. 构架的整体稳定性计算

B. 单肢立杆的稳定性计算

C. 平杆的抗弯强度和挠度计算、抗倾覆验算

D. 悬挂件、悬挑支承拉件的验算（根据其受力状态确定验算项目）

68. 施工方案图通常应在图上标明A、B、C。

A. 脚手架平面布置图，应注明脚手架立杆纵、横双向间距、脚手架与主体结构的位置关系

B. 脚手架剖面图，图中应有剪刀撑、扫地杆、连墙杆、安全网等布置位置及数量要求

C. 脚手架细部构造节点图（如连墙杆、脚手架底部构造、脚手架外形变化处、脚手架底部和顶部可调托座等）

D. 脚手架设计计算

69. 施工方案图应根据施工方案和施工进度计划的要求进行设计。施工设计人员应在取得施工环境第一手资料的基础上，

认真研究有关资料，然后才能做出施工图设计。这些资料是A、B、C、D。

A. 施工组织设计

B. 建筑平面图，了解拟建房屋及构筑物的结构平面图

C. 合同要求的建筑施工垂直运输机械型号、数量及平面布置等

D. 现场已有脚手架杆配件和材料等

70. 活动悬挑式外脚手架定型架体段构造要求包括A、B、D。

A. 由普通钢管扣件、碗扣式钢管或门式钢管等材料搭设成双排定型脚手架，各架体段可以有不同规格

B. 底部有两根槽钢纵梁

C. 安装操作平台

D. 其上安设护身栏和安全网

71. 悬挑支承架必须具有足够的A、B、C。

A. 强度　　　B. 刚度　　　C. 稳定性　　　D. 焊接强度

72. 安装三角形桁架支承架的程序是A、B、C、D。

A. 预先在每个钢筋混凝土柱上安装一个"箍环"

B. 将三角形桁架挂在柱子的环箍上

C. 三角形桁架的下弦与柱内预埋件焊接或螺栓连接

D. 用钢丝绳将托架与柱子绑牢，作为挂钩的保险绳

73. 安装三角钢支架的程序是A、B、C。

A. 先安装上弦横梁　　　　　B. 后架设斜撑杆

C. 使上弦杆横梁保持水平　　D. 先架设斜撑杆

E. 后安装上弦杆横梁

74. 定型架体段提升就位后，应立即A、B、C。

A. 用钢丝绳与结构梁上的预埋环斜拉

B. 加钢管顶杆稳固

C. 在每跨内设一道斜拉钢丝绳和钢管顶杆

D. 仅在指定跨内设一道斜拉钢丝绳和钢管顶杆

75. 异形脚手架系指用于A、B、C、D等工程的脚手架。

A. 烟囱　　B. 水塔　　　C. 凉水塔　　D. 高空大跨工程

76. 砖烟囱脚手架通常可以采用A、B、C方案施工。

A. 满堂外脚手架配外井架　　　B. 外挂架或里井架配外挂架

C. 里井架配外吊篮　　　　　　D. 爬模

77. 井柱挑台挂吊篮作业设施由A、B、C等部分组成。

A. 格构式井柱　　　B. 操作平台　　C. 卷扬机　　D. 吊篮

78. 水塔脚手架的常用做法有A、B、C、D几种。

A. 上挑式落地脚手架　　　B. 直通式落地脚手架

C. 吊盘架　　　　　　　　D. 挂架式

79. 砖砌烟囱落地式外脚手架可采用A、B、C、D进行搭设。

A. 扣件式脚手架　　　B. 门式脚手架

C. 碗扣式脚手架　　　D. 木脚手架

80. 古建筑的种类繁多，无论是造型还是结构，其差别很大，各有其特点，这些建筑的形式大多为A、C、D。

A. 木构架　　　B. 钢构架　　C. 大屋顶　　D. 高台阶

81. 用杉篙搭设古建筑脚手架，采用绳结绑扎，常用的方法有A、B、D等几种。

A. 麻花结　　　B. 银锭结　　C. 花瓶结　　D. 弓弦结

82. 戗杆形式有B、C、D等，起稳定柱子的作用。

A. 立柱戗　　　B. 开口戗　　C. 背口戗　　D. 面宽戗

83. 支戗形式有多种，在选择支戗形式时，要考虑柱子的A、D以及柱上需要安装的梁枋、额枋等构件的尺寸及构造做法。

A. 直径　　　B. 周长　　　C. 面积　　　D. 高度

84. 顶棚满堂脚手架适用于安装A、B、D。

A. 帽儿梁　　　B. 顶棚支条　　C. 望板　　D. 顶棚板

85. 券胎满堂脚手架是一种支承架，它承受并传递券胎上的砌体重量，适用于砌筑A、B、C等建筑的拱券。

A. 城门洞   B. 无梁殿   C. 桥洞   D. 圆椽

86. 落桷脚手架适用于钉铺各层檐的A、B、C、D等构件。

A. 圆椽   B. 飞椽   C. 望板   D. 连檐

87. 顶棚满堂脚手架所能承受的荷载不大，以能满足工人操作安全为主。因此，立杆间距可按建筑物的B、C尺寸均分，最大间距不大于1.5m。

A. 高度   B. 面宽   C. 进深   D. 面积

88. 附着升降系统主要由A、B、D组成。

A. 附着支承结构   B. 升降机构

C. 架体结构   D. 安全保护装置

89. 附着支承结构的形式有很多种，其中主要结构形式为A、B、D，其他形式是由这几种基本结构形式扩展和组合而成。

A. 导轨式附着支承   B. 导座式附着支承

C. 吊拉式附着支承   D. 套框式附着支承

90. 吊拉式附着支承结构中安装拉杆采用耳板座的作用是A、B。

A. 能拧紧穿墙螺栓螺母   B. 减小安装应力

C. 调整架体与墙体之间的距离   D. 调整拉杆长度

91. 附着升降脚手架的升降机构主要采用A、B、D。

A. 电动环链葫芦   B. 卷扬机

C. 提升机   D. 液压提升设备

92. 液压提升设备的特点是A、B、C。

A. 升降相当平稳   B. 同步性能好

C. 升降的时间较长   D. 维修成本较低

93. 附着升降脚手架应具有安全可靠的A、C、D等安全保护装置。

A. 防倾覆装置   B. 附着支承装置

C. 同步升降装置   D. 防坠落装置

94. 防倾覆装置是附着升降脚手架必不可少的安全保护装置，其作用是在升降和使用过程中A、C。

A. 防止架体倾斜　　　　B. 控制架体升降同步
C. 控制架体与外墙间距　D. 防止架体坠落

95. 产生架体倾覆力的主要原因有B、C、D。

A. 架体超载　　　　　　B. 较大的风载
C. 提升吊点位置的设置　D. 机位平面布置

96. 附着升降脚手架产生坠落事故的主要原因有A、C、D

A. 升降机构制动装置失灵　　B. 架体向内倾斜
C. 外墙面障碍物阻碍升降　　D. 链条、吊钩或钢丝绳断裂

97. 防坠落装置应有足够的A、B，以承受架体坠落时产生的冲击荷载。

A. 强度　　B. 刚度　　C. 稳定性　　D. 安全系数

98. 电气系统的安全保护应设置A、B、C。

A. 漏电保护开关　　　　B. 熔断器
C. 缺相、错相保护器　　D. 同步限载保护器

99. 附着升降脚手架产生坠落事故的主要原因A、C、D。

A. 架体变形失稳　　　　　B. 架体向内倾斜
C. 提升时相邻机位高差过大　D. 架体荷载超重

100. 上置式防坠落装置和下置式防坠落装置的主要区别是A、D不同。

A. 结构安装位置　　B. 结构形式
C. 结构运动形式　　D. 结构运动部位

101. 架体升降时荷载加重是由于B、C、D。

A. 荷载位置变化　　B. 碰到障碍物
C. 施工误差　　　　D. 导轨变形

102. 附着升降系统安装前应做好A、B、D等准备工作。

A. 制定安装方案　　B. 配备安装人员
C. 安装承力架　　　D. 安全技术交底

103. 附着升降系统安装方案应根据B、C、D编制，并按规定办理审批手续。

A. 工程地点　　B. 工程结构特点

C. 施工条件　　D. 施工要求

104. 升降过程中应实行统一指挥、规范指令。升降指令只能由总指挥一人下达，如遇有异常情况出现时，<u>A、B、C、D</u>可发出停止指令。

A. 架子工　　B. 指挥工　　C. 操作工　　D. 木工

105. 当出现<u>A、C、D</u>情况时应停止作业。

A. 恶劣气候　　　　　　B. 到下班时间
C. 升降机构出现故障　　D. 安全保护装置失效

106. 从事附着升降脚手架<u>A、B、C</u>单位应取得相应的施工资质证书，所使用的附着升降脚手架必须经过国家建设行政主管部门组织的鉴定。

A. 安装　　B. 拆除　　C. 施工　　D. 生产

107. 附着升降脚手架升降到位后，应按照使用工况的要求完成架体固定。在办理移交手续之前，必须通过<u>B、C、D</u>等项目检验。

A. 办理交付使用手续
B. 附着支承结构和架体固定完毕
C. 连接点处混凝土强度达到设计要求
D. 安全防护齐备

108. 附着升降脚手架升降运行前，应对准备工作进行检查，要检查<u>A、B、C、D</u>等项。

A. 连接点处混凝土强度　　B. 附着支承装置安装质量
C. 安全保护装置　　　　　D. 障碍物清除

109. 三角板由两块组成一副，度数分别为<u>A</u>，与丁字尺配合使用可画垂直线与倾斜线。

A. 45°和60°　B. 45°和45°　C. 60°和60°　D. 30°和60°

110. 形体的三面投影图之间最基本的投影关系，"三等关系"包括<u>A、B、C</u>，是画图和读图的基础。

A. 长对正　　B. 高平齐　　C. 宽相等　　D. 长相等

111. 在断面轮廓线内填绘建筑材料图例，当建筑物的材料不明时，可用A、B、D细实线来表示。

A. 同向的　　B. 等距的　　C. 60°　　D. 45°

112. 钢结构中的构件常用A、C、D的形式连接。

A. 焊接　　B. 胶接　　C. 螺栓连接　　D. 铆接

113. 在焊接钢结构图中，必须把焊缝的A、B、D标注清楚。

A. 位置　　B. 形式　　C. 方向　　D. 尺寸

114. 焊缝代号主要由带箭头的A、B、C、D组成。

A. 引出线　　B. 图形符号　　C. 焊缝尺寸　　D. 辅助符号

115. 各种类型的脚手架施工方案中都应有脚手架施工图，包括架体的A、C、D等。

A. 平面布置图　　B. 剖面图　　C. 立面图　　D. 节点图

116. 棚仓按跨度分为A、B

A. 大跨度棚仓　　B. 小跨度棚仓

C. 中跨度棚仓　　D. 特大跨度棚仓

117. 一下跨度的棚仓属于大跨度棚仓的有A、B、C

A. 9m　　B. 11m　　C. 15m　　D. 6m

118. 棚仓按棚仓顶盖形式分为C、D。

A. 竹木架棚仓　　B. 钢管架棚仓

C. 起脊坡顶　　D. 不起脊坡顶

119. 棚仓按搭架材料分为A、B。

A. 竹木架棚仓　　B. 钢管架棚仓

C. 起脊坡顶　　D. 不起脊坡顶

120. 分段悬挑有A、B、C、D等几种支承方式。

A. 斜撑钢管加吊杆　　B. 下撑式挑梁钢架

C. 下撑式空间钢架　　D. 钢管桁架外挑

121. 脚手架平面位置应根据脚手架A、D而定。

A. 所受的荷载大小　　B. 脚手架形状

C. 脚手架大小　　D. 脚手架整体稳定性要求

122. 工料分析是对脚手架施工全过程及各分过程所需用的

A、B、C进行合理估算、分析，并提出需用量计划的过程。

    A. 工日耗费数量   B. 材料耗费数量

    C. 必要的机具耗费   D. 操作工工资费用

    123. 时间定额由A、B、C、D与休息宽放时间几个方面构成。

    A. 准备与结束时间   B. 作业时间

    C. 作业宽放时间   D. 个人生理需要

    124. 作业时间可分为A、B。

    A. 基本作业时间   B. 辅助时间

    C. 技术性宽放时间   D. 组织性宽放时间。

    125. 按照在脚手架上的不同用途，又可划分为A、B、C、D踢脚杆、安全栏杆、剪刀撑杆、大横杆搁栅。

    A. 立杆   B. 大横杆   C. 扫地杆   D. 小横杆

    126. 我国普遍采用可锻铸造扣件，按其在与钢管连接中的不同用途，又可划分为A、B、C。

    A. 直角扣件   B. 旋转扣件   C. 接头扣件   D. 三角扣件

    127. 悬挑支承结构的类型活动悬挑工具式外脚手架常采用B、C两种悬挑支承结构。

    A. 扣件式钢管   B. 三角桁架支承架

    C. 下撑式挑梁支承架   D. 桁架式挑梁

    128. 脚手架的每一层均应按施工方案要求设置A、B、D

    A. 脚手板   B. 踢脚板   C. 支承架   D. 扶梯和安全网。

    129. 满搭落地式脚手架施工法水塔施工的满搭落地式脚手架有两种：A、C。

    A. 上挑式   B. 悬挂式   C. 直通式   D. 落地式

    130. 瓶子结这种结的打法比较复杂，其优点是绳结的抽头由双根组成，绳索能承受较大的拉力，同时越拉越紧，不松扣，经常用于A、D。

    A. 绑扎蜈蚣梯 B. 一般脚手架 C. 钢筋架 D. 吊装宝顶

    131. 搭设古建筑脚手架用料计算方法主要是计算A、B的用量。

A. 杉篙　　B. 扎缚绳　　　C. 工人　　D. 工时

132. 齐檐脚手架适用于B、C、D 等。

A. 安装帽儿梁　B. 屋顶钉安瓦口　C. 苫背　D. 号垄

133. 附着支承结构的形式有多种，如A、B、C 套框式、吊套式、套轨式等。

A. 导轨式　　　B. 导座式　　　C. 吊拉式　　D. 斜拉式、

134. 导轨式附着支承结构由A、C、D 等组成。

A. 导轨　　　B. 支座　　　C. 导轨固定装置　　D. 导轮

135. 升降机构主要有A、B、D 几种形式。

A. 手拉环链葫芦　　　B. 电动环链葫芦

C. 手动卷扬机　　　　D. 液压提升设备

136. 防倾覆装置主要由导轨和约束装置（约束点）组成，其结构形式可分为A、B、C、D 导向轮式、滑杆导轨式等几种类型。

A. 套环式　　　B. 导轮式　　　C. 套框式　　　D. 钢丝绳式

137. 滑杆导轨式防倾覆装置主要由A、B 组成。

A. 滑杆　　　B. 滑道（导轨）　　　C. 钢丝绳　　D. 限位轮

138. 钢丝绳式防倾覆装置由C、D 组成。

A. 滑杆　　　B. 滑道（导轨）　　　C. 钢丝绳　　D. 限位轮

139. 极限荷载控制系统由A、B、D 三部分组成。

A. 荷载传感器　　　B. 中继站

C. 语言处理系统　　　D. 自动检测显示仪

140. 焊接环链条出现以下情况即应报废：A、B、D

A. 裂纹

B. 链环直径磨损达原直径的 10%

C. 链环直径磨损达原直径的 5%

D. 链条发生塑性变形，伸长达原长度的 5%

141. 卷筒出现以下情况即应报废A、C。

A. 裂纹

B. 筒壁磨损达原壁厚的 5%

C. 筒壁磨损达原壁厚的 10%

D. 筒壁磨损达原壁厚的 15%

142. 作用于脚手架的荷载分为 <u>A、C</u>。

A. 永久荷载　　B. 大荷载　　C. 可变荷载　　D. 小荷载

143. 可变荷载（活荷载）主要指 <u>A、D</u>。

A. 施工荷载　　　　　B. 结构重力荷载

C. 土的重力荷载　　　D. 风荷载

144. 脚手架的失稳有 <u>A、B</u> 两种。

A. 整体失稳　B. 局部失稳　C. 结构失稳　D. 部分失稳

145. 脚手架的稳定性在很大程度上取决于脚手架与建筑结构连接的 <u>B、C、D</u>，即连接能起到的拉撑作用、可靠程度和分布的均匀性。

A. 形状　　B. 数量　　C. 间距　　D. 连接的质量

146. 对脚手架工程安全生产情况的评价依据，分为 <u>A、C、D</u> 几个等级。

A. 优良　　B. 中等　　C. 合格　　D. 不合格

147. 劳动定额有 <u>A、C</u> 两种基本形式。

A. 时间定额　B. 材料定额　C. 产量定额　D. 工时定额

148. 劳动时间包括 <u>A、B、C、D</u> 以及工人必需的工间休息时间等。

A. 准备时间　　　　　B. 基本生产时间

C. 辅助生产时间　　　D. 不可避免的中断时间

149. 制定劳动定额的方法一般有 <u>B、C、D</u>。

A. 人工测定法　　　B. 经验估工法

C. 统计分析法　　　D. 比较类推法。

150. 技术测定法是在分析研究施工技术条件及组织条件的基础上，通过 <u>A、D</u> 来制定定额的方法。

A. 现场观察　　B. 经验估计　　C. 比较　　D. 技术测定

151. 安全生产原则有国家宪法规定的基本原则，以及"管生产必须管安全"的原则，"三同时"原则，<u>B、C、D</u>。

 A. "四同步"原则 B. "三不伤害"原则

 C. "四不放过"原则 D. "五同时"

3.4　填空题

1. 丁字尺主要用于画<u>水平线</u>，由尺头和尺身两部分组成。三角板由两块组成一副（45°和60°），与丁字尺配合使用可画<u>垂直线与倾斜</u>线。

2. 分规是截量<u>长度</u>和<u>等分线段</u>的工具，形状与圆规相似。

3. 图样上的尺寸包括四个要素：<u>尺寸界线</u>、<u>尺寸线</u>、<u>尺寸起止符号</u>和<u>尺寸数字</u>。

4. 工程上绘制图样的方法主要是<u>正投影法</u>，这种方法画图简单，画出的图形真实，度量方便。

5. "<u>长对正</u>、<u>高平齐</u>、<u>宽相等</u>"称为"三等关系"，它是形体的三面投影图之间最基本的投影关系，是画图和读图的基础。

6. 物体在三面投影体系中的位置确定后，上、下、左、右、前、后六个方位也反映在形体的三面投影图中，每个投影图都可反映出其中<u>四个</u>方位。

7. 绘制物体的投影图时，可见的线用<u>实线</u>表示，不可见的线用<u>虚线</u>表示，当虚线和实线重合时只画出<u>实线</u>。

8. 剖切平面与形体表面的交线所围成的平面图形称为<u>断面</u>。

9. 在断面轮廓线内填绘建筑材料图例，当建筑物的材料不明时，可用<u>同向</u>、<u>等距</u>的45°细实线来表示。

10. 在绘制剖面图时，被剖切面切到部分（即断面）的轮廓线用<u>粗实线</u>绘制，剖切面没有切到、但沿投射方向可以看到的部分（即剩余部分），用<u>中实线</u>绘制。

11. 在绘制脚手架图和钢结构图时，常用<u>断面图</u>来表达型钢材的形状和结构。

12. 假想用剖切平面将形体切开，仅画出剖切平面与形体接触部分即截断面的形状，所得到的图形称为断面图。

13. 绘制在视图轮廓线外面的断面图称为移出断面图，绘制在视图轮廓线内的断面图称为重合断面图。

14. 钢结构中的构件常用焊接、螺栓连接和铆接的形式连接。

15. 在焊接钢结构图中，必须把焊缝的位置、形式和尺寸标注清楚。

16. 焊缝代号主要由带箭头的引出线、图形符号、焊缝尺寸和辅助符号组成。

17. 非焊接的节点板，应注明节点板的尺寸和螺栓孔中心与几何中心线交点的距离。

18. 各种类型的脚手架施工方案中都应有脚手架施工图，包括架体的平面布置图、立面图及节点图等。

19. 按棚仓顶盖形式分为起脊坡顶和不起脊坡顶两种；按搭架材料分为竹木架棚仓和钢管架棚仓两种。

20. 在绘制大跨度棚仓立面图或棚顶平面图时，与图面平行的杆件也简单地用粗实线来表示，而与图面垂直的杆件，用杆件的断面形状或小圆圈来表示。

21. 定中心线一般将沿下弦杆的方向定为图形的水平中心线，沿竖腹杆的方向定为图形的垂直中心线。

22. 在高层建筑施工中，扣件式钢管脚手架搭设的高度一般不宜超过13层。

23. 对13层（40m）以上的高层建筑应考虑分段搭设脚手架。

24. 对13层（40m）以上的高层建筑应考虑分段搭设脚手架，一般采用悬挑式外脚手架的形式。

25. 分段悬挑有斜撑钢管加吊杆、下撑式挑梁钢架、下撑式空间钢架、钢管桁架外挑等几种支承方式。

26. 斜撑钢管加吊杆支承是一种简易支承方式，只适用于装修工程，分段高度15m以内。

27. 下撑式空间钢架支承可以承受较大的荷载，其分段高度可达40m。

28. 在檐口、悬挑阳台等部位，一般落地脚手架或分段悬挑脚手架已不能满足施工需要，可采用扣件式钢管桁架外挑作为支承。

29. 分段悬挑有斜撑钢管加吊杆、下撑式挑梁钢架、下撑式空间钢架、钢管桁架外挑等几种支承方式。其中下撑式空间钢架支承属于钢结构，能受的荷载最大，分段高度最高。

30. 在绘制钢管扣件分段悬挑脚手架施工图时，与图面平行的杆件可以用双线来表示，而与图面垂直的杆件，用杆件的断面形状或小圆圈来表示。

31. 绘制钢管扣件分段悬挑脚手架施工图时，在正立面图上，主要受力杆件用双实线表示，护身栏杆等杆件用双虚线来表示。

32. 悬挑脚手架的关键是悬挑支承结构，它必须有足够的强度、稳定性和刚度，并能将脚手架的荷载传递给建筑结构。

33. 脚手架平面位置应根据脚手架所受的荷载大小以及脚手架整体稳定性要求而定。

34. 根据脚手架的不同用途采用不同的脚手架底部构造，对悬挑脚手架应确定悬挑梁、悬挑三角桁架以及撑拉组合杆件的细部构造，对附墙悬挂脚手架应予明确支固点的构造节点以及在建筑物外形变化处的节点构造等。

35. 工料分析是对脚手架施工全过程及各分过程所需用的工日耗费数量、材料耗费数量和必要的机具耗费进行合理（充分地、经济地）估算、分析，并提出需用量计划的过程。

36. 工料分析旨在明确脚手架施工全过程及各分过程所需用的人工耗费、材料耗费和必要的机具耗费，确保其按需进场，有效投用。

37. 工日是劳动消耗量的基本单位。

38. 根据我国劳动政策和建筑施工企业惯例，每一工日通常按8h 计算。

39. 时间定额亦称工时定额，是指生产单位工程量的合格产品，或完成一定工作任务的劳动时间消耗的限额。

40. 时间定额是指生产单位工程量的合格产品，或完成一定工作任务的劳动时间消耗的限额。

41. 时间定额由准备与结束时间、作业时间、作业宽放时间、个人生理需要与休息宽放时间几个方面构成。

42. 作业时间可分为基本作业时间和辅助时间，作业宽放时间可分为技术性宽放时间和组织性宽放时间。

43. 作业宽放时间（h），指针对作业中工序、工种搭接出现意外情况时所考虑的宽放时间。

44. 产量定额是指在单位时间定额内生产合格产品的数量或完成工作任务量的限额。

45. 时间定额与产量定额呈互为倒数的关系。用工分析时，通常以时间定额作为依据。

46. 脚手架工程用工分析一般采用时间定额参考标准表进行。

47. 搭设（绑扎）、铺翻板子均包括50m 以内的材料地面水平运输；拆除包括将所拆卸的材料运至地面30m 以内的指定地点并分类整理、堆放。

48. 地面水平运输加工的规定时间定额标准中规定的地面水平运距的计算，均以取料中心点为起点，以建筑物外围地面使用地点、建筑物入口处或材料的堆放中心为终点。

49. 井字架的工程将计算中，实绑高度以滑车高度为准，以座为计算单位。

50. 挖坑又绑扫地杆者，每100m 单排绑扎增0.8 工日，只绑扫地杆不挖坑或只挖坑不绑扫地杆者，不另加工。

51. 木、金属脚手架绑扎护身栏杆，每100m 栏杆，绑扎增加0.5 工日，拆除增加0.3 工日。

52. 竹脚手架以绑一道护身栏杆为准，每100m 绑扎增加0.4

工日，拆除增加0.2工日。

53. 木、金属脚手架宽在1.5m以上者，铺翻板子时间定额乘以1.43；竹脚手架宽在1.3m以上、需增加立杆者，绑、拆时间定额乘以1.2，铺翻板子时间定额乘以1.43。

54. 竹脚手架如为单排者，绑、拆时间定额乘以0.67。

55. 竹外脚手架需搭矮排脚手架者，每100m搭设增加1.5工日，拆除增加0.5工日。

56. 圆形（包括弧形）脚手架，直径在20m以内者，按外脚手架相应项目时间定额乘以1.3；直径在20m以上者，均按外脚手架相应项目的时间定额执行。

57. 绑扎、拆除装饰工程外脚手架，按外脚手架相应项目的时间定额，木脚手架乘以0.83，金属脚手架乘以0.91。

58. 斜道一侧以利用外脚手架力杆为准，如为独立斜道，绑、拆时间定额，竹脚手架乘以1.25；金属脚手架乘以1.43。

59. 斜道宽度超过2m时，搭、拆时间定额乘以1.15；宽度在1.5m以内时，搭拆时间定额乘以0.87；宽度在1m以内时，搭拆时间定额乘以0.7。

60. 脚手架工程用料分析是根据已确定的脚手架搭设任务，包括脚手架类型、所确定的任务规模（架体长度、高度等）、现行有效的技术规范、操作规程，以及施工项目的其他特定要求等，计算出合理的用料数量的过程。

61. 按照在脚手架上的不同用途，又可划分为立杆、大横杆、扫地杆、小横杆、踢脚杆、安全栏杆、剪刀撑杆、大横杆搁栅。

62. 我国普遍采用可锻铸造扣件，按其在与钢管连接中的不同用途，又可划分为直角扣件、旋转扣件、接头扣件。

63. 共有57组双排立杆架，每组双排立杆架有立杆6根，则共有立杆数342根。

64. 直角扣件的计算以把握该种扣件与钢管的连接点为原则。

65. 立杆与大横杆的连接点共有 57 个双排立杆架，有 9 个连接层，每个连接层设两只扣件，故其数量为1026 只。

66. 根据架体构造的不同，活动悬挑工具式外脚手架可分为"扣件式钢管"活动悬挑工具式外脚手架、"碗扣式钢管"活动悬挑工具式外脚手架、"门式钢管"活动悬挑工具式外脚手架等几种形式。

67. 活动式脚手架按悬挑支承结构形式的不同，可以分为"桁架式挑梁"活动悬挑工具式外脚手架、"下撑式挑梁"活动悬挑工具式外脚手架等形式。

68. 活动悬挑工具式外脚手架主要由架体和悬挑支承结构构成。

69. 一般定型架体段的搭设高度为12m 左右，以满足三个施工层的需要。

70. 悬挑支承结构的类型活动悬挑工具式外脚手架常采用三角桁架支承架和下撑式挑梁支承架两种悬挑支承结构。

71. 确定悬挑支承结构的布置间距，主要是根据支承结构承受荷载的计算结果确定。

72. 悬挑支承结构的上、下持力点一般应限制在距楼层上、下不超过500mm 的范围内。

73. 在一般情况下，悬挑支承结构的设置间距不宜超过两个柱距（或开间）或5 倍的立杆纵距，脚手架架体底部槽钢纵梁规格应根据受力计算选用。

74. 活动悬挑工具式外脚手架的搭设工艺为：安装悬挑支承架；搭设外脚手架定型架体段；安装定型架体段；定型架体段与建筑结构拉结；定型架体段固定；设置连墙杆；铺设脚手板。

75. 安装悬挑支承架，应在挂钩的两侧应放置木楔块，以限制挂钩的横向位移。

76. 定型架体段必须严格按照设计尺寸和结构组装，不准采用对接（或搭接）的方式对不够长的杆件进行接长或接高，应采用加套管对接焊接接长。

77. 为了保证定型架体段的整体性和稳定性，应在架体段的外侧和两端设<u>剪刀撑</u>。

78. 在搭设中，要严格控制垂直度，立杆的垂直度偏差应不大于架高的<u>1/300</u>，垂直度偏差总值不得大于<u>100mm</u>。

79. 定型架体段搭设完成后，应施加不小于<u>1.5</u>倍的施工荷载进行起吊试验，检查其受载后是否安全可靠。

80. 连墙杆按"<u>两步三跨</u>"的纵横间距设置，各连接点错开成梅花形布置。

81. 脚手架的每一层均应按施工方案要求设置<u>脚手板</u>、踢脚板、扶梯和安全网。

82. 对于"桁架式挑梁"活动悬挑工具式外脚手架，定型架体段提升前应在上层柱上预先安装"<u>箍环</u>"。

83. 拆除脚手架必须由<u>施工现场技术负责人</u>下达正式通知。

84. 活动悬挑工具式外脚手架拆除顺序与搭设顺序<u>相反</u>。

85. 对碗扣式脚手架架体的拆除，应自上而下逐层进行，严禁上、下同时作业。拆除顺序为：拆除外围悬挂安全网—<u>拆除顶部支撑杆—拆除工作层脚手板—拆除顶层横杆—拆除顶层立杆及斜杆—（拆除剪刀撑）—逐层拆除横杆、斜杆和立杆</u>—拆除底部杆件及底座。

86. 安装支承架时，结构强度应达到设计强度的<u>70%</u>以上方能承载。

87. 用于烟囱、水塔、凉水塔和高空大跨工程的脚手架成为<u>异形脚手架</u>。

88. 砖烟囱脚手架砖烟囱一般高 35～45m，可以采用<u>外挂架配独立扒杆</u>、井柱挑台挂吊篮或外脚手架配井架的方法施工。

89. 无论搭设何种脚手架，均应遍设<u>剪刀撑</u>或斜杆，并每隔<u>12～15m</u>加设一道水平斜撑，以加强脚手架的整体稳定性。

90. 用于水塔施工的满搭落地式脚手架有两种：<u>上挑式</u>和<u>直通式</u>。

91. 吊盘在平面上可根据塔身直径伸缩，上、下两层吊盘间距为2m，用连接杆组成整体。

92. 在窗洞上、下各3层砖范围内不能设置紧箍圈，以免砖筒体受挤压产生变形。

93. 拆除时先拆除低层挂架，再拆除独立扒杆送回地面，最后拆除上层物料平台和网架梯外围安全网及钢管。

94. 砌筑烟囱筒身时，里井架约每砌筑8~10m拆升一次，全部工作需3名架子工，在8h内完成。

95. 砌筑烟囱筒身时，外挂架为工人作业台，每砌筑1.2~1.4m拆升一次，需2名熟练架子工，并在2h内完成。

96. 为预防钢丝绳突然折断，吊笼上应装设防坠落安全锁。

97. 钢丝绳尽头应牢靠地固定在卷筒上；在卷筒上的钢丝绳，至少应保留3圈以上。

98. 高空作业照明灯、信号灯等电器的电压应不大于36V。

99. 在烟囱筒身内部距地面2.5m高处，搭设一座安全保护棚，以保护地面操作人员的安全。

100. 在砌筑烟囱时，在水塔外面根部应搭宽度大于4m的安全网。

101. 烟囱筒身外的操作平台应设高1.2m的防护栏杆。

102. 塔架或脚手架高度超过10m时应设避雷针。

103. 数台手拉葫芦应等速提升，以保持吊篮平台水平，每次提升高度为1.2m左右。

104. 用杉篙搭设古建筑脚手架，采用绳结绑扎，常用的方法有以下几种：麻花结、银锭结、弓弦结、半边披结、瓶子结。

105. 瓶子结这种结的打法比较复杂，其优点是绳结的抽头由双根组成，绳索能承受较大的拉力，同时越拉越紧，不松扣，经常用于绑扎蜈蚣梯和吊装宝顶。

106. 搭设古建筑脚手架用料计算方法主要是计算杉篙和扎缚绳的用量。

107. 搭设古建筑脚手架杉篙用量，以根为单位计算，每根长度 6m。一般立杆间距为1.5m，顺杆（大横杆）间距（步距）为1.2m。

108. 搭设古建筑脚手架用工计算方法搭设古建筑脚手架的用工，一般每工日按搭设18根杉篙计算，若为单层建筑，每工日按搭设25根杉篙计算，最多不超过30根（包括50m以内的运距）。

109. 古建筑脚手架荷载能力一般可根据顶层立杆与顺杆间的绳结数量估算。

110. 用杉篙、毛竹作立杆时，上下两根立杆的搭接长度不得小于1.5m，并以小头搭接大头，相邻立杆的接头应相互错开。

111. 支杆是临时的支撑杆，当脚手架绑扎至四步架高而未绑十字杆时，应每4～6根立杆临时绑扎支杆。

112. 在马道上铺搭的脚手板，应加钉防滑条，间距为200～300mm。两侧必须绑搭两道护身栏杆，每道垂直高度约500mm。

113. 大木满堂脚手架适用于大木拆卸落架及落架后的安装，如拆卸安装梁、枋、檩等大木构件。

114. 计算确定顺杆的步距，先要确定安装构件操作层的顺杆高度，所需步数及步距。

115. 支戗架主要由夹杆、戗杆（斜杆）组成，夹杆沿水平方向布置在柱内外侧"夹住"新安装的柱子，戗杆有开口戗、背口戗、面宽戗（十字杆）等，起稳定柱子的作用。

116. 顶棚满堂脚手架适用于安装帽儿梁、顶棚支条和顶棚板。

117. 齐檐脚手架适用于屋顶钉安瓦口、苫背、号垄等。

118. 古建筑脚手架的搭建，在垂直于持杆方向绑"爬杆"，爬杆间距以四块筒瓦为宜，相互平行并绑扎在持杆下面，绑扎爬杆时应先绑固两端，再绑"清档"。

119. 券胎满堂脚手架是一种支承架，承受并传递券胎上的砌体重量，适用于城门洞、无梁殿、桥洞等建筑的拱券。

120. 券洞脚手架是一种操作架，适用于城门洞、无梁殿等古建筑的洞内抹灰和刷浆等装修施工。

121. 坐车脚手架适用于城墙和其他高墙墙面抹灰及刷浆施工。

122. 坐车脚手架用于高墙墙面抹灰及刷浆施工，不能承受很大的荷载，所以，立杆间距（纵距）为2m，横距为1.2～1.5m，各步顺杆间距（步距）为1.7m，承托脚手板的横木间距为1m。

123. 油画活脚手架适用于油饰和彩画的施工。

124. 古建筑脚手架搭拆，双排立杆之间的水平距离应保持在1.5m，每排立杆之间的水平距离亦为1.5m，顺杆每步垂直距离为1.2m。

125. 古建筑脚手架搭拆中，坡道（即马道、戗桥）的坡度为1:4。

126. 附着升降系统主要由附着支承结构、升降机构、安全保护装置和电气控制系统组成。

127. 附着支承结构是附着升降脚手架中最重要的组成部分。

128. 附着支承结构的形式有多种，如导轨式、导座式、吊拉式、吊轨式、挑轨式、套框式、吊套式、套轨式等。

129. 附着支承结构的形式中主要结构形式为导轨式、吊拉式和套框式三种，其他形式是由上述三种基本结构形式扩展与组合而成的。

130. 导轨式附着支承结构由导轨、导轨固定装置及导轮等组成。

131. 有的导轨上面每隔100mm冲有一孔，并标有数字，用来确定脚手架在导轨上的位置。

132. 导轨固定装置包括连墙支杆座、连墙支杆、连墙挂板及穿墙螺栓。

133. 导轮在架体升降工况中起防倾覆作用。

134. 导座式附着支承结构由导轨、连墙件、导向座、吊挂件和固定销等结构件组成。

135. 导轨和导向装置固定的位置不同——导轨式附着支承结构的导轨固定在建筑物上，导轮组固定在架体上。

136. 挑轨式附着支承结构由上、下两套附着悬挑梁（主悬挑梁、副悬挑梁）和导轨组成。

137. 附着升降脚手架在固定使用工况下，架体荷载通过固定装置和导轨以及副悬挑梁传递至建筑物结构上。

138. 架体在升降工况下，副悬挑梁只固定导轨，不承受架体的荷载，架体的荷载通过升降机构由主悬挑梁直接传递至建筑物结构上。

139. 套框式附着支承结构由两套焊接的钢结构桁架——主框架和套框架组成。

140. 架体上升降吊点（或机位）超过两点时，不得使用手拉葫芦。

141. 升降机构主要有手拉环链葫芦、电动环链葫芦、电动卷扬机和液压提升设备四种形式。

142. 手拉环链葫芦的构造及传动形式有多种，目前使用较多的有二级直齿轮式、行星齿轮式及摆线针轮式手拉葫芦。

143. 液压控制台是升降脚手架的动力源和控制中心，由电动机、齿轮泵、换向阀、单向阀、溢流阀、节流阀和针形阀等液压元件及压力表组成。

144. 附着升降脚手架应具有安全可靠的防倾覆装置、防坠落装置和架体同步升降及荷载监控系统等安全保护装置。

145. 防倾覆装置是附着升降脚手架必不可少的安全保护装置，其作用是防止架体在升降和使用过程中发生倾覆，并控制架体与建筑物外墙面之间的距离保持不变。

146. 架体在升降和使用过程中处于高空悬空状态，由风荷载产生的水平力是架体倾覆的重要因素。

147. 防倾覆装置应采用螺栓与竖向主框架或附着支承结构连接，不得采用钢管扣件或碗扣方式连接。

148. 在升降和使用工况下，位于同一竖向平面的防倾覆装置不得少于两处，并且其最上和最下一个防倾覆支承点之间的最小距离不得小于架体全高的1/3。

149. 防倾覆装置的导向间隙应小于5mm。

150. 防倾覆装置主要由导轨和约束装置（约束点）组成，其结构形式可分为套环式、导轮式、套框式、钢丝绳式、导向轮式、滑杆导轨式等几种类型。

151. 套环与导轨相对运动的范围是一层楼层高度，一般在3m左右，有时高达5m以上。

152. 导轮式防倾覆装置由导轮、导轮支架及导轨组成。

153. 套框式防倾覆装置是套框式附着升降脚手架的附着装置，架体升降时，套框架通过附墙支承架固定在墙体上，主框架（即架体）必须沿着套框架上下运动，保证了架体在升降过程中不会向里外倾斜。

154. 钢丝绳式防倾覆装置由钢丝绳和限位轮组成。

155. 导向轮式防倾覆装置是在架体的底部和上部安装导向轮，架体升降时导向轮沿墙面滚动。

156. 滑杆导轨式防倾覆装置主要由滑杆和滑道导轨组成。

157. 防坠落装置是附着升降脚手架在升降或使用过程中发生意外坠落时的制动装置。

158. 防坠落装置结构设计安全系数不小于2。

159. 从架体发生坠落、防坠落装置动作到架体被制动停住时架体下落的距离称为坠落距离 h。

160. 坠落距离应不超过架体承受的最大冲击力时的变形量，对于整体式附着升降脚手架 $h \leqslant 80mm$，对于单片式附着升降脚手架 $h \leqslant 150mm$。

161. 楔块套管式触发型防坠落装置适用于吊拉式附着升降脚手架，主要由活动夹块、上下弹簧、自调节头、挂杆以及防坠吊杆等零部件组成。

162. 钢丝绳式触发型防坠装置主要由防坠器、防坠钢丝绳和传感钢丝绳三部分组成。

163. 与刚性承力件（如槽钢、圆钢等）相比，钢丝绳硬度大、摩擦系数小而不易咬合，钢丝绳受拉时延伸量大，径向受力时易压扁，因此架体坠落时坠落量大。

164. 楔钳式防坠落装置是一种机位荷载监视装置，主要用于吊拉式附着整体升降脚手架。

165. 摩擦式防坠落装置是利用相对运动物体在小于摩擦角的斜面上，摩擦力大于下滑力的原理达到制动的。

166. 摩擦式防坠落装置适用于导轨式附着升降脚手架，主要由传感机构、制动装置、导轨和三角楔块（或摩擦轮）组成。

167. 限位式防坠落装置由棘轮、棘爪、传动链条和配重等结构件组成。

168. 偏心凸轮式防坠落装置主要适用于导轨式附着升降脚手架。

169. 偏心凸轮式防坠落装置由传感控制器、偏心凸轮和导轨等部件组成。

170. 摆针式防坠落装置由支座、摆针和导轨等组成。

171. 当架体提升时，摆针式防坠落装置导轨上的挡管不断推动摆针逆时针转动，防坠落装置不影响架体的正常提升。

172. 当架体提升时，摆针式防坠落装置导轨上的挡管不断推动摆针逆时针转动，防坠落装置不影响架体的正常提升脚手架在升降过程中，相邻机位的高差不大于30mm，整体架体最大升降差不大于80mm。

173. 通过控制各提升设备之间的升降差，以及控制各提升设备的荷载来控制各提升机位的同步性。

174. 极限荷载控制法采用一种"机位荷载预警系统"，主要用于吊拉式附着升降脚手架的控制方法。

175. 极限荷载控制系统由荷载传感器、中继站和自动检测显示仪三部分组成。

176. 自动检测显示仪面板上每个机位有一个红、黄、绿变光显示灯，当机位荷载超出上限值时，灯光显示红色，表示机位超载；当机位荷载低于下值时，灯光显示黄色，表示机位欠载；当机位荷载在上限值与下限值之间时，灯光显示绿色，表示正常。

177. 荷载增量控制法采用一种"荷载增量监控系统"，该系统主要由多种芯片组成的可编程控制器（CPU）、控制电动葫芦转停和正反转的继电器、对升降位移信号采样的"霍尔传感器"、对荷载应力检测的电容式压力传感器以及在控制系统中与各个机位连接采用的 9 芯屏蔽导线组成。

178. 电脑自动控制系统，当任何两个机位升降的最大值与最小值之差达到3cm 时，最大值机位停机，其余机位继续运行；当其余机位运行至与最大值机位之差为2cm 时，最大值机位自动开机运行，直至提升到位。

179. 安置承力架（底盘）按脚手架机位布置平面图，承力架应保证在同一水平面上，相邻两个机位承力架的高低差不大于20mm。

180. 穿墙管中心距梁底或楼板底面的距离不小于100mm。预埋穿墙管的中心线与机位中心线的位置偏差不大于15mm，并应采取有效的措施防止水泥砂浆堵塞预埋管。

181. 安装导轨将第一根导轨插入导轮与架体桁架之间，并与连墙支杆座连接（即导轨固定在墙体上），导轨底部应低于底盘1m 左右。

182. 随着架体的搭设，以第一根导轨为基准依次向上安装导轨，并应通过连墙支杆调节导轨的垂直度，将其控制在安装高度的5‰以内。

183. 架体的荷载通过固定在架体竖向主框架与导轨之间的限位锁传递到导轨及建筑物上。

184. 附着支承结构采用普通穿墙螺栓与建筑结构连接时，应使用双螺母加垫板固定，螺杆露出螺母应不少于3 扣。

185. 对附着支承结构与建筑结构连接处混凝土的强度要求

应按计算结果确定，并不得小于C10。

186. 防倾覆装置在安装过程中应进行调整，使导轨的垂直度偏差不大于5%，并不超过60mm。

187. 预留穿墙螺栓孔或预埋件应有效固定在建筑结构上，且垂直于结构外表面，其中心误差应小于15mm。

188. 长时间停机不使用时，应对各部位做润滑、防腐、防水处理，且每月做一次检查。

189. 电动葫芦若频繁使用，每一周加一次润滑油，若断续使用，每一月加一次润滑油；链条每半个月涂刷一次润滑油。

190. 制动瓦与制动轮的接触面积不应少于80%，间隙为0.6~0.8mm；制动带磨损不得超过原厚度50%，铆钉不得与制动轮面接触，否则应予更换。

191. 钢丝绳应定期涂钢丝绳油，涂前用煤油洗去原有油污，钢丝绳油应在80℃温度下涂抹。

192. 吊钩禁止补焊，当危险断面磨损达原尺寸的10%时应报废。

193. 吊钩禁止补焊，当开口度比原尺寸增加15%时应该报废。

194. 当扭转变形超过10%时，吊钩应报废。

195. 焊接环链条出现以下情况即应报废：（1）裂纹；（2）链环直径磨损达原直径的10%；（3）链条发生塑性变形，伸长达原长度的5%。

196. 卷筒出现以下情况即应报废：（1）裂纹；（2）筒壁磨损达原壁厚的10%。

197. 轮槽不均匀磨损达3mm，金属滑轮应报废。

198. 轮槽壁厚磨损达原壁厚的20%，金属滑轮应报废。

199. 提升到位后，调整整个架体的水平度，控制各机位高差在30mm以内。

200. 一套吊拉式附着支承结构，包括承力架、上下拉杆、悬挑梁、承力架吊杆和穿墙螺栓，以及各部分的连接螺栓。

201. 用扣件和钢管模拟搭设竖向主框架、水平梁架和架体构架，搭设中应控制立杆的垂直偏差不大于架高的1/500，垂直偏差总值不得大于50mm。

202. 在安装悬挑梁和上下拉杆之前，架体上必须铺设竹笆片。

203. 作用于脚手架的荷载分为永久荷载与可变荷载。

204. 脚手架结构自重包括立杆、纵向水平杆、横向水平杆、剪刀撑、横向斜撑和扣件等的自重。

205. 脚手架构配件自重包括脚手板、栏杆、挡脚板、安全网等防护设施的自重。

206. 可变荷载（活荷载）主要指施工荷载和风荷载。

207. 施工荷载标准值施工荷载为脚手架操作层上的操作人员、施工材料、运输工具及小型工具等的重量。

208. 在脚手架上同时有两个及两个以上操作层作业时，在一个跨距内各操作层的施工均布荷载标准值总和不得超过 $6kN/m^2$。

209. 在基本风压等于或小于 $0.35kN/m^2$ 的地区，当每个连墙点覆盖的面积不大于 $30m^2$ 且构造符合有关规定时，可不考虑风荷载作用。

210. 脚手架的承载能力应按概率极限状态设计法的要求，采用分项系数设计表达式进行设计。

211. 计算纵向、横向水平杆的内力与挠度时，纵向水平杆宜按三跨连续梁计算。

212. 脚手架的失稳有整体失稳和局部失稳两种。

213. 脚手架的稳定性在很大程度上取决于脚手架与建筑结构连接的数量、间距和连接的质量，即连接能起到的拉撑作用、可靠程度和分布的均匀性。

214. 锈蚀检查应每年一次，检查时，应在锈蚀严重的钢管中抽取三根。

215. 木脚手板应采用杉木或松木制作，其宽度不宜小于

324

200mm，厚度不应小于50mm。

216. 整架检验与验收在每搭设10m 高度或搭设达到设计高度，遇有6 级及以上大风和大雨、大雪之后，停工超过一个月恢复使用前等几种情况下应对脚手架进行检查。

217. 提升机、液压系统不得漏油，渗油不得超过两处（渗油量在 3min 内超过一滴为漏油，不足一滴为渗油）。

218. 罩壳均应平整，不得有直径超过15mm 的锤印痕，安装牢固不得歪斜。

219. 检查评分表，满分为100 分，表中得分为规定检查内容所得分数之和。

220. 在检查评分中，当保证项目中有项不得分或保证项目小计得分或不足40 分时，此检查评分表应不得分。

221. 多人对同一项目检查评分时，应按加权评分方法确定分值。权数的分配原则应为：专职安全人员的权数为0.6，其他人员的权数为0.4。

222. 对脚手架工程安全生产情况的评价依据，分为优良、（合格）、不合格三个等级。

223. 升降葫芦无保险卡或失效的扣20 分，升降吊篮无保险绳或失效的扣20 分，无吊钩保险的扣8 分。

224. 脚手板铺设不满、不牢的扣5 分脚手扳材质不符合要求的扣5 分，每有一处探头扳扣2 分。

225. 操作升降的人员不固定和未经培训的扣10 分。

226. 施工荷载超过设计规定的扣10 分，荷载堆放不均匀的扣5 分。

227. 杆件变形严重的扣10 分，局部开焊的扣10 分，杆件锈蚀未刷防锈漆的扣5 分。

228. 脚手架无施工方案的扣10 分，施工方案不符合规范要求的扣5 分，脚手架高度超过规范规定、无设计计算书或未经上级审批的扣10 分。

229. 不按施工组织设计搭设的扣10 分，操作前未向现场技术人员和工人进行安全交底的扣10分。

230. 在生产力诸要素中，最主要的要素是人。

231. 施工企业劳动管理的内容包括劳动定额、劳动定员、劳动组织、劳动计划、技术培训、劳动纪律和劳动保险等各方面。

232. 在正常生产条件下，为完成单位合格产品（或工作）而规定的必要劳动消耗的数量标准叫做劳动定额。

233. 劳动定额有时间定额和产量定额两种基本形式。

234. 劳动时间包括准备时间、基本生产时间、辅助生产时间、不可避免的中断时间以及工人必需的工间休息时间等。

235. 劳动定额是施工企业的一项基础工作，是国家和企业对每一个工人完成生产数量和质量的综合要求，是衡量工人劳动成果的标准。

236. 劳动定额是编制施工生产计划、组织施工生产的重要依据；是贯彻按劳分配原则的重要依据；是企业经济核算的依据；是提高劳动生产率的杠杆。

237. 制定劳动定额的方法一般有四种，分别是技术测定法；经验估工法；统计分析法和比较类推法。

238. 技术测定法是在分析研究施工技术条件及组织条件的基础上，通过现场观察和技术测定来制定定额的方法。

239. 经验估工法优点是技术简单，制定定额过程较短，简便易行；缺点是精确性差，科学计算依据不足。

240. 比较类推法是以现有的工种（工序）定额推算出另一工种（工序）定额的方法，这两个工种定额必须相近似或者同类型。

241. 劳动保护是从"以人为本，关爱生命"的理念出发的，强调为劳动者提供人身安全与身心健康的保障，它是安全生产工作的一项重要内容。

242. 安全生产管理体制是指安全生产过程中所形成的管理体系和制度的总称。

243. 企业负责是管理体制的基础，也是安全生产管理工作的出发点和落脚点。

244. 在建筑施工企业的安全生产管理中，项目经理部承担着施工企业安全生产的重要任务，它是建筑施工安全生产管理体制基础的关键。

245. 安全生产管理中，企业安全生产的主要内容有安全生产责任制、安全技术措施计划、安全生产教育培训、安全生产检查、伤亡事故报告处理和事故防范等。

246. 安全生产管理的目标是减少和控制危害，减少和控制事故，尽量避免生产过程中由于事故所造成的人身伤害、财产损失、环境污染以及其他损失。

247. 安全生产管理的基本对象是企业的员工，涉及到企业中所有人员、设备设施、物料、环境、财务、信息等各个方面。

248. 预防为主是安全生产方针的核心，是实施安全生产的根本。

249. 安全生产原则有国家宪法规定的基本原则，以及"管生产必须管安全"的原则，"三同时"原则，"三同步"原则，"三不伤害"原则，"四不放过"原则和"五同时"原则。

250. 整体把握、科学分解、组织综合是整分合原理的主要含义。

251. 系统原理是由若干相互作用又相互依赖的部分组合而成，具有特定功能，并处于一定环境中的有机整体。

252. 人本原理是指管理以人为本体，以调动人的积极性为根本。

253. 安全生产管理的基本措施包括工程技术对策、安全教育对策和安全管理对策。

254. 建筑施工企业法定代表人、各分公司负责人、项目经理是建筑施工企业及其各生产单位的安全生产总负责人。

255. 可能导致死亡、伤害、职业病、财产损失、工作环境破坏或上述情况的组合所形成的根源或状态称为危险源。

256. 根据 GB/T 13861—1992《生产过程危险和有害因素分类与代码》的规定，将生产过程中的危险、有害因素分为六大类，37 小类。六大类是指物理性危险有害因素、化学性危险有害因素、生物性危险有害因素、心理、生理性危险有害因素、行为性危险有害因素、和其他危险有害因素。

257. 施工组织设计文件一般分为施工组织总设计和单位工程施工组织设计两类。

258. 生产安全事故应急救援预案应报企业审核批准，报(建筑安全监督管理部门) 备案。

259. 施工项目安全生产责任制度必须经项目经理批准后实施。

260. 安全隐患处理，应区别"通病"、"顽症"、首次出现、不可抗力等类型，修订和完善安全整改措施。

261. 安全事故处理必须坚持"四不放过" 原则。

262. 安全事故的处理程序是：报告安全事故、事故处理、事故调查、调查报告。

263. 安全生产检查内容主要是查思想、查制度、查机械设备、查安全设施、查安全教育培训、查操作行为、查劳保用品使用、查伤亡事故的处理等。

264. 安全生产检查的方式有：企业或项目部定期组织的安全检查；各级管理人员的日常巡回检查、专业安全检查；季节性和节假日安全检查；班组自我检查、交接检查。

265. 项目经理部应建立施工安全检查验收制度，检查验收范围包括：各类脚手架；支搭好的水平安全网和立网；安全帽、安全带和护目镜、防护面罩、绝缘手套、绝缘鞋等个人防护用品。

266. 建筑产品质量是由设计与施工两个阶段形成的，施工企业主要是对施工的质量进行管理。

267. 满足相应设计和使用的各项要求的属性是指产品的适应性。

268. 在布局和造型上满足人们精神要求的属性是指产品的 <u>美观性</u>。

269. 企业的质量管理，到目前为止，大约经历了 <u>质量检验阶段</u>、<u>统计质量管理阶段</u>、<u>全面质最量管理</u>三个阶段。

270. 全面质量管理的基本观点有以下几种，分别是：<u>为用户服务</u>的观点、全面管理的观点、<u>以预防为主</u>的观点、用数据说话的观点。

271. 做好全面质量管理的基础工作，是企业开展全面质量管理所必须具备的<u>基本条件</u>、<u>基本手段</u>和基本制度。

272. 施工企业质量保证体系的基本内容包括：施工准备阶段的质量管理、<u>施工过程中</u>的质量管理、<u>使用阶段</u>的质量管理三个基本组成部分。

273. PDCA 循环又称为戴明环，这一循环中，P（Plan）是指<u>计划阶段</u>、D（Do）是指<u>实施阶段</u>、C（Cheek）是指<u>检查阶段</u>、A（Action）是指处理阶段。

274. 安全技术交底中，收编的安全技术标准、规范应全面，一般应包含<u>综合管理类</u>和<u>建筑施工类</u>两类。

275. 安全技术交底中，各分部分项工程、关键工序、专项方案实施前，应以<u>项目技术负责人</u>为主，会同安全员、项目施工员将安全技术措施向参加施工的施工管理人员进行交底。

276. 安全技术交底必须手续齐全，所有安全技术交底除口头交底外，还必须有书面交底记录，交底双方应履行签名手续，交底双方各有一套书面交底记录文件。书面交底记录应在<u>技术</u>、<u>施工</u>、<u>安全</u>三方备案。

277. 企业组建 QC 小组一般有两种形式：一是<u>按各工种班组建立</u>；二是<u>按各专业工种</u>建立。

278. QC 小组活动必须以<u>提高质量</u>、<u>降低消耗</u>、提高经济效益为宗旨，注意选择有关方面的课题，开展扎实的活动，以取得实效。

279. QC 小组的活动程序为：选定课题，确定目标；<u>调查分</u>

析、制定方案；根据方案，组织实施；检查效果；总结经验，写出 QC 成果。

280. 现代技术培训的特点有内容多、更新快、要求高三个特点。

281. 在长期的教学实践中，人们总结出了几条教学原则，主要有循序渐进原则、因材施教原则、教学相长原则和启发性原则。

282. "四新"，是指新材料、新工艺、新技术和新设备。"四新"的推广应用是高级架子工的岗位职责之一。

283. 一般将垂直截面的应力称为正应力。

284. 木脚手架立杆纵向间距一般为1.5m。

285. 木脚手架小横杆伸出立杆部分不得小于300mm。

286. 脚手架的荷载不得超过270kg/m²。

287. 钢筋爬梯采用 Q235 钢，直径不得小于12mm。

288. 人字拔杆是由两根圆木或两根钢管的拔杆组成，以钢丝绳绑扎或铁件铰接的简单起重工具。

289. 用一根截面积为 0.5cm² 的绳子吊起 100kg 重的重物，则绳子的拉应力等于20MPa。

290. 一根 3 号圆钢截面积为 2cm²，拉断时的拉力为 70kN，则圆钢的强度极限为350MPa。

291. 木杆接长一般采用顺扣绑扎法绑扎。

292. 某图纸比例为 1:200，量得图上尺寸为 10mm，则实际尺寸为2m。

3.5 简答题

1. 搭设脚手架有哪些基本要求？

答：（1）架子要有足够的坚固性和稳定性。（2）有足够的面积，能满足工人操作、材料堆放以及车辆行驶的要求。（3）因地制宜，就地取材，尽量节约架子用料。（4）构造简单，装拆方便，并能多次周转使用。

2. 什么叫力的平衡？

答：物体在两个或多个力作用下，物体保持不动或处于匀速直线运动状态，此时，物体处于平衡状态，称为力的平衡。

3. 什么叫斜撑？

答：设在立杆和大横杆外侧平面上，并于地面成45°角的斜杆，上下连续设置，可加强脚手架的平面稳定性。

4. 木脚手架有哪些基本构件组成？

答：基本构件有：立杆、大横杆、小横杆、斜撑、剪刀撑、抛撑、连墙杆等。

5. 扣件式钢管脚手架连墙杆怎样与外墙搭接？

答：（1）将连墙杆一头顶墙，并用两根8号铁丝与墙上的顶埋吊环绑住。（2）将连墙杆一头穿过墙，并在墙的里、外侧用两只扣件扣住。（3）在窗洞处，另用两根短钢管夹住窗间墙，连墙杆用扣件与短管相连接。

6. 脚手架应在哪些阶段进行检查？

答：（1）地基竣工后。（2）操作层上施加荷载之前。（3）每架设10m高度时。（4）达到设计高度时。（5）遇有6级大风及大雨后。（6）停工使用前。

7. 木脚手架立杆怎样接长？

答：接长立杆，其搭接长度应不小于1.5m，并绑扎不少于三道，相邻两立杆的接头要互相错开，并不应布置在同一步距内。

8. 木脚手架拆除原则是什么？

答：拆除脚手架要本着先绑的后拆，后绑的先拆的原则，按层次由上而下进行。

9. 在什么条件下禁止高处作业？

答：在恶劣的气候条件下（大雨、大雪、大雾、六级以上强风）禁止从事露天高处作业。

10. 为确保脚手架的安全，通常要考虑哪些环节？

答：（1）把好材料、加工和产品质量关。（2）确保脚手架具有稳定的结构和足够的承载力。（3）确保脚手架的搭设质量。（4）严格控制使用荷载，确保有较大的安全储备。（5）要有可靠的安全防护措施。（6）严格避免违章作业。

11. 什么叫荷载？

答：一个物体受到另一个物体作用的力，叫外力，外力在力学中称为荷载。

12. 单层工业厂房吊装构件有哪些操作工序？

答：（1）绑扎。（2）起吊和就位。（3）临时固定。（4）校正。（5）最后固定。

13. 什么叫抛撑？有什么作用？

答：在脚手架底层外侧，与地面成60°角，横向撑住脚手架的斜杆，防止脚手板外倾。

14. 扣件式钢管脚手架的受力性能取决于哪些因素？

答：（1）脚手架钢管的承载能力。（2）扣件与脚手钢管构成的联结点的受力性能。（3）脚手架的构造尺寸。（4）基础和撑、拉、挂、挑措施情况。

15. 木立杆及大横杆怎样搭接？

答：木立杆及大横杆应错开搭接，搭接长度不得大于1.5m。绑扎时小头应压在大头上，绑扣不得少于三道，立杆、大小横杆相交时，应先绑两根，再绑第三根，不得一扣绑三根。

16. 抛撑应怎样设置？

答：设在脚手架底层外侧，与地面成60°角，横向撑住脚手架的斜杆，防止脚手板外倾。

17. 什么叫顺扣绑扎法？

答：将铁丝兜绕杆相交处一圈后，随即将针子插进铁丝鼻孔内，左手拉紧铁丝并使其压在鼻孔下，右手用力拧扭一圈半即可绑扎的方法。

18. 怎样搭设门式钢管脚手架？

答：（1）夯实平基座。（2）放线安放底座。（3）安装第一榀和第二榀门架，随即安装剪刀撑和水平支撑，依次步骤纵向逐榀安装。（4）完成第一层门架后，铺设脚手板，然后搭第二层门架。

19. 吊装构件有哪些操作工序？一般用哪种两种方法吊装？

答：有绑扎、起吊、就位、临时加固、校正、最后固定。

吊装方法用分件浇水法和节间综合法两种方法分阶段进行。

20. 脚手板的铺设有何规定？

答：（1）脚手板应满铺，不应有空隙和探头板。（2）脚手板的搭接长度不得小于20cm。（3）在架子拐弯处，脚手板应交错搭接。（4）脚手板应铺设平衡并绑牢。（5）在架子上翻脚手板时，应由两人从里向外按顺序进行。工作时必须扎好安全带，下方设安全网。

21. 木脚手架绑扎大横杆的方法？

答：绑扎第一步架的大横杆前，应先检查立柱是否埋正、埋牢，绑扎大横杆的大头朝向应一致，上下相邻两步架的大头朝向要相反，以增强脚手架的稳定性。

22. 门式钢管脚手架基本构件有哪些？

答：基本构件有：门架、底座、剪刀撑、水平撑、三角挑架、栏杆、连墙杆等。

23. 扣件式钢管脚手架的大横杆有何构造要求？

答：（1）采用钢、木脚手板时，大横杆应安放在立杆的内侧，置于小横杆之下，采用直角扣件与立杆连接。（2）大横杆的接长宜采用对接扣件，也可搭接。（3）大横杆的长度不宜小于三跨，并不大于6m。

24. 单排木脚手架的搭设基本步骤有哪些？

答：（1）竖立杆；（2）绑扎大横杆；（3）绑扎小横杆；（4）绑扎抛撑和剪刀撑；（5）设置连墙点；（6）设置护栏和挡脚板；（7）对特殊部位进行处理。

25. 在什么情况下需设置扫地杆，画出其设置示意图。

答：遇松土、混凝土或石层地面时，应加绑扫地杆。

26. 请简要说明工作质量、工序质量、产品质量三者之间的关系。

答：一般来说，工作质量决定工序质量，而工序质量又决定产品质量；也可以说，产品质量是工序质量的目的，而工序质量又是工作质量的目的。因此，必须通过保证和提高工作质量来保证和提高工序质量，在此基础上达到工程项目施工质量的最终目标，即保证达到设计所要求的产品质量。

27. 工程质量管理工作，主要有哪些方面内容？

答：认真贯彻国家和上级有关质量工作的方针政策，贯彻国家和上级颁发的各项技术标准、施工规范和技术规程等；组织贯彻保证工程质量的各项管理制度和运用全面质量管理等科学管理方法；参加制定保证工程质量的技术措施；进行工程质量检查；组织工程质量的检验评定；做好质量反馈工作。

28. QC 小组的作用

答：在开展 QC 小组活动中，只要坚持以上宗旨，就可以起到以下几方面的作用：一是有利于开发智力资源，发掘人的潜能，提高人的素质；二是有利于预防质量问题和改进质量；三是有利于实现全员参加管理；四是有利于改善人与人之间的关系，增强人的团结协作精神；五是有利于改善和加强管理工作，提高管理水平；六是有利于提高职工的科学思维能力、组织协调能力、分析与解决问题的能力，从而使职工成才。

29. 单排外脚手架怎样竖立杆？

答：按线挖好立杆坑后，开始竖立杆。立杆应大头朝下，上下垂直。应先竖两则立杆，将立杆纵横方向校正后，再紧中间立杆。竖其他杆时，以这三根立杆为标准，做到横平竖直。

30. 双排外架怎样设置剪刀撑？

答：在脚手架的端头，转角处和中间每隔 15m 左右的净距应在四根立杆的范围内设置剪刀撑。剪刀撑的底端必须埋入土中 200～300mm，底脚距立杆的纵距为 700mm。

31. 起重吊装的安全技术交底有哪些内容？

答：（1）吊装或吊运对象的特征、重量、几何尺寸、安装位置、精度等。（2）所选用起重机械的主要技术性能和使用注意事项。（3）指挥信号及信号传递系统要求。（4）吊装方法、顺序及进度计划安排。

32. 木脚手架怎样设置小横杆？

答：小横杆绑在大横杆上，相邻两根小横杆的大头朝向应相反，上下两排小横杆应绑在立柱的不同侧面，小横杆伸出立柱部分长度不得小于300mm。

33. 拆除扣件式钢管脚手架的原则和程序是什么？

答：拆除原则：先搭设的后拆除，后搭设的先拆除。

程序：安全网→护身栏→挡脚板→小横杆→大横杆→立杆→连墙杆→剪刀撑→抛撑。

34. 图样上的尺寸包括哪四个要素，每个要素的含义是什么？

答：图样上的尺寸包括四个要素：尺寸界线、尺寸线、尺寸起止符号和尺寸数字。尺寸界线应采用细实线绘制，一般应与被注长度垂直，其一端应离开图样的轮廓线不小于2mm，另一端应超出尺寸线2~3mm。尺寸线尺寸线应用细实线绘制，并与被注长度平行，与尺寸界线垂直相交，但不宜超出尺寸界线外。尺寸起止符号尺寸起止符号一般用中粗短斜线绘制，并画在尺寸线与尺寸界线的相交处。尺寸数字图样上一律用阿拉伯数字标注图样的实际尺寸。

35. 三面投影图是怎么形成的？

答：任何物体的一个投影，只能反映物体一个方面的形状。为了使物体的投影能确切地表示它的全部形状，就必须从几个方面来进行观察，也即是从不同方面进行投影。使物体上的各主要表面平行或垂直于其中一个投影面，（这样可使这些表面在所平行的投影面上投影反映它的真实形状；在所垂直的投影面上投影积聚成简单易画的直线或圆），然后将物体分别向三个投影面进行投影，就得到了物体的正面投影、水平投影和侧面投影。

36. 绘制剖面图时应注意哪几个问题?

答:画剖面图时应注意:

(1) 选择的剖切平面应与零件主要轮廓垂直,这样可反映剖面的真实形状。(2) 剖切平面的位置在图上以剖切平面迹线表示,剖面的旋转方向按图上箭头所指方向。当剖切对称图形时,图上不加箭头。如果剖面布置在剖切位置延长线上,可不加文字标注。(3) 当剖切平面通过孔或凹坑时,规定将它画成剖视,而不画成剖面的形状。

37. 大跨度棚仓施工图绘制的注意事项?

答:用竹木材料作立杆时,立杆要埋入地下,其间距和埋地深度应符合有关的规定,在立面图上必须标注尺寸。用钢管作立杆时,要根据荷载大小选用双立杆或四立杆组合钢管柱。绘制施工图时不仅要绘制钢管组合柱的构造示意图,还必须在图样右侧绘制钢管立杆组合柱的构造尺寸棚仓的起脊形式与所用材料有关,若用钢管扣件连接作为棚仓起脊架料,绘制棚仓施工图时应在人字架上弦杆加设斜杆。

38. 编制脚手架施工方案的基本原则有哪些?

答:(1) 坚决执行基本建设程序和施工程序。根据国家计划的要求和客观物质条件下的可能,保证建设项目成套按期或提前交付生产和使用,迅速发挥工程效益和基本建设投资效益。严格遵守国家和合同规定的工程竣工及交付使用的期限。

(2) 合理安排施工程序的顺序。在保证工程质量的前提下,力争缩短工期,加快建设速度,施工顺序随工程性质、施工条件的不同而有差异。但是施工实践经验证明,不同的工程,在安排合理的施工顺序上有其共同性规律。

39. 脚手架施工方案包括哪些内容?

答:(1) 编制依据;(2) 工程概况;(3) 基本设计方案;(4) 计算书;(5) 绘制施工图;(6) 构件、材料计划及要求;(7) 施工准备;(8) 构造要求;(9) 脚手架的搭设;(10) 脚手架的拆除;(11) 脚手架的检查和验收;(12) 脚手架搭设的安全管理。

40. 什么是时间定额，时间定额由哪几部分组成？

答：时间定额是完成一个工序所需的时间，它是劳动生产率指标。定额时间的组成包括以下四个方面的时间因素：

（1）准备与结束时间。（2）作业时间，包括基本作业时间和辅助作业时间，其中与基本时间交叉进行的辅助作业时间不得重复计算。（3）布置工作地时间（包括技术性的和组织性的布置工作地时间）。（4）合理的中断时间，包括工艺过程需要的中断时间和劳动休息与生理需要的中断时间。除此之外的其他时间消耗，均属于非定额时间。

41. 脚手架搭拆应常备的工具及设施有哪些？

答：经纬仪、固定扳手、活动扳手、扭力扳手、锤子、卷尺、直尺等工具。

42. 对活动悬挑工具式外脚手架中的定型架子的构造有哪些要求？

答：其要求为：

（1）是由直径为 48.6mm 的钢管用扣件连成一个 8m×1m×12m（长×宽×高）的整体架子。但可以有不同规格。（2）底部有两根 12 号的槽钢，槽钢由三角托架支承。（3）其上安设护身栏杆和安全网。

43. 对拆除扣件式钢管脚手架的杆件和扣件有哪些要求？

答：其要求是：（1）对所有拆下来的杆件和扣件不得随意往下扔。以免损坏和伤人；（2）拆下来的扣件要放在工具袋内，杆件要用绳子顺下去；（3）拆下来的各杆件要随时清运到指定场地，按规格分类堆放整齐；（4）扣件运至堆放地点。

44. 怎么样搭设古建筑修缮用落架工程外檐双排脚手架？

答：其搭设方法是：（1）在建筑物的主要出入口，采用两步顺杆，并悬起一根立杆的方法，亮出进出的通道。（2）为下运小块构件（如兽件、瓦口等），可在建筑物一侧搭设探海平台架子。（3）立杆要垂直，顺杆要水平，双排立杆之间的水平距离为

1.5m，每排立杆之间的水平距离为1.5m，顺杆每步垂直距离为1.2m。(4) 坡道的坡度为1:4。(5) 在脚手架的外皮，每隔4~6根立杆，绑扎一副十字杆。(6) 在各层檐头之上各绑扎两步护栏杆，每步高35~40cm。(7) 脚手板两端要绑牢，绳结要打紧。

45. 一工程队为了抢工期，安排普通民工来拆除脚手架，专业架子工去搭脚手架，认为拆脚手架不是技术活无所谓。试问工程队这种做法对吗？为什么？脚手架拆除应注意哪些事项？

答：不对。因为脚手架的拆除作业危险性大于搭设作业。

脚手架拆除应制定详细的拆除方案，建立统一指挥并对拆除人员进行安全技术交底，应注意以下事项：(1) 拆取脚手板、杆件、较重部件时，一定要两人或多人作业。(2) 一定要按照先搭后拆，后搭先拆的原则逐步逐层逐件地拆除，并及时将拆下的材料吊运到地面。(3) 应尽量避免单人作业。禁止不按程序进行乱拆乱卸。(4) 因拆除上部或一侧的连墙件而使架子不稳时，应加设临时撑拉措施。(5) 作好现场防护工作。

46. 脚手架在搭设和拆除中有哪些安全防护？

答：(1) 作业现场应设安全围护和警示标志，禁止无关人员进入危险区域。(2) 对尚未形成或已失去结构稳定的脚手架部位应加设临时支撑和拉结。(3) 在无可靠的安全带扣挂物时，应拉设安全绳。(4) 设置材料提上或吊下设施，禁止投掷。

47. 门式钢管脚手架拆除作业安全要求是什么？

答：(1) 拆除工作必须由专业人员操作，操作工人应站在临时设置的脚手板上进行拆除作业。(2) 拆除过程中，严禁使用锒头等硬物敲打、撬挖，拆下的连接棒应放到袋内，锁臂应先传递至地面入库存放。(3) 拆除连接部件时，应先将锁座上的锁板与搭钩上的锁片转至开启位置，然后开始拆除，不准硬拉、敲打。(4) 不准将拆除的构配件从高空抛下，应将拆下的部件分类捆绑后，使用垂直吊运设备运至地面，集中分类堆放保管。

48. 碗扣式钢管脚手架的拆除应遵守哪些规定？

答：(1) 脚手架拆除前，应由单位工程负责人，对脚手架作全面检查，确认可以拆除后方可实施拆除。（2）脚手架拆除前应制订拆除方案，清除所有多余物件后，方可拆除。（3）拆除脚手架时，必须划出安全区，设警戒标志，并设专人看管拆除现场。（4）脚手架拆除应从顶层开始，先拆横杆，后拆立杆，逐层往下拆除，禁止上下层或阶梯形拆除。（5）连墙拉结件只能拆到该层时方可拆除，禁止在拆架前先拆连墙件。（6）拆作后的部件均应成捆用吊具送下或人工搬下，禁止从高空往下抛掷。（7）局部脚手架如需保留时，应有专项技术措施，经上一级技术负责人批准，安全部门及使用单位验收办理签字手续后方能使用。（8）拆除到地面的构配件应及时清理，维护并分类堆放，以便运输和保管。

49. 试论述脚手架搭设和拆除中的安全防护措施。

答：（1）作业现场应高安全围护和警示标志，禁止无关人员进入危险区域。（2）对尚未形成或已失去结构稳定的脚手架部位应加设临时支撑或拉结。（3）在无可靠的安全带扣挂物时，应拉设安全绳。（4）设置材料提上或吊下设施，禁止投掷。

50. 在一建筑工地，有的工长认为脚手架拆除工作不是技术活，让一般民工干就可。试分析这种想法正确吗？脚手架拆除应注意哪些要求？

答：不正确。脚手架拆除要比搭设危险的多，如果不懂乱拆乱卸，往往造成脚手架倒塌。

应按下列要求去做：（1）架子使用完毕后，由专业架子工拆除脚手架。（2）拆除区域设警戒标志，派专人指挥。（3）拆除的杆件应用滑托或绳索自上而下运送，不得从架子上直接向下抛。（4）参加拆除人员必须做好安全防护工作。（5）特殊搭设的脚手架，应单独制订拆除方案。

51. 门式钢管脚手架的拆除顺序？

答：（1）以跨边起先拆顶部栏杆和扶手，然后拆脚手板（或水平架）与扶梯，再卸下水平加固件和剪刀撑。（2）自顶层跨边开始拆卸交叉支撑，同步卸下顶部连墙杆与顶层门架。

（3）继续按上述步骤拆除第二步架，脚手架的自由悬壁高度不得超过三步架，所以连墙杆的拆除应格外慎重，只允许同步架拆除。（4）循环上述操作往下拆除，对于水平杆、剪刀撑等，必须在脚手架拆除到相并跨间时，方可拆除。（5）拆除扫地杆、底层门架及封口杆。（6）拆除底座，运走垫板和垫块。

52. 拆除各种杆件时应注意什么？

答：（1）立杆：先戗住立杆再解最后两道扣。（2）大横杆、剪刀撑、斜撑等，先解中间扣，托住中间扣再解开两头扣。（3）抛撑：应先用临时支撑加固后，才允许拆除抛撑。（4）剪刀撑和连墙点只能在拆除层上按程序拆除，不得乱拆一气，以免发生坍架事故。

53. 脚手架在搭设和拆除中有哪些安全防护？

答：（1）作业现场应设安全围护和警示标志，禁止无关人员进入危险区域。（2）对尚未形成或已失去结构稳定的脚手架部位加设临时支撑和拉结。（3）在无可靠的安全带扣挂物时，应拉设安全绳。（4）设置材料提上或吊下设施，禁止投掷。

54. 单排外脚手架怎样竖立杆？

答：按线挖好立杆坑后，开始竖立杆。立杆应大头朝下，上下垂直。应先竖两侧立杆，将立杆纵横方向校正后，再紧中间立杆。竖其他杆时，以这三根立杆为标准，做到横平竖直。

55. 双排外架怎样设置剪刀撑？

答：在脚手架的端头，转角处和中间每隔15m左右的净距应在四根立杆的范围内设置剪刀撑。剪刀撑的底端必须埋入土中 $200 \sim 300 mm$，底脚距立杆的纵距为700mm。

56. 起重吊装的安全技术交底有哪些内容？

答：（1）吊装或吊运对象的特征、重量、几何尺寸、安装位置、精度等。（2）所选用起重机械的主要技术性能和使用注意事项。（3）指挥信号及信号传递系统要求。（4）吊装方法、顺序及进度计划安排。

57. 木脚手架怎样设置小横杆？

答：小横杆绑在大横杆上，相邻两根小横杆的大头朝向应相反，上下两排小横杆应绑在立柱的不同侧面，小横杆伸出立柱部分长度不得小于300mm。

58. 拆除扣件式钢管脚手架的原则和程序是什么？

答：拆除原则：先搭设的后拆除，后搭设的先拆除。

程序：安全网→护身栏→挡脚板→小横杆→大横杆→立杆→连墙杆→剪刀撑→抛撑。

59. 在高空作业时，有些工人认为只要扎好安全带，戴好安全帽，架子搭牢固，把脚手板铺满，架子下方不需要挂安全网。试分析这种想是否正确？为什么？在哪些地方需挂安全网？

答：不正确。安全网是用来防止人、物坠落，或用来避免、减轻坠落及物体打击伤害的网具，可以防止高空落物。

（1）4m以上高处作业必须架设安全网。（2）在层架下弦应设安全网。（3）在烟囱、水塔等独体建筑施工时，必须设安全网。（4）各种出入口处必须架设安全网。

60. 确保已搭部分脚手架的稳定，应遵守什么要求？

答：（1）先放扫地杆，立杆竖立后按间距与扫地杆扣接或绑扎牢固，装设第一步大横杆时，将立杆校垂直后予以连接牢固。搭设时先搭设一个角部两侧1～2根杆长和一根杆高的架子，并按规定设置斜撑，剪刀撑，以形成整体稳定的起始架子，在此基础上再向两边延伸搭设，待全周边都搭好后，再分步满周边向上搭设。（2）在设置第一道连墙点之前，除角部外，应每隔10～12m设一根抛撑，撑杆的斜角为45°～60°，埋入地下不少于30cm，连墙杆设置后，方拆去抛撑。（3）门式脚手架以及其他纵向竖立面刚度较差的脚手架，在连墙点调协层应加设纵向水平反横杆与连接件连接。

61. 木脚手架施工的安全措施是什么？

答：（1）高度超过4m的脚手架必须按规定设置安全网。（2）高度超过三步架的脚手架必须设置防护栏杆和挡脚板。斜道（马道）、休息平台应设扶手。（3）脚手架的搭设进度应与结构工程施工进度相配合，不宜一次搭设过高，以免影响架子稳定，并给其他工序带来麻烦。（4）脚手架内侧与墙面之间的间隙不应超过150mm，必须离开墙面设置时，应采取向内挑扩架面措施。（5）杆件相交挑出的端头应大于150mm，杆件搭接绑扎点以外的余梢应帮扎固定。（6）高层建筑脚手架和特种工程脚手架，使用前必须进行严格的详细检查，合格后方可使用。

62. 哪些部位应增设连墙件？

答：（1）因设防护棚，水平安全网或承托架，对脚手架产生水平力作用时，应在其层内增设连墙件，连墙件的间距不宜大于4m。（2）脚手架拐角处及一字形或非封闭的脚手架两端应增设连墙件，连墙件的竖向间距不宜大于4m。（3）连墙件宜靠近门架的横梁设置，距横梁不宜大于200mm。（4）门式钢管脚手架一般宜采用钢连墙件拉结。

3.6 计算题

1. 起重机吊起一根重 $G = 30kN$ 的钢筋混凝土梁（见图），钢索倾斜角 $\alpha = 30°$，试求处在平衡状态时钢索中的拉力大小。

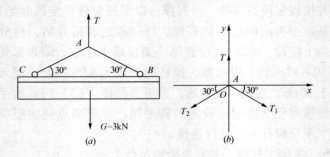

解：

（1）取整个梁作为研究对象（见图 a），由二力平衡条件得：

$$T = G$$

（2）取吊钩 A 作为研究对象，画出受力图（如图 b）所示。T_1、T_2、T 三个力组成一个平衡的平面汇交力系。

（3）建立坐标系 xoy，原点 o 设在 4 处，x 轴以向右为正，y 轴以向上为正。将各力向 x 轴和 y 轴投影，并列出平衡方程。

T_1 在 x 轴上的投影为 $T_1\cos30°$，在 y 轴上的投影为 $T_1\sin30°$；

T_2 在 x 轴上的投影为 $T_2\cos30°$，在 y 轴上的投影为 $T_2\sin30°$；

T 在 x 轴上的投影为 0，在 y 轴上的投影为 T；

$$\left.\begin{array}{l} R_x = \sum F_{xi} = 0 \\ R_y = \sum F_{yi} = 0 \end{array}\right\}$$

从上式可以得出：

$$F_x = T_1\cos30° - T_2\cos30° = 0$$
$$F_y = -T_1\sin30° - T_2\sin30° + T = 0$$

由这两个方程式可以求得：

$$T_1 = T_2 = \frac{T}{2\sin30°} = \frac{30}{2 \times 0.5} = 30\text{kN}$$

2. 由水平杆和斜杆构成的支架，如图示。在杆上放置一重为 P 的物体 W，A、B、C 处都是铰链连接。各杆的自重不计，各接触面都是光滑的。试分别画出重物 W，水平杆斜杆 AB 和整体的受力图。

解：

图示：

（1）先作重物的受力图。主动力是重物的重力 P，约束反力是 N_d（图 b）。

（2）再作斜杆 BC 的受力图。BC 杆的两端是铰链连接，约束反力的方向本来是不定的，但因杆中间不受任何力的作用，且杆的自重也忽略不计，所以斜杆 BC 只在两端受到 R_B 和 R_C 两个力的作用而处于平衡。由二力平衡规则可知，此两力的作用线必定沿两铰链的中心 B 和 C 的连线，指向可任意假定（图 d）。只受两力作用而平衡的杆件称为二力杆。

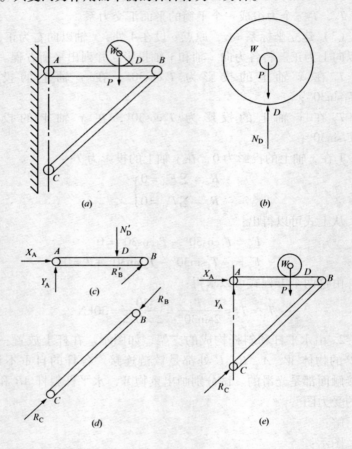

（3）作水平杆 AB 的受力图。A 处为铰链约束，其反力可用 X_A 和 Y_A 表示，而 D 和 B 处的约束反力 N_D 和 N_D'，R_B 和 R_B' 分别是作用力和反作用力的关系（图 c、d）。

（4）最后作整体的受力图。其受力图（如图 e）所示。此时不必将 B、D 处作用的力画出，因为对整个支架来说，这些力相互抵消，并不影响平衡。

344

3.7 实际操作题

1. 搭设活动悬挑工具式外脚手架

（1）构造具体要求

架体：采用碗扣式钢管脚手架搭设，架体段定型尺寸为8m×1m×10m，采用塔式起重机整体吊装。

悬挑支承架：采用三角形桁架式支承架。

（2）准备要求

人员要求：3~6人。

工具及测量仪器：经纬仪、固定扳手、活动扳手、锤子、卷尺。

材料：三角形桁架支承架若干，环箍若干，碗扣式钢管脚手架构配件、脚手板、安全网等若干。

编制专项施工方案，方案中应包括施工搭设简图等内容。

准备安全帽、安全带等安全防护用品。

对搭拆人员进行安全技术交底，介绍安全防护用品的运用和活动悬挑工具式脚手架搭拆的安全技术要求。

搭拆现场布置警戒区，并设专人看管。

（3）考核内容

能正确使用安全防护用品。

能正确使用搭拆工具和测量仪器。

能根据专项施工方案脚手架搭设要求，按搭拆工艺和安全技术要求完成全部作业内容。

架体搭设质量符合相关技术要求。

悬挑支承架搭设质量符合相关技术要求。

（4）配分、评分标准（见表1-1）

2. 35m高砖砌烟囱井柱挑台挂吊篮搭拆

（1）构造具体要求

烟囱高35m，作业设施由格构式井柱、操作平台及卷扬机组成。

搭设活动悬挑工具式外脚手架考核项目及配分、评分标准

表 1-1

序号	测定项目	评分标准	满分	检测点						得分
				1	2	3	4	5	6	
1	施工准备	按搭设要求选料组织进场,否则酌情扣分	5							
		按搭设要求检查悬挑支承结构和进场,否则酌情扣分	5							
2	操作工艺	符合工艺要求:安装悬挑支承结构—拼装定型架体—提升就位—拉结—固定,否则酌情扣分	40							
3	质规要求	悬挑支承结构安装符合设计要求,否则酌情扣分	8							
		立杆底部连接牢固,否则酌情扣分	7							
		架体按规定与建筑结构拉结,否则酌情扣分	5							
4	文明施工	工完场不清,扣3~5分	5							
5	安全施工	有重大事故本项目不得分,一般事故扣3~5分	10							
6	工效	在规定时间内,完成全部工作量90%以下本项目不得分,完成全部工作量90%~100%酌情扣分	15							

（2）准备工作

人员要求：5 人。

工具及测量仪器：固定扳手、活动扳手、扭力扳手、锤子、卷尺、手动葫芦、缆风绳。

材料：格构式井柱、操作平台、卷扬机、吊篮、提升系统、安全网若干。

佩戴安全帽、安全带等安全防护用品。

346

对搭拆人员进行设计交底和施工安全技术交底，介绍井柱挑台挂吊篮搭拆技术要求。

（3）搭设步骤

基础和回填土→砌筑筒身和内壁至5m高→安装井柱和吊篮→砌筑井身和内壁一步架→提升吊篮→…→施工压顶圈梁→安装避雷针→降下并拆除吊篮→拆除井柱。

（4）考核内容

1）考核要求

能正确做好施工准备工作。

能根据井柱挑台挂吊篮设计图和施工搭设简图，按搭拆工艺和安全技术要求完成搭拆等全部作业内容。

架体搭设质量符合相关技术要求。

能正确执行有关安全技术操作规程。

2）安全文明生产

正确执行安全技术操作规程。

按有关文明生产的规定，工作场地整洁，扣件、钢管等摆放整齐。

3．吊拉式附着支承结构的拆除

（1）考核样架

在已安装好的附着支承结构架上，按安装工艺相反的程序拆除附着支承结构。

（2）准备要求

人员要求：3人。考前一小时，对拆除人员进行安全技术交底，介绍安全用品的使用和拆除要求。

工具及测量仪器：采用固定扳手或活动扳手、卷尺。

准备安全帽、安全带等安全防护用品。

（3）考核内容

1）考核要求

简述吊拉式附着升降脚手架附着支承系统的安装、拆除操作要点及安全技术要求。

能正确使用安全防护用品。

能正确使用搭拆工具。

能按拆除工艺和安全技术要求完成全部作业内容。

2）时间定额：被考学员用 20min 简述装、拆安全技术要求，考官用 30min 对学员进行提问，学员解答，共计 50min；按要求拆除附着支承结构，时间 90min；考官点评，时间 15min；共计 155min。

3）安全文明生产

正确执行安全技术操作规程。

施工场地整洁，杆配件、工具摆放整齐。

4. 导轨式附着支承结构的安装

（1）考核样架

安装导轨式附着升降脚手架附着支承结构。样架为一个机位，高度为两层楼层，楼层层高为 2.8 ~ 3.5m，安装内容包括安装导轨和导轨固定装置。

（2）准备要求

人员要求：3 ~ 4 人。考前一小时，对安装人员进行安全技术交底，介绍安全用品的使用和安装要求。将附着支承系统安装简图发给被考学员进行预先阅读，使学员熟悉安装要求内容。

工具及测量仪器：采用固定扳手或活动扳手、卷尺。

一套导轨式附着支承结构，包括导轨、连墙支杆座、连墙支杆、连墙挂板及穿墙螺栓和各部分的连接螺栓。

准备安全帽、安全带等安全防护用品。

正对机位的圈梁或外墙处钻出两层预埋孔，用以安装拉杆和提升挑梁。

准备样架。采用扣件和钢管，模拟搭设一个机位的竖向主框架，搭设高度为两层楼层高度（3 ~ 4 步高），机位左右各搭设立杆间距为 1.5m 的架体构架，每层都要与墙体固定拉结。

（3）考核内容

1）考核要求

简述导轨式附着升降脚手架附着升降系统安装操作要点。

能正确使用安全防护用品。

能正确使用搭拆工具和测量仪器。

能根据导轨式附着升降脚手架附着升降系统安装简图，按安装工艺和安全技术要求完成全部作业内容。

安装质量符合相关技术要求。

2）时间定额：被考学员用20min简述导轨式附着升降脚手架附着升降系统的安装工艺和安全技术要求，考官用30min对学员进行提问，学员解答，共计50min；按要求安装附着支承结构，时间180min；考官点评，时间30min；共计260min。

3）安全文明生产

正确执行安全技术操作规程。

施工场地整洁，杆配件、工具摆放整齐。